国家高端智库
NATIONAL HIGH-END THINK TANK

上海社会科学院重要学术成果丛书·专著

建设习近平文化思想最佳实践地系列

回归本真的交往方式

托马斯·阿奎那论友谊

Returning to the Authentic Mode of Communication

Thomas Aquinas on Friendship

赵琦 /著

上海人民出版社

本书出版受到上海社会科学院重要学术成果出版资助项目的资助

编审委员会

主　编　权　衡　王德忠

副主编　姚建龙　干春晖　吴雪明

委　员（按姓氏笔画顺序）

丁波涛　王　健　叶　斌　成素梅　刘　杰

杜文俊　李宏利　李　骏　李　健　佘　凌

沈开艳　沈桂龙　张雪魁　周冯琦　周海旺

郑崇选　赵蓓文　黄凯锋

总　序

当今世界，百年变局和世纪疫情交织叠加，新一轮科技革命和产业变革正以前所未有的速度、强度和深度重塑全球格局，更新人类的思想观念和知识系统。当下，我们正经历着中国历史上最为广泛而深刻的社会变革，也正在进行着人类历史上最为宏大而独特的实践创新。历史表明，社会大变革时代一定是哲学社会科学大发展的时代。

上海社会科学院作为首批国家高端智库建设试点单位，始终坚持以习近平新时代中国特色社会主义思想为指导，围绕服务国家和上海发展、服务构建中国特色哲学社会科学，顺应大势，守正创新，大力推进学科发展与智库建设深度融合。在庆祝中国共产党百年华诞之际，上海社科院实施重要学术成果出版资助计划，推出"上海社会科学院重要学术成果丛书"，旨在促进成果转化，提升研究质量，扩大学术影响，更好回馈社会、服务社会。

"上海社会科学院重要学术成果丛书"包括学术专著、译著、研究报告、论文集等多个系列，涉及哲学社会科学的经典学科、新兴学科和"冷门绝学"。著作中既有基础理论的深化探索，也有应用实践的系统探究；既有全球发展的战略研判，也有中国改革开放的经验总结，还有地方创新的深度解析。作者中有成果颇丰的学术带头人，也不乏崭露头角的后起之秀。寄望丛书能从一个侧面反映上海社科院的学术追求，体现中国特色、时代特征、上海特点，坚持人民性、科学性、实践性，致力于出思想、出成果、出人才。

学术无止境,创新不停息。上海社科院要成为哲学社会科学创新的重要基地、具有国内外重要影响力的高端智库,必须深入学习、深刻领会习近平总书记关于哲学社会科学的重要论述,树立正确的政治方向、价值取向和学术导向,聚焦重大问题,不断加强前瞻性、战略性、储备性研究,为全面建设社会主义现代化国家,为把上海建设成为具有世界影响力的社会主义现代化国际大都市,提供更高质量、更大力度的智力支持。建好"理论库"、当好"智囊团"任重道远,惟有持续努力,不懈奋斗。

上海社科院院长、国家高端智库首席专家

谨以此书纪念中世纪思想家
托马斯·阿奎那诞辰 800 周年

目 录

张庆熊教授序——"论友谊"

"有朋自远方来,不亦乐乎?"这句话出自《论语》第一篇第一章。中国人从学童时就诵读它,到老了也忘不了它,因为它发自人的内心,吐露人的真情,可谓论友谊之最佳表达。"吾友非他,即我之半,乃第二我也,故当视友如己焉。"此语出自《交友论》第一句。《交友论》为明末天主教传教士利玛窦所著,利氏凭此书博得中国儒家士大夫的称道和接纳。由此看来,正是在友谊观上,天主教与儒家找到了最初的汇通之处。

我是在赵琦的《回归本真的交往方式——托马斯·阿奎那论友谊》中了解到,亚里士多德《尼各马可伦理学》表达的友谊观是"朋友是另一个自我"。(参见该书第一章第四节"从自爱到爱人如己:论'朋友是另一个自我'的观念")。托马斯·阿奎那写了《〈尼各马可伦理学〉评注》,论证亚里士多德的"朋友是另一个自我",它可以连接上耶稣的"爱人如己"的诫命,并可以与"尽心、尽性、尽意爱主你的神"相贯通。利玛窦深受托马斯主义神学熏陶,他的《交友论》的第一句话源于亚里士多德和阿奎那,有其渊源关系。

中国学界对利玛窦写《交友论》的用意争论颇多。有人认为,《交友论》谈的是世俗友谊话题,利玛窦以其为手段,赢得儒家士大夫好感,便于传教,正如他来中国之初穿僧衣布天主教之道一样。但是,即便有迎合的意图,仍然值得回味:为什么要从"交友"入手呢? 读赵琦的这本书,能从中想到一些缘由。托马斯神学思想以贯通神圣与自然为特色,不仅启示真理可以与人的自然理性相贯通,而且立基于天主的"圣爱"或"爱德"(*agape*)也可以与人间真诚的"友爱"或"友谊"（philia）相贯通。亚里士多德论述友谊是从"自爱"出发的，所以说"朋友是另一个自我"。自爱源于人性，友爱源于人的自然之情。然而，自爱和友爱可以提拔到圣爱。自爱不是自私。真正的自爱是爱真正的自己。那么什么是真正的"自爱"呢？我在赵琦的书中读到，托马斯在《〈尼各马可伦理学〉评注》中给予了解答："真正的自爱属于有德的好人，好人常常为了朋友忽视自己的利益，因为有道德的人不只是为自己行动，他们对自己和朋友都做高尚的事情"。"自爱"考虑的主要是精神的完善，而精神的完善具有目的论的维度，这以热爱和向往无限完美的上帝为归宿。于是，托马斯从自然之情的"自爱"出发，转到人伦的"友爱"，再进入像天主爱人那样爱他人的"圣爱"，完成了一个神学的过渡。

由此看来，利玛窦的《交友论》从"吾友非他，即我之半"谈起，并非偶然。这可以从其第二句话看出："友之与我虽有二身，二身之内，其心一而已。"这里所说的"心"，显然超出了肉身的心，而应有一个终极的基础。在人与人之间的本真的友好交往中，真心合一，这个真心是高尚的灵魂之心，与神灵相通。我在赵琦的书中看到了一个托马斯·阿奎那的解释："一方面，与神的友谊让人的认知、情感与意愿逐渐变得与其被爱者即天主相似，它让人做出正确的道德抉择，并为领悟终极真理做好智识上的准备。另一方面，在人与神的友谊关系中，人不断出离自身进入被爱者的内部，达到与神更紧密的结合，获得真福即天主自身。由此可见，对于阿奎那而言，道德超越了亚里士多德主义推崇的理性的主导，而是在友谊关系的互动中获得更完善的灵魂。"

其实，中国儒家并非只从世俗的角度谈友谊。《中庸》的立论基础是"天命之为性，率性之为道，修道之为教"。这是说天道与人道相贯通。越是人间率真的性情越与天道相吻合。"有朋自远方来，不亦乐乎？"这是人的真性情。这种真性情上达天命、天道，下达人伦之道和人的德性。利玛窦是个中国通。他写《交友论》，知道这里的形上意涵。当然，他也知道中国儒家所说的天命、天道与他所信仰的人格神的区别。

赵琦写《回归本真的交往方式——托马斯·阿奎那论友谊》,谈到过《交友论》,把它作为基督教文明中交往典范的一个例子。当然,《交友论》不是她论文的主题。她的论题是阿奎那本身的友谊观。她这部论著的长处是对照解读亚里士多德《尼各马可伦理学》和阿奎那的《〈尼各马可伦理学〉评注》,并结合《神学大全》等阿奎那的重要著作,阐明阿奎那论友谊的核心思想。正是这种扎实和精到的文本解读,使得读者能够有据可循地联系其他思想家的观点进行比较研究。

呜呼!古来圣贤论友谊,求道问学志趣同。四海之内交真朋,天涯不隔灵犀通。学而时习之,不亦说乎?我想,翻开赵琦的这本书,是能感受到阅读的乐趣的。

张庆熊　谨识

2016 年 4 月 10 日

自　序

　　近年来汉语学界越来越重视中世纪哲学研究，但是同西方现代哲学与古希腊哲学相比，对中世纪思想的关注要少得多。尽管阿奎那是人类历史上最重要的思想家之一，汉语学界总体上对他的思想仍旧比较陌生。阿奎那研究在汉语学界的相对滞后与其研究的难度有关。阿奎那的著作众多，体系宏伟，思想来源庞杂，对自己的革命性洞见讳莫如深，这些客观原因造成阿奎那研究的相对冷门。此外，中世纪的语言、文化、信仰与独特的学术表达也给现代学者造成不少障碍。

　　然而，我以为阿奎那研究的滞后主要在于汉语学界对之缺乏足够的学术热情，因此其发展远不如古希腊哲学、现象学这些同样艰深的西方理论。大多数学者很难在阿奎那的著作中找到让自己产生强烈兴趣与共鸣的地方。其形而上学酷似亚里士多德，伦理学似乎是亚里士多德、新柏拉图主义、斯多亚主义以及中世纪信仰的糅合。这让不少学者放弃对阿奎那的深入研究，转而研究亚里士多德或者更纯粹的神学。即使在国际学界中世纪哲学研究相对发达的情况下，不少研究著作也只是在某些具体的观点上引用一下阿奎那的思想，对其本身没有持久的兴趣，这使得它们容易错解阿奎那哲学的根本精神，低估阿奎那思想的哲学价值。对于许多学者而言，中世纪至今仍是被遗忘的一千年。

　　在我看来，阿奎那研究具有几个方面的价值。第一，它无疑具有哲学史本身的价值，这突出表现在阿奎那将那个时代各类理论融会贯通并为己所用。可以说阿奎那是西方中世纪和近现代思想承上启下的重要人物，其思想体系的宏大登峰造极,在其之后的中世纪思想家大多选择挣脱阿奎那的宏大体系,强化与发展其中的某些方面,却很少有人能完全绕开他的思想另起炉灶。第二,阿奎那论证的哲学性及其对现代西方文明的影响值得当代学者关注。不同于许多中世纪的思想家,阿奎那首先被认为是哲学家,其次才是神学家,他甚至被称为当代分析哲学的先驱。阿奎那擅长通过理性的论证,将特殊的信念阐释为哲学化的观念,从而让地域性的、特殊性的中世纪思想以纯理论的、更普遍的方式登堂入室。这一方面部分弱化了中世纪思想的宗教特征和神秘色彩,达到了以往的神哲学家鲜有的包容性;另一方面,也让基督教的诸多信念为现代西方思想所保存,成为其底层逻辑与理论预设的重要组成部分。第三,读懂阿奎那有助于更好地把握西方文明。中世纪思想是西方文明的重要组成部分,而其中的诸多观念以潜移默化的方式渗入现当代的世俗思想中,读懂阿奎那可以帮助中国学者更好地辨析现代西方思想中的中世纪遗产,也更容易理解当代西方文明中信仰与世俗化因素之间的内在张力。此外,西方宗教哲学的思想流派杂多,而阿奎那的理论在包容性上达到西方宗教理论鲜有的程度。

我个人与阿奎那研究结缘始于 2007 年赴美国加尔文大学哲学系做访问学生,那时我已在复旦大学学习西方哲学 6 年,对阿奎那的印象停留于一个中世纪的亚里士多德主义者。在加尔文大学我遇到从圣母大学毕业的导师迪旸(Rebecca Konyndyk DeYoung),在其指导下,我几乎阅读了《神学大全》与《论恶》中所有与道德哲学相关的部分。我发现阿奎那本人的思想丰富多彩,尤其打动我的是其融合异质文明和思想的深度与广度,哲学史所赋予的亚里士多德主义的标签委实难以穷尽其创见。之后,在博士导师张庆熊教授的支持下,我又赴意大利宗座大学萨雷西亚(Università Pontificia Salesiana)接受全方位的中世纪哲学的训练,修习了 16 门课程,集中学习阿奎那的形而上学、认识论、道德哲学与拉丁语。在拿到博士学位之后,受到“剑桥指南丛书”阿奎那与奥古斯丁的编者,著名中世纪专家斯坦普(Eleonore Stump)的邀请,我赴美国做了博士后研究。

　　工作十多年来,我的学术兴趣逐渐从西方转向东方,从纯理论研究转向对实践问题的哲学思考。结合对儒释道传统的学习,我重新思考了研究古代与中世纪思想的方法。不得不承认,中西方同样面对如何发挥传统文化魅力的难题,而中国和中国学者面临的问题则更加复杂。我们既要妥善理解、赓续中华优秀传统文化,也要合理对待那些在普通人的生活与观念中"在场"的西方思想与理论。而对阿奎那这位西方中世纪哲学家的思想而言,其困难又带有特殊性——它既是同中华文明异质的西方思想,也是不同于当代思想观念的前现代思想。这决定了本书的研究既要本着研究古代哲学的"经学方法",即对文本的熟悉与掌握,也要从当代中国人的观念与生活经验出发挖掘出有益的思想内容。

　　简而言之,本书研究阿奎那的视角是"入乎其内而出乎其外"。一方面,研究阿奎那当然需要对其文本有深入准确的把握,本书是我近年来研究与思考的小结,经过多次修改,试图以小见大,通过对友谊问题的解读展现阿奎那本人的思想特征与理论洞见。另一方面,不同于纯哲学史的研究,我以为阿奎那的伦理思想具有当代价值,它虽然必须在西欧中世纪信仰的背景下加以理解,却具有超越任何宗教信仰的潜质。也因此,他的一些观念也常常被开明的当代西方学者借鉴,作为提倡友善对待不同信仰和文明群体的理论资源。因此本书尝试"出乎其外",即试图通过对其友谊观的阐发揭示阿奎那整体思想的包容性,这能帮助读者了解最宽容的西方宗教观念,或许也能启发读者进一步思考宗教中国化的问题。

　　总体而言,阿奎那的学术创新主要体现在融合前人的哲学理论和神学思想,虽然其宏伟计划未必总是成功的。但是对于今天的中国人而言,阿奎那的理论创新值得玩味。它让我们看到西方文明曾经如何在挑战与危机中自我保全;西方的哲学家与思想家又如何在看似对立的文明传统(希伯来与希腊)中兼容并包,为西方现代文明的开启做好准备。阿奎那所处的 13 世纪的欧洲,外来思想来势汹汹,本土信仰与文化受到极大的冲击。在阿奎那的时代,许多神学家采取鸵鸟政策,阿奎那却能勇敢地面对并尽可能吸纳任何有益的思想资源,通过推进中世纪信仰的智识水平提升天主教的深度与包容度。即使在今天,托马斯主义的影响力也不止于宗教领域,当代著名哲学家与伦理学家,例如当代德性伦理学著名的倡导者麦金泰尔也深受阿奎那的影响。正由于有这样兼容并包的神哲学探讨,西方宗教观念才得以在崇尚理智的近现代继续存在,并或隐或显地影响着当代世界。

2024 年是托马斯·阿奎那诞辰 800 周年,我选择在这个时间点在大陆学界首次出版这本书,既是对阿奎那本人的纪念,也是回应大陆学人的要求。本书曾在 2017 年由花木兰文化事业有限公司在台湾出版,按照当时签订的合同,3 年后笔者有权交付第三方出版。近年来,陆续有研究者询问笔者本书的研究内容,却苦于难以购到此书。对于友爱、友谊问题的研究,以及对中世纪哲学的研究,本书或许仍旧具有一定的学术价值。与台湾出版的版本相比,本书的基本理论和观点没有显著的变化。我在阅读和补充最近几年研究成果的基础上,对全书进行再次梳理和修改。如有不当之处,还望读者包涵与指正。

此书是我研究中世纪哲学的微小成果。我要感激所有在我的学术成长中关怀我的师友与研究单位。也要感谢为本书提出宝贵意见的张庆熊、孙向晨、李天纲教授,他们的鼓励让我曾坚定选择中世纪哲学这一独特却荆棘遍地的研究领域,十几年的研究让我更好地理解西方文明。我也要感谢美国的导师斯坦普、迪旸,意大利的导师芒多瓦尼(Mauro Mantovani)与阿邑(Giuseppe Abbà)教授,他们是直接指导本书撰写的阿奎那专家,没有他们我永远是中世纪哲学研究的门外汉。最后,我要向上海社会科学院和哲学研究所致以最高的敬意,没有其悉心培养和大力支持,这本书稿无法问世。也感激本书的编辑和所有读者对我的支持,望不吝提供宝贵意见与建议,你们的关心与督促必定会让我的学术研究更上一个台阶。

赵 琦

2024 年 3 月于上海

导　言

　　托马斯·阿奎那,本名 Tommaso d'Aquino,生于 1224 年(一说 1225 年初),卒于 1274 年,是中世纪最伟大的思想家,他代表了经院哲学的最高成果,是中世纪神学与古代哲学的集大成者。阿奎那几乎吸收了当时所知的所有思想资源,并将它们融入自己的思想体系中。这些资源在哲学方面主要有亚里士多德、新柏拉图主义和斯多亚主义,在神学方面有《圣经》诠释与天主教的理论传统,诸如奥古斯丁、伪狄奥尼修、伦巴第、大阿尔伯特等人的理论。阿奎那无疑是中世纪理论界的奇迹!他的天赋表现在各个方面。他成功理解了东西方的各种思想资源,从古希腊的哲学遗产到阿拉伯的阿维罗伊主义无一逃出他的慧眼;他的理论回答了人类生活的各方各面;他在短短 49 年的生命中撰写了百部著作,可谓汗牛充栋,其中不乏长篇巨著;他的论证全面而深刻,往往让对手无从反驳……不过在他的时代,阿奎那的主要贡献在于化解了神学与哲学的冲突。在其去世后不久,阿奎那就获得了"天使博士"和"共有博士"①的称号,其学说成为天主教的正统思想,不断启发着后人的哲学和神学探讨。

　　然而,与阿奎那的卓越贡献与盛名相悖的是其研究的薄弱。不可否认在宗教神学以及哲学界有一些学者在研究托马斯主义,但是就国际学界这一整体而言,阿奎那研究不容乐观。汉语学界目前尚无著作研究阿奎那的

---

① 阿奎那是天主教道明修会会士,"共有博士"的称号肯定了他的学说不仅仅对于道明会有价值,而且对于整个天主教教会具有价值。

友谊,而在国际学界,对阿奎那友谊理论的研究大多无力呈现其全貌。即使一些学者意识到阿奎那友谊观的价值,也很难真正将它用于解决理论与现实问题。事实上,友谊的范畴集中体现了阿奎那伦理思想乃至其整体思想的革命性,是研究其汇通神学与哲学的重要概念。

第一节 阿奎那友谊观念的革命性及其研究现状

为什么要研究阿奎那的友谊观念? 客观而言,由于阿奎那对友谊的论述很不集中等诸多原因,研究"友谊"要比研究"爱德"或"爱"困难许多——这两个概念同友谊有着千丝万缕的关联,并且是讨论友谊无法绕过的核心概念。本书选择以"友谊"为议题,是因为与其他概念相比,"友谊"更集中地体现了阿奎那独特的问题意识与革命性思维。友谊观念是把握阿奎那的伦理学,乃至其整体思想的关键。"友谊"本是一个哲学概念,亚里士多德关于 *philia* 的理论直至今日仍被学界看作友谊理论的经典范本,阿奎那借用哲学的友爱观念 *philia* 诠释基督教神学的核心范畴爱德 *agape*①,不仅提出独特的基督教神学伦理学,也让基督教的核心道德观念在世俗领域登堂入室,创生出一种更完善的世俗友谊理论。

阿奎那将爱德定义为友谊,赋予基督教最重要的德性以哲学友谊观的诸多特质,让人与神的关系成为一种朋友之间的面对面的"你—我"关系,这使得人能够通过友谊达到道德与幸福的拱顶。一方面,与神的友谊让人的认知、情感与意愿逐渐变得与其被爱者即神或至善者相似,它让人做出正确的道德抉择,并为领悟终极真理做好智识上的准备。另一方面,在人与神的友谊关系中,人不断出离自身进入被爱者的内部,达到与神更紧密的结合,

---

① 为了与 *philia* 相对应,此处用希腊文的 *agape*,阿奎那的原文使用的是拉丁语的 *caritas*,在汉语中,也译为"神爱""圣爱"或"仁爱"。

获得真福即神自身。由此可见,对于阿奎那而言,人类的道德不仅是亚里士多德主义推崇的理性的主导,而是在友谊关系的互动中获得更完善的灵魂。①如此神学伦理学的核心从某方面的行为与情感转移到人与神以及他人的友谊,人的活动也从个体的行为转变为在朋友这一共同体中产生的行为。

由此可见,阿奎那推崇的信仰并不是一种基于人的无知与无能而存在的宗教,它是一种在神与人的友谊中培育人的情感、柔软人的内心、提升人整体的精神与实践的活动。基督徒也不只是由于畏惧神并严格服从其律法而成为道德的人的,他们的人生是一趟独特的旅程,是从灵魂深处与至善者不断交往、互动的过程;他们不仅在对神的敬爱中,也在对其疑惑中完善自己的情感与意志、理性与认知,就好像《旧约》中约伯的人生旅途所展现的那样。从阿奎那对友谊的改造中可以窥见其神学的革命性,然而当今学界对其友谊观念的诠释很少触及其根本价值。

当代学界对于阿奎那友谊问题的研究有两条基本路径②,一条是以亚里士多德的友谊观来理解阿奎那,本书称之为"哲学友谊观"的视角;另一条则是以基督教的"爱德"(agape)为主导,以纯粹神学的视角解读阿奎那。③"哲学友谊观"的研究路径代表当今国际哲学领域的主流研究方向,比传统

---

① 亚里士多德本人的思想要复杂得多,我不认为他的德性论只是单纯的理性决定论。对于阿奎那与亚里士多德主义的差异,美国著名学者斯坦普在其《阿奎那伦理学的非亚里士多德主义特质》["The Non-Aristotelian Character of Aquinas's Ethics:Aquinas on the Passions", *Faith and Philosophy:Journal of the Society of Christian Philosophers*(28.1) 2011, 29—43.]一文中有着深入浅出的解读,本书将其翻译为中文,附于最后。

② 阿奎那友谊观念的研究现状修改自我的论文。参考赵琦:《阿奎那友谊理论的新解读——以仁爱为根基的友谊模式》,载《复旦学报(社会科学版)》2015年第2期,第77—86页。

③ 值得一提的是还有一种非主流却仍然重要的研究路径,那就是思想史的研究路径,它主要探讨阿奎那友谊理论的思想来源,最有代表性的研究成果见 McEvoy, J., "Amitie, Attirance et Amour chez S. Thomas d'Aquin", *Revue Philosophique de Louvain* 91(1993), 383—408. 以及 McEvoy, J., "The Other as Oneself:Friendship and Love in the Thought of St Thomas Aquinas", James Mcevoy and Michael Dunne(eds.), *Thomas Aquinas:Approaches to Truth*, Dublin:Four Courts Press, 2002. 本书之后会涉及该议题。

的神学视角具有更大的影响力,它以亚里士多德的世俗友谊观的诸多特质为标准,考察友谊中的各种问题,包括人神友谊的问题。这种研究路径以"自我"作为阿奎那友谊理论的根基。尼格兰(Nygren)的观点颇具代表性,他认为阿奎那的道德理论可以被归纳为:基督教的一切都可以被归为爱,而爱的一切都可以被归为自爱。①根据这种观点,与他人的友谊需要通过对自身的爱得到解释。一些学者认为"自爱"与以他人为目的的"友谊"很难相容,但更多学者肯定通过"价值"或"善"的中介,友谊能够从"自爱"中产生。②由于真正的"自爱"是人对"善"的与生俱来的自然倾向,"自爱"驱使人欲求价值或善,也让人爱具有各种善处的人,友谊因"自爱"而具有生发的土壤。

然而,即使通过意志的自然倾向,学者们能够解释友谊如何可能从自爱中产生,他们仍然挣扎于不相似的人之间如何可能具有亲密友谊的问题。根据亚里士多德的友谊理论,完善的友谊必须建立在相似的基础上,如果双方在善或德性方面相差过于悬殊,友谊很难产生,也不易维持。③阿奎那尽管在某种程度上肯定相似对催生友谊的作用,其观点在根本上与亚里士多德不同。他认为神与人之间具有天壤之别,却能够产生友谊;人与人之间也是如此,仅仅因为同属于人类,就可能产生友谊。面对阿奎那友谊理论不同于亚里士多德的重要创见时,大多数学者不是继续推进哲学友谊观的原则,

---

① 见 Nygren, A., *Agape and Eros*, trans. P. S. Watson, Philadelphia: Westminster Press, 1953。也有学者认为不应该从"自爱"出发考虑友谊的问题,参见 Geiger, L.-B., *Le Problème de l'Amour chez Saint Thomas d'Aquin*, Montreal: Institut d'Études Médiévales-Paris: J. Vrin, 1952;以及 Wohlman, Avital. "Amour du Bien Propre et Amour de Soi dans la Doctrine Thomiste de l'Amour." *Revue Thomiste* 81(1981), 204—234,但是这一路径本身却很难摆脱这种思维。

② 参见 Gallagher, David M., "Desire for Beatitude and Love of Friendship in Thomas Aquinas", *Mediaeval Studies* 58(1996), pp.1—47;以及 Gallagher, David M., "Thomas Aquinas on Self-Love as the Basis for Love of Others", *Acta Philosophica* 8(1999), 1—47。

③ 这方面最系统的研究,见 Bobik, J., "Aquinas on *Communicatio*, the Foundation of Friendship and *Caritas*", *Modern Schoolman* 64(1986—1987), 1—18; Bobik, J., "Aquinas on Friendship with God", *New Scholasticism* 60(1986), 257—271。

而是在该路径上戛然而止，拼接另一种神学的研究路径，通过神的恩宠讨论人与神以及人与人之间不对等的友谊如何可能。①这一做法回避两个路径之间的龃龉，也暴露了第一条研究路径的软肋。

当代神学友谊观的研究路径最早可以追溯到 20 世纪 70 年代，姑且称之为"神学爱德"的研究路径。②由于它主要在人神"友谊"中讨论"爱德"，就友谊问题的整体而言，在西方主流学界尚属边缘，但它也常常出现在以哲学友谊观为主要研究路径的著作中，作为论述阿奎那友谊理论的一种补充。③就人的友谊而言，尽管学者们承认人应当以神爱人的方式爱他人，但是却很少涉及这种爱同人与人之间的世俗友谊的关系，更没有触及爱德如何彻底转变友谊的内涵问题，而这正是理解阿奎那友谊理论革命性突破的关键所在。在诸多神学家中，瓦德勒（Wadell）的观点最接近阿奎那的本意。在其著作《友谊和道德生活》的最后一章中，他阐发了阿奎那的"爱德"对于人与人"友谊"的一般意义。④他认为以爱德的方式与他人相遇是道德生活的起点，人应该一视同仁地爱所有人，即使对方是从未谋面的陌生人。他写道："在某个下午的火车里，我意识到和陌生人相处是多么好的事情，我意识到我们事实上多想爱他们，即使我们不认识他们。因为爱他们就是意识到没有他们，我们无法成为自己。学会欣赏非自我是真正的道德体验，这就是为什么友谊对于道德生活如此适宜。"⑤瓦德勒把对陌生人的欣赏解读为友谊，他认为人应当爱他人并努力回应他人的需要，而且他越让自己投入到完

---

① 偶尔有学者讨论不平等的友谊来自爱者把被爱者看作自己的一部分，不过这种讨论大多局限于血亲关系。例如前文提到的 Gallagher，1996，1999。

② 参见 Aumann, J., "Thomistic Evaluation of Love and Charity", *Angelicum* 55(1978)，534—556；Wadell, Paul J., *The Primacy of Love: An Introduction to the Ethics of Thomas Aquinas*, New York/Mahwah: Paulist Press, 1992。

③ 参见 Osborne, Thomas M., *Love of Self and Love of God in Thirteenth-Century Ethics*, Notre Dame, Indiana: University of Notre Dame Press, 2005。

④ Wadell, Paul J., *Friendship and the Moral Life*, University of Notre Dame, 1989.

⑤ Ibid., p.145.

善他人的活动中,他也越好地完善自身,无条件的普遍爱德因此是道德的根基。这一观点符合阿奎那的本意,但是瓦德勒将人出于爱德对他人的欣赏直接等同于友谊,没有考察这种欣赏与世俗友谊之间如何相容,因此他没能解决阻扰爱德与世俗友谊关联的主要难题。

尽管这两种主要的研究路径都能在阿奎那的文本中找到依据,但是它们都不足以凸显阿奎那友谊观的革命性。哲学友谊观的研究路径主要从"自爱""相似"等概念入手,只给"爱德"留下狭小的理论空间。与此相对,神学的研究路径尽管从"爱德"入手,却主要局限在人神友谊的范围,没能把爱德推广到一切友谊中,因此无法彰显爱德的普遍意涵。为什么当代的研究无法凸显阿奎那友谊理论的独到之处呢?原因是多方面的。

首先,阿奎那的论述方式本身给学者们造成了巨大的诠释困难。第一,阿奎那从没有完整论述过友谊的问题,他对友谊的探讨散落在各部著作中。即使在其最系统的著作《神学大全》中,阿奎那也没有直接地、集中地、完整地处理友谊问题,而是通过考察"爱""爱德"等一系列相关概念触及"友谊"。①对于爱德与友谊、爱德与爱的关系而言,除了"爱德是友谊"这类笼统的表述之外,很难找到更多详尽的直接论述,这要求研究者阅读阿奎那浩瀚的文本,把不同的论述建构成完整的理论。第二,《神学大全》是为了中世纪教学的需要设计的,不要求作者突出自己的观点。出于对以往哲学家和神学家的敬重,阿奎那即使反对前人的观点也很少言明,而是通过重新诠释或补充说明,委婉地表达自己的看法。例如,有时他表面上赞同亚里士多德,却在另一处以某位神学家例如奥古斯丁的看法加以补充,实则改变了亚里士多德观点的重心,这容易造成后人的误读。此外当代研究阿奎那友谊问题的学者有一大半都不是阿奎那或中世纪哲学专家,而是道德哲学家,从道德哲学的视角入手容易迷失在其浩瀚的著作中,错失阿奎那思想的整体性。

---

① "爱"与"爱德"这两个问题出现在完全不同的地方,中间涉及行动、德性、恩典、律法等100多个议题(Questio),间隔至少有5本《尼各马可伦理学》的篇幅。

其次,由于阿奎那研究困难重重,中世纪学者大多没能处理好阿奎那思想中哲学层面与超自然的神学层面的关系问题,对"友谊"的研究也概莫能外。这个问题在新托马斯主义盛行的 20 世纪早期就开始受到学界的关注,却一直没能得到解决,成为当代学者包括神学家也要回避的棘手问题。[①]以友谊为例,阿奎那一方面有保留地肯定了其自然层面的许多内容,即亚里士多德对友谊特质的某些哲学描述;另一方面,他又强调基督教的神学德性爱德与友谊的联系,却没有论述其神学特质与哲学特质之间的关系,而这正是把握阿奎那友谊理论的困难所在。[②]如果友谊具有某些哲学特质,也具有神学爱德的特点,而其哲学特质与爱德的关系却含糊不清甚至很难调和,那么就让人难以把握"友谊"的真实内涵。同样,对于其他许多问题,阿奎那也没有专门论述其神学特质与哲学特质的关系,他只是系统论述了理性与信仰是一致的,但是要在具体问题中把握这种一致性并非易事。既然大多数专家都无法厘清"友谊"中自然与超自然层面的关系问题,就更不能苛求当代道德哲学家解决这个问题。

第三,道德哲学家对阿奎那友谊观的考察大多受到功利主义理论的限制。道德哲学家对阿奎那友谊理论的兴趣产生于德性伦理学在西方的复兴,后者随着对功利主义伦理范式的批判逐渐在学术界蔚然成风。在这样的背景下,对阿奎那伦理学的研究也以批判功利主义为重要目的。20 世纪七八十年代对阿奎那友谊观的研究常常以讨论人如何突破自爱,对他人产生友谊或爱为主题,以此反对庸俗的自利主义倾向。[③]为了更好地反驳功利

---

① 相关论述,见 Hibbes, T., "Interpretations of Aquinas's Ethics Since Vatican II", Stephen J. Pope (ed), *The Ethics of Aquinas*, Washington, D.C.: Georgetown University Press, 2002, p.421。

② 我以为阿奎那不认为某些具体问题的哲学特质与神学特质的关系值得详尽论述,对他而言关键是要打破两者的隔阂,所以其注意力主要在于呈现给读者一种普遍的理论而非论证两者的关系。

③ 最有趣的证据或许是以研究阿奎那及其后学著称的杂志《托马斯主义者》(*The Thomist*)。它于 1977 年刊登了一篇和阿奎那本人没有什么关系的文章,其题目为《友谊和利己主义》,这篇文章几乎没有涉及阿奎那的友谊观念,而是从各个角度(包括社会环境理论,心理分析和遗传学)反对功利主义的神话,说明自我的发展需要他人,需要亚里士多德所说的"友谊"。在那个年代这本杂志常常刊登与阿奎那及其后学没有直接关系的文章,足以说明当时阿奎那研究的取向。

主义,道德哲学家们不得不从功利主义的纯哲学的立场出发,容易忽视与神学息息相关的"爱德"。即使有的学者看到爱德的重要性,也在这一神学德性前望而却步。此外,在 20 世纪 70 至 90 年代的英美学术界,保持哲学的纯粹性与客观性是学者们的共识,这也阻碍道德哲学家思考爱德对友谊可能具有的意涵。

最后,现代一些研究者的实践倾向与当代哲学的视野让他们无法对阿奎那的友谊理论具有全面的把握。例如,2007 年剑桥大学出版社出版的《阿奎那论友谊》(Aquinas on Friendship)一书,是学界少见的直接处理阿奎那友谊问题的论著,尽管冠有如此普遍的名称,该书的目的仅仅是从阿奎那那里获得思想资源,用于解决当代哲学中与"友谊"相关的某个小问题。其作者参考了阿奎那的 37 部著作,还广泛地运用了英语、法语、意大利语等现代语言的研究成果,却只为解决友谊可以经受多大的冲突的问题,几乎没有涉及爱德与友谊的关系,难怪评论者忍不住感叹道,"这是一本让阿奎那伦理学专家备感吃惊的著作"①。

第二节　哲学学界对阿奎那的整体把握与交往困境

尽管西方道德哲学家对阿奎那友谊理论的革命性尚无充分的认识,但是一些学者已经意识到其伦理学整体上具有超越神学信仰的一般价值。伯克(Vernon Bourke)认为阿奎那的伦理学是"一种通过多种德性的发展达到自我完善的伦理学",并将阿奎那的伦理学视为德性论伦理学的典范。②对

---

① McInerny, D. "Review on 'Aquinas on Friendship'", *Philosophical Review* 118(2009), 381.
② Bourke, Vernon J., "Recent Thomistic Ethics", *New Directions in Ethics*, New York: Routledge & Kegan Paul, 1989,转引自安德鲁·德洛里奥:《道德自我性的基础:阿奎那论神圣的善及诸德性之间的关系》,刘玮译,中国社会科学出版社 2008 年版,第 7 页。

于阿奎那思想的哲学解读,麦金泰尔(Alasdair MacIntyre)、德洛里奥(Andrew J. Dell'Olio)和波特(Jean Porter)的立场代表了三种不同的诠释方式。

波特重视阿奎那思想中自然神学的方面,他试图通过阐释阿奎那伦理学的哲学理论复兴传统的德性观。波特的立场代表了一批学者的观点,他们都从纯哲学的角度阐发阿奎那。在其著作《德性的复兴:阿奎那与基督教伦理学的相关性》(*The Recovery of Virtue*:*The Relevance of Aquinas for Christian Ethics*)中,他认为阿奎那关于人类自然目的或"自然之善"的观念最富有启发。他选取阿奎那思想中严格符合哲学的要素来探讨善的观念,将神学化的至善观念搁置一旁。

麦金泰尔在前期并不重视阿奎那的道德学说,但是在后期他撰写了《三种对立的道德探究观》(*Three Rival Versions of Morality*),认定托马斯主义的道德探究观优于欧洲其他两种重要的道德理论,即百科全书派与谱系学。麦金泰尔反对波特那种不考虑阿奎那的整个神学框架,而只涉及某些观点的做法。他认为不同道德观的比较研究不应该诉诸外在的所谓"中立"的标准,而应该从这些传统的内部得到解答,而最有价值的道德探求"既要认识到自身传统的局限性和片面性,又要为如下的申明寻找根据:自己在合理性上优于它所遭遇的和将要遭遇的其他探究传统"[1]。他认为只有托马斯主义符合这样的标准,并评价道,"百科全书派立场的主张者和那些为谱系学立场辩护的人的各种主张,都能够从托马斯主义的立场出发获得最充分的理解和评价"。[2]

德洛里奥批判麦金泰尔对托斯主义的解读。他认为麦金泰尔没有给予阿奎那伦理学的形而上学基础足够的关注,因而误解了阿奎那关于德性的主张,并且将阿奎那过于奥古斯丁化。此外,麦金泰尔忽略了天主灌输的德

---

[1] 麦金泰尔:《三种对立的道德探究观》,中国社会科学出版社 1999 年版,中文版导言。此处对译文的语序稍稍做了调整。

[2] 同上书,第 4 页。

性,因而面临着混淆托马斯主义与司各脱立场的危险。①虽然他对麦金泰尔的阿奎那解读颇有微词,但是也同样看重阿奎那,认为其德性理论对于重建当代德性伦理学具有极大的价值。

在有限的篇幅内,本书无意论证阿奎那对于重建近现代道德哲学(modern moral philosophy)的整体价值,只想通过研究其友谊理论检视道德哲学的交往困境。近现代道德哲学的交往困境是如何产生的?简而言之,它产生于一个以科学的理性精神为主导与人类社会发生巨变的时代。近现代哲学在自然科学的影响下产生,早期的近现代哲学家无不崇尚科学理性,他们大多精通自然科学,有些还是颇有成就的科学家,例如莱布尼茨、培根等人。在向科学看齐的大风气下,近现代哲学经历了著名的"认识论转向",即倡导在同科学一样牢靠的基础上重建哲学学科。笛卡尔最终将所有知识的基础建立在"我思"之上,拉开了现代哲学的序幕。他认为意识的活动若有对象或内容,就是可以怀疑的,只有剔除一切内容的纯思本身才堪称确凿无疑。纯粹意识活动的"我思"成为个人存在(即"我在")的本质,"自我"蜕变为没有具体内容的抽象实体。笛卡尔将世界万物还原为一个抽象的"我",继而又在这个抽象的"我"之上,建构人类所有的知识。笛卡尔之后,莱布尼茨认为世界万物是那些互相之间没有任何关联的单子构成的,他以封闭的单子解释人的灵魂,使得人必须通过神的"前定和谐"才能与他人发生联系。

哲学的认识论转向促成了实践哲学的转变,与此同时世界也正经历着巨变。天主教渐渐失去了它在政治上的权威,民族君主政体兴起并逐步获得统治权;罗马教会分裂,新教派别林立;贵族日益为新兴的资产阶级所取代;传统的社会结构分崩离析,传统的观念似乎也越来越不可靠。在社会、

---

① 安德鲁·德洛里奥:《道德自我性的基础:阿奎那论神圣的善及诸德性之间的关系》,刘玮译,中国社会科学出版社 2008 年版,第 14—21 页。

政治、经济结构遭遇巨变的年代,人们已经无法在传统赋予的角色和社会关系中找到自己行为的准则。似乎唯有诉诸"自我"才是可能的出路。与时代环境相呼应的是"个人"出现在路德和马基雅维利的著作中,共同体不再是实践个人德性的舞台。其结果是人们不再作为任何共同体的成员,而是作为"个人"面对国家与社会。路德用临死前的孤独个体解释"个人"——没有人能帮助他,他的社会身份对其毫无作用。一个世纪后,霍布斯用笛卡尔和培根提倡的科学方法重建实践哲学,他将复杂的社会现象分解到最简单的要素,最终找到的仍是个人。

　　在近现代的社会环境与哲学的个人主义倾向下,道德哲学产生了两大主要的伦理范式,康德的动机论与功利主义的效果论。这两种理论本身尽管对人类践行道德活动颇有洞见,但是都被简单化与庸俗化①,造成两种不同的"交往困境"。根据庸俗化的康德理论,他人主要是责任或义务的对象,出于同情和怜悯的动机不构成道德的善,只有出于理性的推断培养的情感才具有较高的道德价值。理性虽然善于订立普遍的法则,却没有行动能力,为此康德不得不以"尊重"作为人对他人实践道德行为的直接动力。然而,他认为尊重是一种纯粹从理性的概念中产生的"情感",严格来说只能以道德律为对象,而不以人为对象。功利主义虽然致力于实现人的幸福,却在客观上导致了比庸俗化的康德伦理学更糟糕的交往困境,他人沦为工具理性计算的对象,被贬低为实现个人或者整体幸福的手段。这种原则若是走向极端,可能败坏一切交往活动。庸俗化的功利主义驱逐了人与他人之间本真的情感关联,也让友谊这个古老的德性退出了当代道德哲学的视野。

　　与道德理论的困境相伴的是现实中的交往问题。以西方为典型的现代社会面临前所未有的交往困境,其可以归纳为:冷漠、自我封闭与被动。虽

---

① 康德、边沁与穆勒等人的道德哲学要比后人简约化后的康德主义与功利主义复杂得多,在此作者只能针对他们留给后人的一般印象来讨论他们,而无法考虑到其本身的意图与思想,改变世人与普通学者看法的重任只能由康德或功利主义的专家来担当。

然人情冷漠在任何时代都存在,但是在崇尚个人主义的现代社会却产生新的形式,某些古已有之的问题也变得更为严重或极端。在前现代社会,个人的存在是在与共同体以及他人的关系中被界定的,人首先作为某个整体的成员而存在。中国古代以姓氏来称呼人是为了明示此人的宗族关系。欧洲人有以出生地命名一个人的习惯,例如本书研究的阿奎那,其姓"阿奎那"本来是个地名,托马斯是阿奎那这个地方望族的后代。而在现代社会,凌驾于个人之上的组织、机构与群体全部走下神坛,国家成为为个人服务的机器,君权和出身不再具有原本的光环,传统意义上的神职人员失去了《圣经》诠释的垄断权;在经济领域,资本主义打破了原先个人与土地、封建领主的联系,将人作为与货物类似的东西投入到市场的买卖中;在社会领域,乡村人口不断涌入城市,人与出生地的联系越来越弱,传统家庭的成员分散各地,血亲之间的联系不断衰退;前现代民宅为现代钢筋水泥的公房取代,远亲不如近邻已经成为过去,很多人为了生存,只能作为个体孤独地活在某个陌生的城市中;在知识层面,科学技术的发展不断提升理性的地位,因为理性为个人所有,知识界的理性主义促进了个人主义的蓬勃发展。从近代到今天,这些方面的局面并没有改变,有些还在日益加剧,现代社会不断要求人们作为孤独的"个人"加入其中。

在此大背景下,"冷漠"成为现代人无法绕开的交往问题。现实生活的孤独无助感是现代人尤其是都市人生活中的普遍问题。一些人以为既然没有人给自己关爱,自己也不需要关心别人,邻里之间不闻不问,亲人朋友也鲜有往来,久而久之,他们丧失与人交往与沟通的能力。另一些人牢牢抓住现代社会赋予每个人的权利,一心只为出人头地,凡事只考虑自己的利益和感受,对自己没有好处的一概不理。少数人甚至以这样的态度对待自己的父母,把父母的付出当作理所当然,而当父母年老体弱需要子女照顾的时候,子女却不愿意回报。此外,虽然现代人也重视责任心,但是依照理性的要求对他人负责也会导致人情冷漠。典型的现代医疗体制不关注医患双方的情感互动对于治疗的价值,医院只负责应对疾病,减轻病人因为病情受到的精神痛苦尽管对于治疗疾病具有不可忽视的作用,却不属于医院的职责。

科学技术的发展也在客观上使得人的交往变得冷漠。只要彼此具有现代通信设备,可以同一个从未谋面的人共事。一些以往需要家庭成员共同参与、合作才能完成的家务,比如砍柴加薪为屋子生火,现在只要摁一下按钮就可以完成。电视和网络的发展让人把更多时间花在同"非人"打交道上。以往我们只能和伙伴玩耍,现在却可以对着电脑与手机坐上一整天;以往人们需要和售货员面对面交流才能选购商品,现在只要通过网络,不与任何人对话就能买到几乎所有的生活必需品。

其次,人与人的交往在思想层面面临"自我封闭"的困境。个人主义在赋予每个人自我思考的权利的同时,也让人们执着于自我之见,其后果被查尔斯·泰勒和艾伦·布鲁姆表达为相对主义的困惑。①相对主义成为共识,甚至道德立场,人们认为只要对方不犯法,就不应该挑战其观念,哪怕他的价值观念的确不怎么高尚。事实上,现代人之间的思想交流往往滑向两个后果,要么试图以各自的立场说服对方,争论不休却毫无益处;要么赞同对方立场的合理性,认为自己的立场也同样合理,把他人的立场当作一种与自己无关的东西,以"青菜萝卜各有所爱"收场。两种情况都使得人们无法深入他人的内心世界,真正理解他人,久而久之,人们不再愿意进行这种费力而无意义的交往。嘈杂的空间譬如咖啡馆成为现代人交往的理想地点,柏拉图那种在与他人的对话中寻求真理,以及中国古人追求的在君子之交中提升人的精神境界的交往典范已然成为奢侈。现代人不敢盼望能拥有这样的人际关系,即使是最亲密的人之间有时也缺乏理解和思想交流。

第三种现实中的交往困境可以被称为"被动",它主要指观念层面的被动态度,而与人的性格方面的被动或主动无关。现代人以摆脱各种束缚为

---

① 查尔斯·泰勒:《现代性之隐忧》,程炼译,中央编译出版社 2001 年版,第 15—16 页。

荣,将与他人的关系看作自我实现的阻碍。一些人甚至认为家庭情感会束缚自己的发展,因此拒绝投入情感,努力挣脱家庭。现代社会的激烈竞争也在某种程度上助长了这种观念。人们认为应该把百分之百的精力投入到创造个人价值中去,与人交往太浪费时间,若非必要,最好不要与人交往,即使不得不与人交往,也尽量避免与人建立任何深层和持久的关系。这都造成了人际交往的"被动"。它可能和交往困境的另外两个方面具有交集。一个不愿意与他人建立任何关系的人,一定无法深入他人的内心;厌恶交往却不得不与人交往,这种交往方式很难不导致自我封闭和冷漠。

面对现实暴露出的问题,现代道德哲学无力回答,而阿奎那的友谊理论却给我们带来希望,因为阿奎那的伦理学以友谊为核心,这在古今中外所有的道德理论中都颇为罕见。而且友谊是一种能承载各种特殊关系的普遍的交往方式,它不仅涉及熟人之间的交往,也处理陌生人之间的交往问题。当然,阿奎那的理论趣味与近现代道德哲学完全不同,他试图追求的是超越个人与自我的永恒的价值,这一价值虽然在基督教中被表达为天主与真福,但是超越小我是各个民族所有时空中的人们的共同追求。本书将要呈现阿奎那如何把友谊与对小我的超越关联起来。

第三节　关于著作、术语、注释、引文的说明

为了更清晰地呈现阿奎那友谊理论的不同层面,本书采用"分"与"合"相结合的写法。分别从哲学的友谊理论(第一章)、自然神学的"爱"的理论(第二章)这两个与友谊相关的思想入手,再到融合两者的阿奎那友谊理论的顶峰"爱德"(第三章);之后再分而叙述阿奎那友谊理论在其神学伦理学中的价值(第四章),以及它对一般的哲学友谊理论的贡献(第五章),最终本书将结合神学与哲学或者说站在超越这两个学科隔阂的角度,谈论人的交

往困境问题。本书开首虽然批判从纯粹哲学的角度理解阿奎那,却还是以阿奎那对亚里士多德的解读开始本书的议题,因为若非如此无法展现阿奎那友谊理论的不同层面,也无法呈现其思想的原创性。亚里士多德对阿奎那的影响是毋庸置疑的,阿奎那还专门著述评论《尼各马可伦理学》,有必要结合该著作探讨他在多大程度上接受了亚里士多德。

根据研究的需要,本书主要参考阿奎那的六部著作,又以《神学大全》与《〈尼各马可伦理学〉评注》为重中之重。关于《神学大全》,本书参考了拉丁文、意大利文、英文和中文的几个版本。拉丁文主要参照 Leonine 版本,意大利文的版本是由意大利的道明会会士翻译的,这个版本与拉丁原文最为接近。英文的版本参考的是标准本,即英国道明会会士的译本,但是它有不少问题。中文译本目前只有一个完整的译本,它由中华道明会和碧岳学社联合翻译,尽管受到汉意两种语言差异的影响,但这个译本的译文尽可能忠实原文,极具参考价值。关于《神学大全》的引文,本书主要依照台湾版本的译法,但是对于其他著作的引文,我根据对拉丁文原文与其他版本的理解做出翻译。在本书的"重要术语拉丁文、英文、中文对照表"中,英译文只是参考了英国道明会士的翻译,主要还是根据拉丁文的术语内涵加以翻译。

阿奎那的《神学大全》(*Summa Theologiae*)共有三集,其中第二集有两个部分,按照国际学界通行的注释方式,我将第一集标注为 *ST* Ia.,第二集的第一部标注为 *ST* IaIIae.[①],第二集的第二部则是 *ST* IIaIIae.,第三集为 *ST* IIIa.。《神学大全》的第一集、第三集和第二集的两个部分都由若干"问题"(quaestio)组成,每个问题又由若干"节"(articulus)组成。一般对阿奎那著作的引用有特殊的规定,不用页码表示,而是用问题和节表示,例如 *ST* IaIIae. 1.表示《神学大全》第二集第一部分第一题下的所有节,*ST* IaIIae. 1.5.

---

① 这一注释法来自拉丁文的 prima secondae,意思是 the first part of the second,因此小单位("部分")放在前面,大单位("集")放在后面,用罗马数字 I 和 II 加以指代,并与它们表示格的词尾-a 和-ae 结合,构成 IaIIae.。

表示第二集第一部分第一题的第五节。

本书还经常引用 *Sententia Libri Ethicorum*（《〈尼各马可伦理学〉评注》）。该著作共有十章，对应亚里士多德《尼各马可伦理学》的十卷。但是学界一般不按照章节引用该评注，而是按照每段前的序号标注加以引用，例如 *SLE 1270*，本书将沿用这一注释法，只需查阅拉丁文版本或者英文翻译的《〈尼各马可伦理学〉评注》，就可以了解某段评注对应《尼各马可伦理学》的哪一部分。本书也会引用阿奎那的其他著作，主要以拉丁文文本为依据并参考英文译本，注释则统一以拉丁文全名表示，在参考文献中读者能找到它们各自的中文译名。

最后，本书还大量参考并引用亚里士多德的《尼各马可伦理学》，这里也将按照国际学术界的惯例，在引文中用例如"*EN 1158a9*"的方式表示其出处。此外，本书不以中文名标注西方古代和中世纪著作，因为中文标注可能会涉及版本的问题，而采取国际学界统一的标注法便于读者查阅任何一个译本。

第一章
《〈尼各马可伦理学〉评注》中的"友谊"：
从亚里士多德到阿奎那

  阿奎那本人从没有专门写过论友谊的著作，但是对友谊的论述贯穿于他对"爱德""爱"和其他一些伦理问题的分析中。在阿奎那的著作中，亚里士多德的友谊观念、自然神学对爱之情的解读，以及神学爱德的理论融合在一起。严格来说，对于阿奎那而言，他的友谊理论首先也必然是人与神的友谊，以及在人神友谊之下的人与人之间的友谊。而《〈尼各马可伦理学〉评注》只是一本注释性的著作，其内容更多关于阿奎那所理解的亚里士多德，讨论《评注》是否有必要？进一步而言，从阿奎那汲取的亚里士多德的友谊理论开始本书的议题是否可取？

  这是必要的工作。第一，阿奎那本人涉及友谊的论述虽然散落在各个文献中，但是有两部著作最全面地论述友谊，均是其成熟期的作品。其中一部是《神学大全》，另一部是他对亚里士多德的《尼各马可伦理学》的注释与评论，该书拉丁原名为 *Sententia Libri Ethicorum*（简称 *SLE*），一般意译为《〈尼各马可伦理学〉评注》，它反映了阿奎那对西方思想界有史以来最系统、深入的伦理学理论的吸收。在该评注的基础上，阿奎那得以在《神学大全》中提出其颇具融合性与独创性的友谊理论，因此，有必要单独讨论该著作。而且，尽管该著作以评注为主，还是能从中读出阿奎那与亚里士多德本人的微妙差别。

第二，为了要理解阿奎那的独特的友谊观，需要了解亚里士多德的哲学友谊观。亚里士多德的友谊理论是阿奎那不可或缺的思想资源，可以毫不夸张地说，没有亚里士多德的哲学友谊观，很难想象阿奎那笔下的"友谊""爱"，甚至神学德性"爱德"会呈现出怎样的样态。从表面上看，阿奎那不断参考亚里士多德的友谊理论，从亚里士多德说起，展开自己的论述；就深层次而言，阿奎那神学伦理学的核心①是在亚里士多德的友谊观的启发下形成的。因此，亚里士多德的哲学友谊观对理解阿奎那不可或缺。

第三，以阿奎那哲学的友谊观为背景，结合本书之后的讨论，更能凸显阿奎那本人的原创性。这将是一个在气质上根本有别于亚里士多德的友谊观。读者将会看到阿奎那如何从道德的角度，以友谊解释爱，又如何通过友谊的中介，开创从自然之爱通向爱德之路。让以往圣爱与欲爱之间的简单对立，转变为以爱德包容圣爱与欲爱，并将欲爱转变为践行爱德的必要环节。这与亚里士多德讨论友谊的背景与旨趣截然不同，其影响也不仅仅限于友谊或者外在的善。阿奎那的"友谊"作用于人的整个道德生活，让人在与神以及他人的交往中达到道德生活的顶点。

然而，对于大多数汉语读者而言，亚里士多德的"友谊"可能显得有些陌生，人们更熟悉的是"友爱"的概念，实际上本书中涉及的任何关于亚里士多德的友谊理论，都是以《尼各马可伦理学》第八卷与第九卷对 *philia* 的讨论为主。汉语学界习惯使用"友爱"来翻译 *philia*，然而，*philia* 一词的内涵具有含糊性。可以说无论"友爱"还是"友谊"的译法都不能完全把握 *philia* 的内涵。*philia*，即 φελία，在现代希腊语中表示情感的爱或友情。在古典文献中，它表示具有普遍意义的"爱"的情感，其字面意思是一个人对他人出于自愿与习惯的爱和关照，适用于各种人际关系。②亚里士多德发展了 *philia*

---

① 即人与神的第二人称关系，见第三章最后一节。
② 亚里士多德：《尼各马可伦理学》，廖申白译注，商务印书馆 2003 年版，第 227 页，注释一。

的含义,在他那里,一方面,*philia* 是一种超越感官的情感①,它是单向的,表示两种"恶"——谄媚(过度)与乖戾(不及)——的中道②,这时它与"友爱"更为接近;但是另一方面,*phlia* 更多时候被用于指称双向的互爱,它存在于任何一个组织或严密或松散的共同体成员之间,比如家庭、社会和国家的成员间,更接近汉语"友谊"的内涵。同胞之间可以成为朋友,生意伙伴可以成为朋友,甚至家族成员也被称为朋友。父母与子女之间基于自然的互爱,乃至夫妻间超越感官的情感都被称作 *philia*,其范围远远广于今天日常用语中的"友谊",尽管当代人也会在类比的意义上称关系和睦的父子或夫妻为"朋友",但是严格来说,今天友谊的范围远不及亚里士多德的 *philia* 宽广。

友谊古今含义的差别更在于友谊在亚里士多德那里具有伦理意义,是德性之一,或者至少与德性关系紧密。然而在现代,无论是在日常生活还是在道德哲学领域,人们都很少将友谊归为道德的范畴,现代人所说的"友谊"是一种私人的情感联系,它具有随意性,很难进入公共领域。不仅如此,现代人认为公共领域必须避免私人的友谊关系才可能实现公正。因此,在现代人的友谊观中,友谊的社会属性,即属于同一个共同体并具有共同目标的向度被大大削弱了,无论这些目标是伦理的抑或是政治的。

鉴于亚里士多德的 *philia* 与现代人的友谊观念不尽相同,使用"友谊"的译名实属权宜,读者需要不断从亚里士多德的文本出发理解"友谊"。③但是,相比"友爱"的译名而言,"友谊"同本文的主旨更为契合。因为尽管 *philia* 既有"友爱"也有"友谊"的意涵,但是《尼各马可伦理学》的第八卷与第九卷主要讨论的显然不是作为谄媚与乖戾两极之间的情感"友爱"或"友

---

① 或许是想和柏拉图关于"爱"的理论保持距离,亚里士多德很少谈论"爱欲"(eros)。

② 参见 *EN* 1108a26-30。

③ 也有少数学者把 *philia* 翻译为"友善",尽管它的确与友善有关联,但是友善侧重的是善意,在亚里士多德和阿奎那那里善意都只是友谊的开端,还不是完全意义上的友谊,甚至都不是爱。相关的解释,参照 *EN* 1166b30-1167a2, *ST* IIaIIae. 27.2。

善",而是以城邦公民为主的互爱关系,即广义的友谊。这点在英译本中也得到清晰的体现,《尼各马可伦理学》第八与第九卷中的 *philia* 大多被译为 *friendship*("友谊"),而第二卷中那个表示中道的情感,即让人愉悦的情感 *philia* 则被翻译为 *friendliness*("友爱"或"友善")。

此外,将 *philia* 翻译为友谊,也因为对于阿奎那而言,希腊文 *philia* 的含糊性并不存在。阿奎那读到的《尼各马可伦理学》是英国林肯地区的主教格罗斯泰斯特(Robert Grosseteste)于 1246 年至 1247 年翻译的拉丁全译本,而更早的拉丁文译本在阿奎那的时代已经佚失了大部分。在格罗斯泰斯特的译本中,*philia* 被翻译为拉丁文的 *amicitia*,后者就是"友谊"与"联合"的意思,其内涵在新拉丁语诸如法语与意大利中得以延续①,并无歧义。因此,将亚里士多德的 *philia* 翻译为友谊,也有助于从阿奎那的视角去解读他心中的哲学友谊观。

第一节 《〈尼各马可伦理学〉评注》的性质

学界一般认为《〈尼各马可伦理学〉评注》(以下简称"《评注》")完成于 1271 年到 1272 年间,是阿奎那在第二个巴黎时期(1268—1272)的作品。② 《〈尼各马可伦理学〉评注》是一个陈述式的评注,其陈述详尽、深入并伴有对原文的解释。与现代的评注相比,阿奎那不懂希腊文,对原文的理解难免会有偏差。但是该《评注》也有其过人之处,阿奎那对亚里士多德整体思想的研究和把握是许多现代学者与专家难以企及的③,这无疑让他能更好地理

---

① 法语的 *amitié* 与意大利语的 *amicizia* 都是现代人用于指称友谊的词汇,源自拉丁文的 *amicitia*。

② Torrell, J.-P., *Saint Thomas Aquinas: The Person and His Work*, trans. R. Royal, Washington, D.C.: Catholic University of America Press, 1996, p.329, p.343.

③ 阿奎那还对亚里士多德的《形而上学》《物理学》《论灵魂》《后分析篇》《解释篇》《政治学》《论感觉》等都做过评注和研究。

解亚里士多德的伦理学。此外，与现代许多诠释家相比，阿奎那更加重视对文本本身的解释，这让他能更深入地理解亚里士多德的立场。

在《评注》中阿奎那究竟在何种程度上忠实于亚里士多德？这个问题在学术界被表达为《评注》究竟是一部哲学著作，还是一部神学著作。对此，学术界有两种相互对立的观点。第一种观点认为阿奎那写下该著作是为了阐明天主教教义，为之后的《神学大全》的第二集的第二部（同样完成于1271—1272年）做准备，阿奎那在《神学大全》的该部分处理了人神友谊的问题，并且将基督教的传统德性爱德定义为友谊。这种观点的主要依据在于《评注》中阿奎那引入了六个基督教伦理学的原则。它们分别是神意，完美的幸福在此世无法实现，个体不朽，个体不朽对达到幸福的必要性，天主创造人的灵魂，天主赋予德性的习性这六个基督教信仰的内容。①该立场的代表人是著名学者高提亚（Gauthier），他评价道："亚里士多德的伦理学几乎完全叙述人类，现在却能讲述天主，虽然圣托马斯自己不这么愿望，甚至也没有留意到，他还是彻底改造它。"②高提亚的立场对学术界影响可谓深远，而《评注》与《神学大全》第二集的第二部的关系又难以考证，以至于在国际学界，直到2001年才有另一本重要著作问世，该书系统地表达反对的立场，在这之前只有一些学术论文表达不同的意见。

另一种观点认为《评注》是对《尼各马可伦理学》最忠实的哲学性的解读，是阿奎那对于他那个时代亚里士多德主义的回应。持这种观点的学者认为阿奎那完全有理由对亚里士多德的哲学本身感兴趣，这是1215年至1283年巴黎的哲学风气决定的，当时亚里士多德的主要著作被陆续翻译成拉丁文，巴黎大学掀起研读亚里士多德的哲学浪潮。这些学者仔细分析了

① Kaczor, C., "Review on 'Aquinas's Philosophical Commentary on the Ethics: A Historical Perspective'", *American Catholic Philosophical Quarterly* 79(2005), 505—507.

② Gauthier, R.-A., *Aristote. L'Ethique à Nicomaque*, vol.I, Louvain, 1970, p.273—283.转引自 Torrell, J.-P., 1996。

阿奎那对亚里士多德的其他著作的评论,并考察阿奎那的同时代人对《评注》的看法,在两者的基础上他们断言阿奎那的《评注》是纯粹哲学性的,它本身不带有任何神学的目的。学者道伊格(Diog)于2001年问世的著作中考证出《评注》的大部分完成于《神学大全》的第二集的第二部之后,因而不可能为了《神学大全》而作。《评注》中的确偶然可见一些神学思想的端倪,但是道伊格认为无论它们本身是否属于信仰,既然阿奎那以纯哲学的方式即理性论述它们,该著作就是一部哲学著作。①

争论仍在继续,学者们始终没有达成一致看法。我认为两方的观点都有走向极端的倾向。将《评注》当作完全的神学著作,认为阿奎那把《尼各马可伦理学》完全神学化的看法无视阿奎那对文本的具体分析,只是抓住了他偶然流露出的神学倾向。事实是只有在文本允许的情况下,阿奎那才偶尔提到一些带有神学特质的观点。比如当亚里士多德以犹豫的口气说"智慧的人是神最爱的人,而这样的人可能就是最幸福的",阿奎那评价道:"我们要注意亚里士多德这里不是指完善的幸福,而是人和具有有限生命者的幸福。"②如果从神学的角度理解《评注》,可以把这句话解读为阿奎那的神学见解,因为亚里士多德没有明确区分此世不完善的幸福与来世完善的幸福,但是亚里士多德赞同在此世人难以始终处于沉思状态,而正是沉思活动实现人的幸福,由此自然可以得出如下的推论:人的幸福在此世是有限的。所以有充分的理由认为,阿奎那的这种解读是忠于文本的哲学解读。在2013年出版的《阿奎那和尼各马可伦理学》(*Aquinas and the Nicomachean Ethics*)一书中,学者缪勒(Jörn Müller)对此提出另外一种解读,他认为阿奎那在《评注》中提出不完善的幸福是为亚里士多德的幸福观提供形而上学的框架,即人追求幸福是因为一切存在物对善的自然欲望,尽管它带有神学的指向,却

---

① 该节的观点详见 Doig, J.C., *Aquinas's Philosophical Commentary on the Ethics: A Historical Perspective*, Dordrecht/Boston/London: Kluwer Academic Publishers, 2001, ch.3。

② *SLE* 2136.

与亚里士多德本人的思想相契合,因此不能据此将《评注》判定为神学著作。①

另一些学者坚持阿奎那的《评注》是为哲学而哲学。这种立场也失于极端,它过度淡化了中世纪宗教神学对《评注》的影响。阿奎那认为 sacra doctrina(圣道),即一般所说的神学既包括理论,也包括实践,而且比一切学问都要高贵,哲学本身也以之为目的。②哲学的著作与神学具有内在相关性,就好比在亚里士多德那里物理学从属于形而上学,虽然物理学研究的对象不同于形而上学,却与形而上学的原理相关。即使《评注》完全忠实亚里士多德本人的哲学思想,在阿奎那的理解中,它也是神学或圣道的准备,因而不存在纯粹的哲学著作一说。

此外,道伊格认为《评注》完成于《神学大全》第二集的第二部之后,因而不可能为了《神学大全》而作,这个观点受到了不少学者的挑战。③学者们认为需要分析和考证大量的文本内容才可能比较两部著作的成书先后,而这些分析本身颇有争议,不可能得出一锤定音的结论。何况即使《评注》的大部分的确晚于神学大全第二集的第二部,也不足以证明阿奎那只是出于哲学的目的写作《评注》。

综合学界的研究,可以推测阿奎那写作《评注》很可能同时出于几个目的。首先,他试图纠正当时巴黎大学盛行的以阿拉伯思想家阿维罗伊的方式解读亚里士多德的风潮,这一风潮的追随者在当时被称为拉丁阿维罗伊主义者,代表人物之一的西格尔④认为亚里士多德代表哲学的真理,《圣经》

① Müller, J. "*Duplex Beatitudo*: Aristotle's Legacy and Aquinas's Conception of Human Happiness", *Aquinas and the Nicomachean Ethics*, Hoffmann, Müller, Perkams (eds.), Cambridge University Press, 2013, pp.59—62.

② *ST* Ia, 1.4.

③ 对 Doig 考证的反对,见 Celano, A.J., Review on "Aquinas's Philosophical Commentary on the Ethics: A Historical Perspective", *International Philosophical Quarterly* 42(2002), 421—422。

④ 巴黎大学当时有一批思想家以亚里士多德为思想旗帜,拉丁阿维罗伊主义者西格尔(拉丁名为 Sygerius de Brabantia,英文译名为 Siger of Brabant)是该思潮的领袖人物。他是巴黎大学 1266 年时的文科教授,他追随阿拉伯哲学家阿维罗伊对亚里士多德的解读,认为亚里士多德的著作就是真理。西格尔在中世纪享有声望,其观点被后人归纳为"双重真理"论,但丁在《神曲》中将他列在天堂的第四层。

代表神学的真理,两者虽然时而矛盾,却应当并存。阿奎那反对这种"双重真理"的立场,提出另一种解读亚里士多德的方法,驳斥思想界的谬误。

其次,撰写《评注》是阿奎那学习亚里士多德思想的一贯方式,他对亚里士多德的补充大多是为了回答《尼各马可伦理学》的理论疑难,其最终目的是将亚里士多德的哲学为阿奎那自身所用。阿奎那坚信《尼各马可伦理学》表达了自然理性所能创造的最优的伦理学体系,它把握了伦理生活的真实目的,尽管它提出的许多主张不是终极的,却也不是虚假的,能够成为终极真理的准备。在阿奎那之前和同时代的神哲学家因为无法成功调和两者,大多选择拒斥亚里士多德,如圣波那文都①;也有人全盘接受而威胁到信仰,如西格尔。阿奎那的老师大阿尔伯特②做出一些结合亚里士多德和神学的努力,但是其力度和成效远远不及阿奎那。

可见《评注》本身既有哲学的维度,也有神学的目的,但是这并不妨碍这一论断,即阿奎那的《评注》大致上忠于原文,因而能够反映他从亚里士多德那里学到的哲学理论。《评注》严格按照亚里士多德的论述结构展开、归纳文本的大意,逐字逐句进行解释,没有加入不必要的阐发。即使偶尔有所阐发,也不离开《尼各马可伦理学》本身的哲学框架。此外,阿奎那只是论述他对亚里士多德的理解,从来没有站在神学立场上批评亚里士多德的任何主张,因此即使他偶尔流露出神学的倾向,他的解读总体上力求忠实于亚里士多德的哲学观点。

就友谊问题而言,《评注》中的第八、第九卷讨论该话题。阿奎那完全遵循哲学的友谊观展开他的评论,没有涉及人与天主的友谊"爱德",而这才是其友谊观的旨趣所在。他也没有依赖信仰给出任何论证,只是以哲学的方

---

① Bonaventure(1221—1274),又译波拿文士拉,意大利名为 San Bonaventura。他是意大利经院神学家与哲学家,第七任方济各会总会长,同时也是枢机主教和阿尔巴诺教区的总主教,于1482年被封圣,1588年被封为教会博士。

② 大阿尔伯特(Albertus Magus),约生于1200年,卒于1280年。中世纪欧洲重要的哲学家和神学家,道明会会士,提倡神学和哲学和平共存。

法对友谊问题进行探讨。无论这两卷完成于《神学大全》中对爱德的探讨之前还是之后，都无法以此确定这两卷书的性质，即使阿奎那的确为了准备撰写神学友谊而写下《评注》，由于《评注》论友谊的部分不直接涉及神学友谊"爱德"，能够得出如下结论：阿奎那以纯哲学的方法论述亚里士多德的友谊问题，因此能忠实展现他理解的哲学的友谊观。这是本章解读阿奎那继承的哲学友谊理论的出发点。

第二节　友谊和公正

亚里士多德在《尼各马可伦理学》第八卷论述友谊的开首就说，"友谊是一种德性或伴随（accompanies）一种德性。"究竟友谊是不是一种德性①呢？在谈论具体的德性的时候，亚里士多德将 *philia* 归为德性的一种，不过这个 *philia* 主要是愉悦方面的适度，是前文提到的符合中道的情感，而不是

---

① 我一般将 virtue（拉丁语 virtus）一词翻译为德性。学界也把 virtue 翻译为美德，这没有太大的问题，但是"美德"只突出道德的好的方面，却没有突出它在古典和中世纪具有的不同于一般现代俗语的内涵。已故学者沈清松认为按照亚里士多德和阿奎那的伦理学传统，应该把它翻译为"德行"，因为 virtue 是将本有的良好能力发挥到卓越地步而成为行为的倾向或习性，他认为中国传统哲学有"德性"的用法，但是有来自天命之性的内涵，而 virtue 主要是由行动培养而成的习性。《中庸》首先提到"故君子尊德性而道问学"，之后朱熹进一步阐发这一观点，认为德性是授予天命的性，"德性者，吾所授予天之正理"。因此沈清松认为翻译为"德行"更能突出 virtue 是后天行为的意思。——参见沈清松：《书评：圣多玛斯〈神学大全〉第六册中译本》，载《哲学与文化》2010 年第 438 期，第 152 页。我认为沈清松的说法有一定的道理，但是就德性是一种稳定持久的选择的倾向或习性（habitus）而言，它类似于人的第二本性（亚里士多德和西塞罗的观点，参见 ST IaIIae. 58.1.，ST IaIIae. 50.1.），因此翻译为德性也未尝不可取。此外 virtue 在亚里士多德和阿奎那那里都是灵魂官能（理性与意志）的好的倾向，理性决定灵魂的倾向在亚里士多德那里是人的自然本性规定的，而在阿奎那那里是天主赋予的人之本性的倾向，virtue 因而也具有类似于天命之性的内涵。此外，潘小慧主张将 virtue 翻译为德行，可以突出道德行为的重要性（潘小慧：《多玛斯伦理学的现代性》，至洁出版社 2018 年版，第 15—34 页），但是阿奎那认为 virtue 是让理性与意志进行某种行动的习惯性的倾向，自身不是理智和意志的行为。如果将其看作行为，可能忽略其行为的连贯性，有降格 virtue 之嫌。当然，翻译为德性与德行都有各自的理由，本书还是遵从大陆学界的习惯，用德性翻译 virtue。

双向的友谊。而第八卷中亚里士多德讨论的显然是双向的友谊。本文将之翻译为"友谊伴随一种德性",这与阿奎那得到的拉丁译本更接近,也有注释者认为这句话的后半句应当翻译为"友谊包含(involves)一种德性"。无论哪种译法,它们都说明友谊与某个德性关系密切,这是哪种德性呢?

亚里士多德认为友谊与公正密切相关,其相关性主要体现在两个方面。第一,友谊擅于达成公正的目的。虽然公正是道德德性之首,但是亚里士多德却用比处理公正更大的篇幅谈论友谊。这不仅仅因为立法者更希望公民能成为朋友以维系城邦的和谐,也因为公民之间的友谊是任何一个好的社会的标志,这两者也是公正的目的,只是友谊能更出色地达成该目的。亚里士多德说,"若人们都是朋友,便不会需要公正;而若他们仅只公正,就还需要友谊"。①可见,他认为友谊包含公正,但是公正无法包含友谊,因此对于一个和谐的城邦,即使有了公正,仍旧需要友谊。

第二,友谊与公正更为具体的联系是真正的公正与友谊具有相似的特点——平等。亚里士多德说,"友谊同什么人相关,公正就同什么人相关;哪里有友谊,哪里就有公正的问题"。②阿奎那把这句话解读为"真正的公正保存和修复友谊"③,阿奎那的解读强调了友谊和公正的共同之处,即两者都基于"适度"或"平等"。亚里士多德认为特殊的公正具有平等和适度的特点,因为它们关乎某个共同体中人们行为的秩序。而作为"总德"的公正④涵盖了所有道德德性,是古希腊人心目中城邦具有的总体德性。特殊的公正有三种⑤,

① *EN* 1155a23-26.

② *EN* 1160a9-11.

③ *SLE* 1543.

④ "总德"的译法最早来自严群先生。见邓安庆:《尼各马可伦理学注释导读本》,北京人民出版社2010年版,第169页。西方学术文献中通常以普遍的德性(universal virtue)来指代这种公正。

⑤ 对于特殊的公正究竟有几种,学界颇有争议。亚里士多德明确宣称只有两种公正,但是却在之后又加上了第三种,当代许多评注者认为亚里士多德提出了三种特殊的公正,"公正只有两种"的说法是文字编辑上的错误,不过也有学者提出别的解释。可以确定的是三种公正都属基本样态,在现实中会同时出现。此处根据亚里士多德实际提出的公正类型,将其归纳为三种。

分别是分配的公正、矫正的公正,以及回报的公正。

分配的公正(distributive justice)是国家的管理者公平地分配那些可分的不属于个人的财物或荣誉,它基于配得,因而其平等的标准是几何的,而非算术的。譬如,耗费同样的劳动时间,技术性与知识性要求更高的岗位薪酬更高。矫正的公正(corrective justice)是维持得与失之间的中道,是算术比例的平等,与个人的品质与价值无关。矫正使得双方交易后的所得相当于交易前具有的。它假设双方平等,只考虑行为本身的公正性。①譬如对于杀人者,法律给予相应的惩罚。回报的公正(propotional justice)是自愿交易中的公正,是依照几何比例关系的交换。必须预先建立此比例关系才能实现这种公正。譬如,鞋子与稻谷之间按照1∶50的比例进行交换。以货币为中介使得具有不平等价值的物体的交换按照预先建立的比例达到平等。譬如,稻谷每单位卖1元,鞋子卖50元。

友谊也关乎平等,而且如阿奎那评论的那样需要依靠特殊的公正来维持平等。友谊比较容易在各方面都旗鼓相当的人之间发生,在这种情况下,主要依靠算术的平等就能维持友谊。如果双方从对方的所得相等,友谊就容易维持。就基于快乐或者利益的友谊而言,如果双方都从对方的陪伴中得到快乐,再或者都从共同关系中得到相等的利益,就达到算术比例的平等,这与矫正的公正达到的平等相一致。但是如果双方得到的利益有差别,则需要设法补足这种差别,达到矫正的公正。但是如果所求不同,一方为了利益,另一方为了快乐,就需要用回报的公正在接受对方的恩惠前确定回报的方式和比例,这种友谊在亚里士多德看来比较难以维持。

以上讨论的是假设朋友之间较为平等的友谊,但是如果双方相差悬殊,亚里士多德认为很可能不存在友谊,因为不会也不期望成为朋友。如果存

---

① 参考 Hause, J., "Aquinas on Aristotelian Justice: Defender, Destroyer, Subverter or Surveyor?", *Aquinas and the Nicomachean Ethics*, Hoffmann, Müller, Perkams(eds.), Cambridge University Press, 2013, pp.148—153。

在友谊就需要达到一种回报上的平等。"平等的朋友必须在爱或其他事情上相等，但是不平等的友谊，优越的一方就必须按照其优越的程度，成比例地（proportional）被另一方回报以使之平等。"①其逻辑与回报的公正无异，比如地位优越的施惠者和受其恩惠的人之间不存在算术比例的平等，因为双方的地位悬殊导致他们的关系一开始就是不平等的，所以亚里士多德提议受惠人应该给予施惠者赞扬和荣誉作为所得利益的回报，不然就会产生分歧或埋怨，友谊容易瓦解。

　　虽然维持平等对于友谊和公正都很关键，但是友谊的平等与公正的平等有不同之处。亚里士多德认为对公正而言首先是几何比例的平等，算术比例的平等居其次；对于友谊，算术比例的平等居首位，几何比例的平等居于次位。因为相似的人只需要依靠矫正的公正（即算术比例的平等）就可以维持本来就有的相似或平等；而相差过大的人一开始很难成为朋友，如果双方处于不平等的状态，需要依靠分配或回报的公正（即几何比例的平等）来弥补，但是如果某方对分配或回报的比例意见不一，就会危及友谊，这种友谊也因此最不稳定。即使是在因朋友的高尚品质而爱对方的友谊中，也没有一个人会希望朋友得到最大的善，例如变得像神一样完善，因为这样就会破坏平等，使他失去朋友。②

　　阿奎那在《评注》中解释了这部分内容。他说"差别的原因在于友谊是一种结合，不能存在于不相干的人之间，这些人必须接近平等。所以友谊关乎早已确立了的平等，但是公正却关乎把不平等的变为平等，当存在平等时公正也完成了任务，所以平等是公正的目标，也是友谊的起点。"③这里的平等是算术意义上的均等。可见，说友谊始于算术意义上的平等，就等于说友谊始于公正。而且友谊要能维持，也需要靠公正不断维系双方的平等，所以

① *EN* 1162b3-5.
② *EN* 1158b28-1159a13.
③ *SLE* 1632.

阿奎那也说"真正的公正保存和修复友谊"。①

　　然而，对于友谊与公正的关系，阿奎那不仅仅照着亚里士多德的思路解读，他也发展出自己的观点，那就是通过互爱来解释不平等的人之间的友谊问题。为此，需要揭示友谊与作为总德的公正之间的关系。在对亚里士多德那句关键却模棱两可的话"它（友谊）是一种德性或伴随一种德性"的评论中，阿奎那表达了他对公正与真正的友谊之间的关系的理解。阿奎那首先提纲挈领地对《尼各马可伦理学》第八卷进行评论，他说亚里士多德在讨论完各种具体的德性后开始关注友谊的问题，因为友谊作为德性的效果建立在德性的基础上。在概括这一卷的内容和研究对象后，他评价道："我们之所以研究友谊的问题，是因为友谊是德性，而德性关乎道德哲学。友谊因为是一种自由选择的习性，因而是德性。友谊作为给予相称（或合比例，proportional）的东西，被归为公正的一种。或者至少友谊伴随德性，因为德性是真正的友谊的原因。"②

　　这段评注主要表达了两方面的思想：一方面，友谊是德性的效果，德性是友谊的原因（引文最后一句话）；另一方面，友谊是作为"总德"的公正的一种。对于第一个方面，友谊是德性的效果，指的是亚里士多德认可的完善的友谊，这种友谊因为双方喜爱对方的德性而产生。另一方面，当阿奎那说友谊是德性，并且把它归于公正的时候，强调的是友谊属于作为总体德性的公正，而不是属于特殊德性的公正。正如特殊的公正因为能维持适度而成为"总德"的公正的一种，友谊也被看作"总德"公正的一种。根据道伊格的看法，阿奎那在这里有意和他的老师大阿尔伯特分道扬镳。③阿尔伯特认为友谊是德性的习性，它是智性德性，是所有其他德性的结果；友谊最多只是在

① *SLE* 1543.

② *SLE* 1538.

③ 根据 Doig 的研究，阿奎那受到大阿尔伯特的《大伦理学》（*Super Ethica*）的影响，在其评注中用了大阿尔伯特的一些观点。见 *Aquinas's Philosophical Commentary on the Ethics：a Historical Perspective* 2.4.

质料上处理平等的问题,而不以平等为目的或形式。换言之,友谊不只是基于双方价值确立平等,因为友谊超越了特殊的公正。阿奎那赞同友谊可以超越特殊的公正,但是他强调作为"总德"的公正关乎一种更高层次的平等,它通过互爱来实现。友谊是一种互爱关系,而不是单方面的情感,互爱需要回报爱,回报与否,即决定是否与某人交友基于选择,而根据朋友自身给予与之相称的善也基于选择。由于作为总德的公正是完善的,它必然能够包含互爱的平等,也关乎自由选择的习性。①

由此可见,阿奎那的这段评注一方面肯定友谊作为一种自由选择的习性是一种德性,另一方面又认为友谊是公正的一种。这两个方面看似矛盾,却是从不同的角度讨论友谊,前者是就友谊与选择的关系而言,后者则是就作为总体完善的总德的公正而言。阿奎那的评注是在尊重亚里士多德文本的基础上给出他认可的解释。而在根本上,阿奎那不认为亚里士多德的哲学的友谊是一种德性,因为只有基于爱德的友谊才是真正的德性,即使亚里士多德那里高尚的友谊也只是伴随德性。在《神学大全》中他作出了更明确的表达,他说:"不是每一种友谊都是值得赞美而可以称为高贵或正直的,就像基于快乐和利益的友谊。为此,合于德性的友谊,更好说是尾随德性而至,而不说它本身就是德性。"②

总结《评注》中阿奎那汲取的哲学的友谊观念,其中既有对亚里士多德的继承,也有阿奎那自己的补充。阿奎那认为友谊是一种习性,它通过双方的付出与各种价值确立平等,但是如果只限于此,就落入了特殊的公正,还不是完善的友谊。完善的友谊关乎作为总德的公正,即以互爱为基础。换言之,阿奎那强调友谊超越现实的平等,而主要以互爱的平等为基础确立朋友间的公正。

举例来说,在生活中,有两种基本的交友态度,一种是在友谊发生前先

① *SLE* 1603.
② *ST* IIaIIae. 23.3.

有意无意地衡量彼此是否平等。譬如，考虑对方的品德是否与自己相称，对方对自己某个方面的提高是否具有特别的价值，或者对方是不是一个令人愉悦的人。如果对方已经主动表达了交友的意愿，或许还要考虑其意愿有多诚恳。如果觉得彼此相当，或者能够各取所需，就会尝试建立朋友的关系，之后双方也在"量入为出"中保持平等，让友谊得以持续。如果这样的平等得不到维持，友谊就会终止，而如果能以特殊的公正矫正双方之间的得失关系，从而重新达到平等，友谊就能继续。这种交友模式在现代社会非常普遍，是许多人潜意识中采纳的交往方式。另外一种交友方式是不经过彼此价值的衡量而钟爱某人，如果付出的爱得到回应，友谊就发生了。这种平等主要在于双方都为对方付出情感，而根据双方价值确立"量入为出"的平等是次要的，甚至在一些友谊关系中被忽略，其典型是父母与子女的友谊。从交往双方价值对等的角度而言，父母和子女之间的友谊无法维持，但是父母还是给予子女诸多的善，而子女也不可能完全回报父母，但是只要有感恩与回报的愿望（即爱父母），双方之间就能维持平等，他们之间的友谊也能够持续。

阿奎那给予"互爱"更多的关注，亚里士多德那里无法以任何公正达到平等的关系，或者因为不平等而不可能产生的友谊，在阿奎那这里被阐释为可以通过"爱"来达到平等，这是一种无法以特殊的公正衡量但是却实实在在的平等，它是真正的友谊得以产生的土壤。由此，阿奎那暗示一种更为完善的友谊关系，它不属于特殊德性却属于总德的"公正"，即它是一种真正的道德德性。

第三节 哲学的友谊观

亚里士多德将友谊分为三类，讲述各自的特性和联系。本节主要关注阿奎那如何解释亚里士多德文本中一些容易造成误解的地方，阿奎那也往往在这些地方阐发出不违背亚里士多德，但却能体现个人见解的友谊观。

一、亚里士多德的友谊分类

亚里士多德将友谊分为三种，分别对应三种不同的爱的对象或原因。他认为为人所爱的事物必定具有某种善或好，或者自身是善、或者其善在于愉悦，或者其善在于有用。爱他人的情况也是如此，或者因为他人品质的善，或者因为他人能带来快乐或利益。这三种爱的活动分别以他人的德性，愉悦和利益为对象。友谊作为爱的活动，因为爱的对象的不同而不同。对应三种爱的对象，产生三种友谊：高尚的友谊、快乐的（或愉悦的）友谊，以及有用的友谊。①

亚里士多德认为只有第一种友谊才是完善的友谊。它是德性上相似的好人之间的友谊，因为德性是高尚的，这种友谊也被称为基于德性的友谊，其中的双方或多方因此常被称为"好人朋友"。高尚的友谊的基础不是他人具有的偶性的东西，而是持久的特征——德性，亚里士多德认为爱一个人持久的特质，就等于爱他本身。高尚的友谊同时也是有用和愉悦的，因为自身是好人的人对于朋友也是好人，而好人既在总体上令人愉悦，相互之间也因为对方感到愉悦。②德性的持久性以及同时具有的有用与愉悦的特性，让高尚的友谊能够经受时间的考验，比另外两类友谊更持久。

单纯基于利益或愉悦的友谊不是完善的友谊，只是在类比的意义上才被归于友谊。它们不是因为他人具有的真正的善，而是因为他人具有的某些偶然的东西与之交友。但是它们也被称为友谊，因为在这些友谊中存在某种类似的善或好的方面，或至少对当事人显得是善或好的东西。比如在爱快乐的人的眼里，一个会搞笑逗乐的朋友具有很大的善；而喜欢赌博的人会喜欢一个赌徒朋友，因为赌博在他看来具有某些好或善。高尚的友谊只

---

① *EN* 1155b16-1156b31.

② *EN* 1156b11-18.

是因为在朋友身上找到自身是善的东西与他交友。亚里士多德认为只有德性才是自身是善的东西,其他的善都是相对的,比如会搞笑逗乐在一个严肃的人看来根本算不上善。只有有德的人才会爱有德的人①,所以高尚的友谊只能存在于有道德的人之间,而有用和愉悦的友谊可以存在于任何人之间,只是它们很难长久,因为有用和快乐是不持久的特质,只是为了这些特质而交友的人,一旦朋友不能给自己提供益处或快乐,或者朋友无法在这些特性方面达到某种平等,其友谊也随之结束。

因为快乐和有用的友谊容易产生问题,亚里士多德用大篇幅讲述友谊中的抱怨和友谊的终止。他认为快乐的朋友之间少有抱怨,因为以朋友的陪伴为乐,如果一方觉得无法得到自己想要的快乐,友谊就直接终止了。对于基于利益的友谊而言,除非能够通过特殊的公正维持或重新达到平等,不然就会发生争吵,因为每方都会夸大自己的付出而贬低自己的所得。②一方为了利益,另一方为了快乐的友谊也容易发生抱怨,因为双方所求不同,所以很难维持平等。当朋友间发生这样的抱怨而无法通过矫正达到平等的时候,友谊就会终结。③高尚的朋友间很少发生抱怨,因为有德的好人都希望自己的朋友得到善,没有人会抱怨爱自己和对自己好的人。但是即使没有抱怨,长期彼此分开的状况可能导致友谊的消逝,但是这是自然而然的,而非某一方选择终止。亚里士多德认为只有一种情况可能导致高尚友谊的终止,那就是一方在德性方面有极大的提升,差距大到彼此间的兴趣和爱好不再相同的时候,高尚的友谊才可能终止,在这一情况下高尚的友谊在某种程度丧失了其基础——德性上的平等。

二、三种友谊的关系

虽然亚里士多德明确提出了三种友谊的区分,但是它们之间不是毫无

---

① 关于友谊中的相似性,见 *EN* 1157a20。
② *EN* 1163a11-15.
③ *EN* 1164a10-20.

关联的。首先来关注高尚和愉悦的友谊。一般而言高尚的友谊按理应该是有用而且快乐的,因为友谊的标志是共同生活和以此为愉悦,但是如果双方都是有道德的好人,却在性格上无法让对方感到愉悦,比如一方性格怪僻,不愿意与他人交往,也不会产生友谊。亚里士多德承认,哪怕是最高的善,如果其自身带来持续不断的痛苦,也无人能忍受。①所以即使友谊基于德性,也必须多少满足人追求愉悦的目的。此外,亚里士多德接受了一种日常的看法,认为善自身和愉悦往往同时被当作目的而为人所求。他说:"但是人们认为,有用的东西就是能产生某种善和快乐的东西。这样,作为目的的可爱的事物只剩下善的和令人愉悦的事物。"②在这里,有用的善被当作手段,而愉悦的善和德性的善自身似乎都被当作目的。

亚里士多德的这些判断本身有其道理,但是容易误导读者,让人混淆愉悦的和高尚的友谊。在上一段中,亚里士多德表达了两个基本看法。第一,他认为要产生高尚的友谊,虽然主要依赖德性,但也依赖愉悦。这个看法不是将高尚的友谊等同于愉悦的友谊。第二,他接受日常表述,把愉悦和善都当作目的,这种看法可能导致误解,这里说的愉悦是善具有的属性或效果,而不是与真正的善无关的感官感受。亚里士多德定义的愉悦的友谊,显然不能等同于真正的善的效果,否则它就与高尚的友谊没有实质区别。

阿奎那如此解释这个问题。首先,阿奎那在接受三种友谊各自特性的基础上,承认有德的朋友应该是令人愉悦的。他如是评价道:"有德的朋友也必须令人愉悦,他们必须不仅自身是善的,而且对别人也是善,这样他们才具备交友的必要条件。"③可见,阿奎那认识到友谊以共同生活为条件,只有共同生活,才能使得一方的善为另一方所分享。如果没有共享善,好人欣赏彼此的德性就只是善意,即只是单纯的理智判断而不带有任何情感联系

---

① *EN* 1158a21-25.
② *EN* 1155b20-24.
③ *SLE* 1616.

的行为,而善意不足以构成友谊,它甚至都还不是爱,而只是友谊的开端。①
所以德性或者善自身的确可以作为爱的对象而产生友谊,但是如果与愉悦
相冲突的话,就不足以构成友谊。

其次,阿奎那非常突出两种愉悦的区分。在亚里士多德将善本身和快
乐都当作目的表述的地方,阿奎那着重强调作为善之效果的"愉悦"不同于
愉悦的友谊追求的"愉悦",前者得到理性的赞赏,后者主要是感官的快乐,
它很可能不是出于真正的善。他说:

> 善的事物和愉悦的事物一般不在实质上加以区分,而只在概念上
> 加以区分。一些事物被认为是真正善的,因为内在完美和值得渴望,就
> 欲望在善中止息(得到满足)而言也是愉悦的。但是以上讲的不是这里
> 的意思,这里的问题是什么是属于人的真正的善,它属于理性,而愉悦
> 则属于感官。②

阿奎那在评价的前一半涉及基督教的一贯主张,就是从形而上学的角度来
看,善的、真的、愉悦的等等在本体上是一个东西,只是在概念上强调它的不
同方面,而真正善的事物,或者说善本身必然也是令人愉悦的,但这不是因
为愉悦也是目的,而是因为愉悦是善的自然效果,是欲望在善中享受善。由
于只是评论亚里士多德,在这里阿奎那没有将善本身等同于至善者或神。③

接着,阿奎那明确区分了愉悦的和高尚的友谊,他说亚里士多德的愉悦

---

① ST IIaIIae. 27.2.阿奎那在《神学大全》中对善意的论述跟亚里士多德的分析基本一致,只是阿
奎那的表述更加理论化,他从意志、理性和情感的角度加以阐释。亚里士多德的分析见 EN
1166b30-32.

② SLE 1552.

③ ST IIaIIae. 25.2.在讲述爱德的时候阿奎那论述了喜悦的地位。在 ST IaIIae. 25 中,他也提到
喜悦作为一种情,是一切情,包括爱和渴望的完成和归宿,因为喜悦是欲望得到满足的结果,详
本书第二章第一节。

的友谊不是把愉悦当作善自身的效果来追求,而是把愉悦当作与善不同的另一种对象来追求。高尚的友谊追求的是善本身,因为他是由理性确定的,而愉悦的友谊追求的不是理性确定的真正的愉悦,因为真正的愉悦只是善自身的效果;愉悦的友谊追求的只是感官认同的善或好的东西,它们也可能在实际上不是善的。比如一个人只是因为爱美之心而开始和维持一段友谊,却忽略朋友的道德堕落,从朋友的美貌得到的愉悦在阿奎那看来不是追求善自身而伴随的效果,而只是为了愉悦而追求愉悦。阿奎那的这个解读忠于亚里士多德的友谊分类,而且解释了真正的善如何产生愉悦的效果,以及这种愉悦和愉悦的友谊追求的对象有什么不同。

讨论完高尚与愉悦的友谊之间的关系后,再来看一下有用的友谊和高尚的友谊的关系,在这个方面阿奎那不反对亚里士多德,却突出了友谊诸多因素中的某个因素——即对朋友自身的爱。根据亚里士多德对三种友谊特性的描述,乍一看有用的友谊和高尚的友谊相差最大,后者出于高尚的爱,前者则似乎出于卑劣的私欲。但是亚里士多德也承认这两者其实有不小的交集。他说,"爱着朋友的人就是爱着自己的善。因为当一个好人成为自己的朋友,一个人就得到了一种善"。[1]这表明自己获益与爱朋友能够同时存在,而且爱他人对于自己是有帮助的。如此不能排斥一种可能性,那就是一个足够聪明的人可能为了自己同一个好人交友,因为好人朋友是莫大的善。在这样的情况下,虽然友谊的发生基于德性,但是却似乎不符合亚里士多德的真正的友谊。这种友谊的基础到底是利益还是德性呢?虽然高尚的友谊必然伴随善,但是如果主要是为了自己获得善,这是不是成了有用的友谊呢?高尚的友谊与有用的友谊的界限到底在哪里?

学界留意到这个问题,施瓦茨(Schwarts)在《阿奎那论友谊》(*Aquinas on Friendship*)中提到学者库柏(Cooper)对三种友谊的解读。根据施瓦茨

---

[1] *EN* 1157b34-1158a1.

解读的库柏的观点，亚里士多德不认为只有基于德性，人们才爱朋友自身。
在基于德性的友谊中，朋友因为其持久的非偶性的特性被爱，无论这种爱是
否依赖对利益的接受。在其他的友谊中，朋友是因为转瞬即逝的特质被爱。
换言之，根据施瓦茨的看法，库柏主要从人的特性的持久程度解读友谊的分
类，忽略区分德性和有用性的其他标准。施瓦茨认为如果库柏的解读能够
成立，有用的爱与高尚的爱可以并存。基于德性的友谊和有用的友谊间的
区别不是爱者是否为了利益而爱，而是爱者能正确评估什么样的善构成真
正的恩惠或利益。①

　　施瓦茨解释库珀的切入点在于什么是真正的善或利益，但是我认为施
瓦茨的理解有偏差。"什么是真正的善"不是库柏解释亚里士多德三种友谊
的关键。②关键是如果我们从一个有德性的朋友那里获利，他对我们既具有
有用性，也具有德性，应该以哪个确定友谊的种类？我们应该以什么标准判
断？对此阿奎那给出了更好的解释。他将两个观点并举，说明它们的矛盾
只是表面的。

　　一个观点是对基于德性的友谊而言，我们因朋友自身的缘故爱他们；另
一个是德性自身是值得欲求的③，人因为爱慕他人的德性与之交友。阿奎
那认为这两者是一致的，他认为德性不是一样有形的东西，我们无法将好人
朋友当作手段来爱，如果这样我们无法获得真正的善。好人朋友之所以是
莫大的善，因为在对这个朋友的爱中，我们能与之变得相似，从而从自身中
培养出德性。归根结底，阿奎那从是否以朋友自身为目的的角度考察友谊
的性质。为了获得某些便利而与好人交友的情况，阿奎那认为它不是基于
德性的友谊。高尚的友谊应该是"在爱朋友中爱对自己是好的东西"，而不

---

① Schwartz, D., *Aquinas on Friendship*, Oxford: Oxford University Press, 2007, pp.15—16.

② Cooper 本人的文章，参见 Cooper, J. M., "Aristotle on Friendship", in A. O. Rorty (ed.), *Essays in Aristotle's Ethics*, Berkeley and Los Angeles: University of California Press, 1980, pp.301—340。

③ *EN* 1157b25-29.

是相反——为了好的东西而爱朋友。①这不是一个基于时间先后的规定,而是逻辑性的规定,他不排斥人们一开始受到他人身上某个特质的吸引而去接近他人,但是只有当对他人的爱符合"在爱朋友中爱其德性时",即以对他人本身的爱为主时,真正的友谊才有可能发生。

回到本节的开头,阿奎那认为爱的原因是善,善是值得欲求的(desirable),很难把善和值得欲求分开,没有对善的欲求也不会有友谊。关键不在于是否在爱朋友的同时怀有从中得益的想法,而是在于应该怎样去爱朋友。是把朋友当作手段?还是在分享朋友的善的同时,像爱自己那样把朋友当作目的?只有后一种才符合高尚的友谊。阿奎那认为友谊若是基于真正的善,那么朋友的善不会因为共享而减少,只会因为共享而变得更加牢固,这与亚里士多德的看法相一致。

第四节 从自爱到爱人如己:
论"朋友是另一个自我"的观念

如果让我用一句话概述亚里士多德友谊观的精华,那我必定会选择"朋友是另一个自我"的命题。"朋友是另一个自我"规定了友谊的本质就是像爱自己那样爱朋友。②人对自身的爱是友谊的基础,但是真正的自爱并不追随感官的嗜欲,而是爱自己理智部分的完善甚于肉体的欲望,在理智的主导下维持灵魂的统一。好人和自己的关系具有友谊的所有特性,当他把同自身的关系扩展到和他人的关系中,就产生了友谊。

"朋友是另一个自我"如何可能?亚里士多德并没有以理智解释友谊的

---

① *SLE* 1605.

② *EN* 1166a31, 1170b5.

发生,古希腊传统社会与希腊戏剧中的友谊典范是亚里士多德友谊理论的重要思想资源。总体而言,亚里士多德的"友谊"具有非常独特的结构,它在一个极宽广的友谊概念中,包含一个狭小的精英主义的友谊模式,这使其友谊概念无可避免地具有内在张力。阿奎那非常赞赏"朋友是另一个自我"的观念,但是他主张将这种理想的友谊关系扩展到更多的人。此外,阿奎那对"自我"的理解不同于亚里士多德,他对"朋友是另一个自我"的理解自然也与亚里士多德不同。

一、友谊的五个特性

亚里士多德从自我的角度解释友谊的产生。他说:"一个人对邻人的友谊,以及我们用来定义友谊的那些特性,似乎都产生于人同自身的关系。"[1]他一共提出了规定友谊的五个特性:因朋友自身之故愿望并实际促成对方得到善;因朋友自身之故希望朋友存在(活着);希望与朋友共同生活;旨趣一致;悲欢与共。这些特性首先存在于一个有德性的好人同自己的关系中。

阿奎那认为亚里士多德的人与自身的关系是哲学友谊观的来源。他特别强调愿望朋友的善和实际促成善的重要性,两者缺一友谊就无法存在,因为如果光有利他的行为而不是出于自愿就不是友爱,而如果光有善愿还只是停留在善意的层面,没有行动的善意也不构成友谊。[2]阿奎那还解释了亚里士多德一笔带过的"表面的善",我们即使愿望朋友得到善,还是有可能给予朋友他认为是好的而实际对朋友却不好的东西,这种情况也可能发生在好人朋友间。[3]

亚里士多德逐一解释了这五个友谊的特性如何存在于人和自己的关系中。首先,任何人都希望自己得到善,好人的理智与欲望相一致,因此能为

---

[1] *EN* 1166a1.

[2] 见本章开首处对 *philia* 翻译问题的讨论。

[3] *SLE* 1987,1798,本书将在第二章继续处理该问题。

真实的自我全身心追求善;其次,他也因此希望自己活着和保存,尤其希望其思维部分的保存,因为存在对好人是善的。思维的部分似乎等于人自身,或至少是人的最好部分。亚里士多德把好人希望与自己共同生活和跟自身旨趣一致放在一起论述,好人必然希望与自身对话,因为他使自己快乐,无论对过去的回忆,对未来的期望,还是当下的沉思都让他感到快乐。最后,好人也与自身悲欢与共,他能敏锐地感到自己的悲伤和快乐,同一事物同时让他感到痛苦与快乐,而不是某一事物在某一时刻让他感到痛苦,在另一时刻又让他感到快乐。

阿奎那对这五个特性进行评注,他尤其强调每个特性中理智部分对自我的关键地位,一个有德性的人主要渴望自己理智部分的善和保存,因为智慧从理智生发。在评价第二个特性"因朋友自身之故希望朋友存在"的时候,亚里士多德的原文是"没有人愿意成为另外一种存在,即使因此而得到一切(例如神现在所享有的善),但是他总是他所是。似乎人的思维部分就是人自身或至少最重要的部分"。①这段话突兀地插在对于第二个特性自我保存的论述内,仿佛在说人得到一切善就是为了其理智部分。阿奎那特别留意这段话,将它和自我保存结合起来,解释第二个特性。他说,"我们因为自己最不朽和不变的理智部分与神相似……人也愿望自己存在而且根据自身中持久的部分活着。另一方面,一个愿望自己存在而且根据(隶属于变化的)身体活着的人,不是真的愿望存在和活着"。②在这里阿奎那在文本的基础上进一步发挥,强调理智部分对人的重要性,如果自我保存只是身体的保存,那只是行尸走肉,而不是作为人活着。自我保存的要义是灵魂高尚部分的保存,即理智的持续活动。不过这不代表阿奎那将人等同于理智,后者属于新柏拉图主义的立场,对于人而言,所有的活动都必须依赖感官的能力,即使纯粹的沉思也需要感官提供材料,这些材料被阿奎那称为 *phantasmata*

① *EN* 1166a20-24.
② *SLE* 1807.

（心象）。

阿奎那把最后的三个特性,即与自我共同生活、旨趣一致和悲欢与共放在和睦的范围内讨论。阿奎那认为和睦是意愿的统一,这三者对于促成朋友之间意愿的统一具有积极的作用。[1]共同生活关于外在的结合,旨趣一致关于内在的结合,悲欢与共则关于情绪的结合,后者总以喜悦或哀愁结尾。一个人同自己和睦也就是他与自身的意愿统一,即理智主导灵魂,让灵魂与种种欲望和平共处。同自己旨趣一致就是赞同自己的行为和意愿,这样的人才会在回忆、期望和当下的沉思活动中找到乐趣,因此进而喜欢跟自己的内心交流,爱与自己相处。阿奎那把与自己悲欢与共解释为好人能与自己的欲望和感受和平共处,因为好人的欲望服从理性,他能愉快地实践合乎理性的事情。之后,他将第三种特性发展为爱德中的交往（commuicatio）理论,来论述友谊的问题。

亚里士多德认为坏人（没有德性的人）基本上不具备这五个特性,因此他们对自己没有友谊,换言之,坏人与自身的关系不融洽。亚里士多德给出了如下的理由。坏人与自身不一致,他们选择的不是他们自己认为善的东西,而是令人愉悦却有害的东西。怯懦和懒惰的人也是如此。所以他们无法在意愿和行动上给自己带来善。有些坏人甚至因为做过可怕的事情而仇视生命,逃避生活,所以也无法在真正的意义上自我保存。他们总想同别人凑在一起来避免独处,因为独处会让他们想做更多的坏事,而且回忆起做过的坏事让他们不快。他们也无法与自己悲欢与共,因为他们的灵魂分裂,一部分感受到快乐,另一部因其邪恶感到痛苦,每个部分各自把他们拉向不同的方向,似乎要把他们撕裂。因为没有值得爱的地方,所以坏人对自身没有友谊。[2]阿奎那对这段话做了评价,不过他基本没有加入新的见解,只是从人的理性和感官部分的关系分析为什么坏人无法具有好人同自己具有的特

---

[1]　*SLE* 1832.

[2]　*EN* 1166b5-29.

性。这一阐释表明阿奎那赞同在哲学的意义上,"自我"应当受到理智部分的主宰,尽管在将来的论述中,读者会看到理智的主导并不是最高的道德形式,却是在自然情况下人所能实现的道德。

二、独特的"自爱"观

在友谊的五个特性的基础上,亚里士多德提出了他独特的"自爱"(self-love)的哲学,使得自爱与利他得以相容。自爱不是满足非理智部分的欲望,那些追求钱财、荣誉和肉体快乐的人不是真正的自爱者。真正的自爱是钟爱并努力满足自身的理智部分的欲望,使自己得到最高尚的东西。正如一个人的理智部分是人之为人的核心部分,一个人的合理智的行为才真正是他自身的行为。所以有道德的好人必定是自爱者,他也必然追求合乎理智标准的真正的善。①

在亚里士多德看来,理智钟爱的善正在于乐于为了最高的善舍弃感官嗜欲欲求的表面的善。公道的人甚至可以为伟大高尚的事情舍弃生命,因为与平静的存在相比,他宁取短暂而强烈的快乐,宁取高尚而非平庸,宁取伟大而高尚的实践而非琐碎的活动。他也乐意舍弃钱财给朋友,后者得到钱财,他自己得到最大的善——高尚。对于荣誉和地位亦然。甚至把高尚的事业让给朋友做,比自己去做更高尚。这样的人是有德性的好人,因为为自己选择的首先是高尚或德性。亚里士多德提倡人应当做这种意义上的自爱者。②因为这一独特的自爱观念,自爱与为他人谋求善不再是矛盾的,因为真诚地利他有利于灵魂的完善,因而是真正的自爱。

阿奎那非常赞赏亚里士多德的自爱观念,在第二章自然神学的部分,我们将看到他如何将这一哲学的观念运用于神学。在《评注》中,阿奎那补充说:"真正的自爱属于有德的好人,好人常常为了朋友忽视自己的利益,因为

---

① *EN* 1168b28-1169a4.
② *EN* 1169b1.

有道德的人不只是为自己行动，他们对自己和朋友都做高尚的事情。"①阿奎那进一步区分"自爱"和"自利"，从一般的自爱观点看，为了别人自身爱他并且为他寻求善不符合自爱，但这一自爱观的实质是狭隘的"自利"观念，即以获取物质利益为行动的指针，它预设了所谓的利益必定是排他的，它们主要是物质性的，也有类似荣誉这样的非物质性却彼消此长的善，而"自爱"考虑的主要是精神的完善。

三、友谊的本质——"朋友是另一个自我"的观念

（一）友谊的发生学解释：朋友如何成为另一个自我？

亚里士多德赞同人应当最爱真正的自己，但并不是出于"自爱"观念这一理路的推论，而是从情感上论述的。他说人首先是自身的朋友，对朋友的感情是从对自己的感情中衍生出来的，所以友谊也在人同自身的关系中表现得最充分。但是这只是说明在爱的强度上，按照自然情感我们爱自己超过别人，却没有主张在爱的方式上将他人当作手段。亚里士多德的核心观点是有德性的人能以对待自己的方式对待他的朋友，因为"朋友是另一个自我"。②这就意味着我们能出于对自己的爱为自身寻求善，也能因为爱朋友之故为他们寻求善。朋友和自己一样都作为目的为我们所爱。

"朋友是另一个自我"是如何可能的？ 亚里士多德主要通过家庭的内部关系，即父母同子女，以及兄弟彼此间的关系说明在情感上友谊是如何发生的。父母爱子女是因为把孩子当作自己的一部分，把孩子看作属于自己的存在。③他说，"父母爱孩子，是把他们当作自身，因为出于自身的就如同是与自身分离了的另一自身"。④而地位平等的兄弟的友谊则是因为相似而产

---

① *SLE* 1857.
② *EN* 1166a31，1170b5.
③ *EN* 1161b19-23.
④ *EN* 1161b29.

生。亚里士多德解释兄弟间的相似是多种多样的,首先他们一定具有共同的血缘,其次双方年龄相差不多,此外由于长期共同生活和类似的教育和抚养背景而有共同的兴趣爱好,他们也可能在道德上相近。其中共同的血缘非常关键,亚里士多德认为因为兄弟出自同样的父母,因此"兄弟实际上是相互分离了的同一个存在"。[1]

亚里士多德将兄弟之间的友谊推广到地位同等的普通伙伴间的友谊,因为两者之间有很多相似之处,除了没有共同的血缘关系外,这类朋友在兴趣、喜怒、德性等方面有不同程度的相似。亚里士多德认为如果双方都是有德性的好人,共同之处尤其多,并且在总体上彼此相似。所以对于平等的朋友而言,德性是最大的相似,最容易促成友谊。因为这类友谊与兄弟间的友谊相似,朋友也被当作是"另一个自我"。它虽然将理智作为判断自我应该追求何种善的标准,却将人的自然情感即血缘亲情作为友谊的动力。

因为情感的延伸而将他人当作"另一个自我",自然适用于高尚的友谊,因为它是完善的友谊。但是其他的友谊关系中的朋友是否也应该被当作"另一个自我"呢?亚里士多德的解答在该问题上存在张力。一方面他把基于利益和感官快乐的关系都看作友谊,但是另一方面,他认为这两种关系不具有友谊的核心特质——爱朋友如同爱另一个自我。对于为了快乐的友谊,答案显而易见,既然主要是为了感官的愉悦"玩到一起",自然不可能像对待兄弟那样对待这类朋友。对于有用的朋友,情感要复杂一些。亚里士多德从公正的角度把所有人的结合(包括家庭成员在内)都当作政治共同体的组成部分,认定人们结合在一起是为了获得生活的必需物,甚至把社交团体和宴会之类,带有娱乐目的的团体也当作政治共同体。[2]但是他认为家庭的友谊、伙伴的友谊应该同其他共同体中存在的友谊区分开,因为其他共同体的友谊遵守某种契约,人们只是为了相似的利益结合起来。好人朋友、以

---

[1] *EN* 1161b35.

[2] *EN* 1160a10-a23.

血缘为纽带的朋友也可能利益一致，但是利益却不是维持他们关系的根本。①可见，亚里士多德认为完善的友谊的核心标志"朋友是另一个自我"不适用于追求共同利益的朋友。

在这里不难看到亚里士多德友谊观的矛盾之处。亚里士多德把因利而合的人归于朋友的范畴，但是却无法把友谊的本质归于这类朋友，对于基于快乐的友谊也存在同样的问题。对此很容易产生这样的疑惑，亚里士多德说在类比的意义上基于利益与快乐的友谊也是友谊，但是这两类关系不具有友谊的本质性特质，以友谊的五个特性描述它们也不太恰当。②就这五个特性而言，至少在这两类友谊中，不会因朋友自身之缘故意愿其存活，也不会为其自身之故意愿促成其善，在某些情况下或许会意愿与之共同生活，而旨趣一致应该只适用于将双方结合得非常有限的事物，悲欢与共也只在有限的意义上适用于快乐的朋友。此外，如果说友谊源于自爱，这两类友谊背后的自爱与亚里士多德提倡的"自爱"截然相反，反而与他要反对的大多数人心目中的自私的自爱或自利观一致。

阿奎那非常赞赏亚里士多德的"朋友是另一个自我"的观点，他说人们在试图说明自己对他人的爱时，会说"我爱你如爱自己"，这里用"自己"就是"朋友"的意思，两者没有区别，因为友爱的现实在于爱关乎自己的人。③但是与亚里士多德不同，阿奎那认为所有人都关乎自身，都与自身发生某种关联，也都是自己潜在的朋友。他期望把友谊的本质"朋友是另一个自我"推广到所有人，使得友谊维持其一致性，不过在《评注》中该思想尚未展开。

（二）独特的"自我"观念：古希腊传统与阿奎那的差异

在论述自爱时，亚里士多德把自我中的理智部分看作人之为人的核心部分，但是在解释"朋友是另一个自我"的时候，阿奎那却诉诸一套完全不同

---

① *EN* 1161b13.
② 关于友谊的五个特性，见本章第四节的第一部分。
③ *SLE* 1812.

的理论。他不仅从情感发生的角度,而且以"身体"之间的联系①切入讨论友谊的发生,由外至内解释朋友之间的相似。亚里士多德为何要采用这样的方式去解释友谊呢? 这里不仅仅有对普遍的常识②的尊重,更重要的是亚里士多德承接了古希腊的独特传统——存在论的"自我"观念。

阿奎那的"自我"观念与古希腊的传统观念完全不同,它不仅具有存在的向度,更具有本体论的向度。当亚里士多德写道:"好人怎么对待自己就怎样对待朋友,因为朋友就是另一个自我"③,阿奎那把它解释为,"因此,正如他自己的存在对任何好人是值得渴望和愉悦的,他朋友的存在对他也是值得渴望的和愉悦的。即使不是一样值得渴望和愉悦,至少也接近一样。因为人同自己的自然的同一(unity)强过他与朋友在情感上的统一"。④对比原文与《评注》,阿奎那赞同人会像对待自己那样对待朋友,但是他还强调自我在本体的意义上就是单一的整体,他将这一自然结合与同朋友的情感的结合做了比较,认为本体上的结合强过情感的结合。亚里士多德尽管也说过人应当最爱自己,但是他只是从单纯的情感的角度出发,而阿奎那则是从本体的同一性和情感的双重角度出发。阿奎那认为因为对朋友的情感是从对自己的感情中衍生的,所以人自然爱自己胜过他人。换言之,阿奎那突出了现代人看来非常平常的"自我"的身份(identity)问题,它尽管不是笛卡尔那种封闭在"我思"的反思意识层面的自我,却是在亚里士多德的友谊论中罕见的本体性的自我。

对于现代人而言,这可能是个奇特的区别,他们可能会提这样的问题:

----

① 父母与孩子的友谊基于孩子的身体来自父母,而兄弟之间的友谊首先基于一个相似的身体,并延伸到相似的内在层面——道德与志趣。在解释伙伴之间的友谊时,亚里士多德也从相似的身体(同龄朋友)开始,由外至内,逐步论及其精神的相似。
② 这里的常识是指大多数人通过与家庭成员的关系接触到友谊的情感,并在青年与成年以类似的态度同家庭之外的人相处。
③ *EN* 1170b5.
④ *SLE* 1909.

难道亚里士多德不知道别人和自己终究是两个个体吗?对此,福柯的观点具有启发性。他认为希腊人的自我观念在结构上不同于现代人的自我观念。希腊人的自我概念不是退回自身之内的自我反思的意识,而是"存在的"。存在意义上的"我"无法独自构成一个封闭的自我的世界,正如眼睛必须通过外界才能看到自己,存在的"我"也必须通过向外看才能了解自己。①因此,这样的"自我"无法独自在自身内构成一个完整的身份。

从希腊文的来源,我们可以看出亚里士多德的"朋友是另一个自我"与古希腊传统的渊源。"朋友是另一个自我"的说法来自古希腊的谚语"另一个赫拉克勒斯,另一个自我",起初该谚语的意思是"和赫拉克勒斯一样强壮"。"和赫拉克勒斯一样强壮"的主体是自我,另一个人(赫拉克勒斯)只是用于描述自我,从该基本含义,这个谚语又引申为"我的朋友像我是自己那样像我",不仅增加了朋友这个新的维度,而且以朋友为句子的主体。亚里士多德起先在《欧台谟伦理学》中说"朋友也意味着分离的自身"②,这在句式上保留古代的引申意,直到《尼各马可伦理学》才去掉了分离的含义,形成了具有个人口号特点的主张"朋友是另一个自我"。③

"另一个赫拉克勒斯,另一个自我"从其本意"和赫拉克勒斯一样强壮"引申为"我的朋友像我是自己那样像我"。这是一个有趣也有些费解的引申。从一句表达身体方面相似的谚语,发展出对朋友关系的描述;从自我在身体方面同某人相似,发展为朋友与自我超越身体的相似性。这看似费解,却是希腊传统社会对友谊的一般看法。根据古典学家的研究,文学作品中表达的希腊传统社会的理想友谊很可能是亚里士多德心中的友谊典范。当

①　更详细的论述见 Stern-Gillet, S., *Aristotle's Philosophy of Friendship*, Albany, N.Y.: State University of New York Press, 1995, pp.16—17。
②　亚里士多德:《欧台谟伦理学》,1245a35。参考亚里士多德:《亚里士多德全集》第八卷,苗力田主编,中国人民大学出版社 1994 年版。
③　这段的论述基于我对 Stern-Gillet 论述的再理解和再归纳。

《尼各马可伦理学》提到"为人们歌颂的友爱都只存在于两个人之间"①，亚里士多德的头脑中很可能浮现出希腊戏剧和诗歌世代传颂的大英雄阿喀琉斯和帕特罗克洛斯（Patroclus），俄瑞斯忒斯（Orestes）与皮拉德斯（Pylades）等理想朋友之间的友谊。《尼各马可伦理学》还引用了欧里庇德斯《俄瑞斯忒斯》中的"朋友心相通"这一希腊俗语②，在《欧台谟伦理学中》也有类似的引用。

由于篇幅所限，此处只分析阿喀琉斯的例子③，它代表了古希腊传统"友谊"的典范，也透露出古代希腊人独特的"自我"观念。在荷马的名著《伊利亚特》中，阿喀琉斯和其好友帕特罗克洛斯在形体上惊人相似，以至于穿上阿喀琉斯盔甲的帕特罗克洛斯被误认为阿喀琉斯本人。荷马以两人形体上的相似暗示两人的密友关系，在友谊关系中，双方身体的界限被超越。阿喀琉斯把帕特罗克洛斯当作自身的一部分，当他听闻帕特罗克洛斯战死的噩耗时，悲痛地将自己的朋友称为"自我"（ison emēi kephalēi），直译为"等同于我的头颅"④。无独有偶，把朋友看作自己身体的一部分，正是亚里士多德论证"朋友是另一个自我"的起点。不过，身体的同化只是起点，它暗示"朋友同心"（having the same spirit）这一精神和内心层面的相似。

帕特罗克洛斯作为阿喀琉斯的密友是阿喀琉斯个性中温柔仁慈方面的人格化。在他活着的时候，阿喀琉斯是个彻头彻尾暴躁骄傲的英雄，因为主帅阿伽门农的不公正待遇雷霆大怒，拒不出战，让希腊联军损失惨重。帕特罗克洛斯善良而温和，不忍将士受苦，在危急关头穿戴上阿喀琉斯的盔甲代其战斗，直至战死沙场。初读《伊利亚特》的读者很难不为这对密友性格的巨大差异感到惊讶。但是当帕特罗克洛斯死去之后，阿喀琉斯逐渐变得柔

---

① *EN* 1171a14.

② *EN* 1168b7.

③ 该分析参考了苏珊娜·吉勒对《伊利亚特》中阿喀琉斯和帕特罗克洛斯朋友关系的叙述。参考 Stern-Gillet, S., *Aristotle's Philosophy of Friendship*, pp.16—17。

④ Hom. Il. 18.81-83，参考荷马：《伊利亚特》，罗念生、王焕生译，人民文学出版社 1994 年版。

和,古典学家认为帕特罗克洛斯是阿喀琉斯性格中柔和方面的人格化。可以毫不夸张地说:帕特罗克洛斯正是另一个阿喀琉斯!帕特罗克洛斯与阿喀琉斯的友谊是古希腊人心目中"友谊"的典范。在索福克勒斯和欧里庇得斯的剧作中,也能看到友谊超越个体身体的隔阂,双方在灵魂层面融为一体的例子。

让我们再来看柏拉图《会饮篇》中阿里斯托芬讲述的那个著名的故事,它同样表达了希腊人的"自我"观念。根据这个希腊传说,每个人注定要寻求另一半,因为人最初是现在两人的合体,有三种性别,器官是现在人的一倍,被宙斯劈成两半后才变成现在的样子,因此人一直要拼命寻找另一半以合为整体。①这个古老的希腊传说表达了古希腊人的信念,他们相信人本来就和朋友一体,我是你,你也是我;或者说,你中有我,我中有你,而且这一理解不仅仅针对精神层面,也针对身体层面。

总而言之,希腊人的"自我"概念表达了一种独特的面向他人敞开的存在观,只有在存在的向度,"自我"才能超越自身身体的限制,无需任何反思或推理,与朋友成为一体。这完全不同于现代哲学中反思的"自我",也不同于阿奎那理解的"自我"。阿奎那受到基督教的影响②,将自我当作内在的"精神的人",后者在本体上不同于他人,因而朋友之间的结合,或是情感方面的结合,或是共同体的成员间的联合,都不是古希腊意义上的从身体到心灵的合二为一。

四、友谊的结构和结论

至此,读者或许会有疑惑,亚里士多德的友谊究竟是个很大的概念,还是一个很小的概念?一方面他给出了一个几乎包含一切共同体成员关系的友谊概念,另一方面却提出极为理想的友谊典范。回答是两者都是。在另

① 《会饮篇》189d—193d,引自柏拉图:《柏拉图对话集》,王太庆译,商务印书馆 2007 年版。
② 《新约》中,《罗马书》7:22,《以弗所书》3:16 涉及"内在的精神的人"。

一部著作中,笔者论证了亚里士多德的友谊理论是一种"桃型结构"①。亚里士多德在较为宽广的朋友概念(桃子)中置入一个极小的理想内核(桃核),这个内核是"朋友是另一个自我"式的友谊关系,它符合自我的最高尚的理智部分,是真正完善的友谊。对于这一作为典范的友谊或完善的友谊,亚里士多德几乎从未提到过存在不和,他认为没有人会抱怨爱自己和对自己好的人,而且一个有德性的好人与他的另一个自己(高尚的朋友)之间应该具有好人同自身具有的五种特性,既然两个互相对对方怀有极大善意的好人能够旨趣一致、悲欢与共,而且共同生活②,他们之间就不会有或大或小的不和与冲突。阿喀琉斯和帕特罗克洛斯的友谊正是如此③。

我们也可以从亚里士多德对朋友数量的论述看到他的极大和极小的友谊概念。就严格的友谊概念而言,亚里士多德是一个"精英主义者"。他认为就完善的友谊而言,一个人只能有一两个朋友。他说:一个人不可能是许多人的朋友,因为完善的友谊是感情的过度,其本性只为一个人所享有;许多人也不可能同时特别合意,因为有德性的好人不多。而且友谊需要彻底了解一个人,并与之亲密相处。④在另一个地方,他表达了类似的意思。

> 朋友的数量也有某些限定,也许就是一个人能与之共同生活的那个最大数量……但是,一个人不可能与许多人共同生活或让许多人分享其生命,这无可置疑。其次,一个人的朋友们相互间也必须是朋友,如若他们也要彼此相处的话……第三,一个人很难与许多人共欢乐,也很难对许多人产生同情……爱欲往往是极端的友爱,只能对某一个人产生。强烈的友谊也同样只能对于少数的人产生。这种看法由事实得证。⑤

---

① 赵琦:《共同体、个体与友善——中西友善观念研究》,上海人民出版社 2023 年版,第 10 页。
② 共同生活在亚里士多德那里的意思是经常共同相处,并非一定要住在一起。
③ 根据《伊利亚特》的叙述,两人之间曾有意见分歧,但是从来没有起过争执。
④ *EN* 1158a9-14.
⑤ *EN* 1170b34-1171a13.

为什么亚里士多德的友谊理论会具有这样一个奇特的结构呢？这既与古希腊"友谊"一词 *philia* 的极广内涵有关,也同亚里士多德的哲学手法不无关系。学者麦克沃(McEvoy)认为这是亚里士多德方法论上的策略,他为了做到不同人际关系的统一性,用一个词表达尽可能广的领域,如此留下了区分和阐发的空间。同样,在《形而上学》中亚里士多德也是以"存在"统摄形而上学的各种问题,诸如现实、潜能、运动、偶性、第一推动者,等等。①

阿奎那显然赞同亚里士多德关于自爱、家庭的友谊、友谊特性的论述,他尤其欣赏亚里士多德的"朋友是另一个自我"的观念,虽然阿奎那理解的"自我"不同于亚里士多德,而且他也不了解希腊式的理想友谊。不过,正是因为没有受到希腊传统友谊观的影响,而是受到了基督教爱德观念的熏陶,阿奎那方能提出另一种完全不同的友谊理想。他认为以朋友自身为目的的友谊关系应该扩展到所有人,而不应该局限于高尚的朋友当中。也因为这种更广博的友谊观,阿奎那反对以严格的和睦要求朋友。在之后的章节中,我们将看到阿奎那不断利用从亚里士多德那里获取的哲学资源建构他自己的友谊理论。虽然他赞赏亚里士多德的绝大部分观点,却极力反对其友谊观念中精英主义的一面,在对爱德的论述中,阿奎那最终以完全不同的基础提出了一种普世的友谊。

第五节　友谊对于道德实践的意义:与幸福的关系

讨论友谊不能不讨论它与幸福的关系,因为幸福是亚里士多德认可的道德生活的最终目标,明晰友谊与幸福的关系有助于理解友谊对整个道德

---

① McEvoy, J. "The Other as Oneself: Friendship and Love in the Thought of St Thomas Aquinas", in James McEvoy and Michael Dunne(eds.), *Thomas Aquinas: Approaches to Truth*, Dublin: Four Courts Press, 2002, pp.16—37.

哲学的价值。"幸福"一词在古希腊语中为 *eudaimonia*，意思是好的存在或生活，亚里士多德也用其形容词 *eudaimon* 表示人可以通过努力达到的幸福。①此外，他也常用 *makarios* 作为 *eudaimonia* 的同义词，其英语翻译为 *blessed*，中文直译是"被神佑的"，只是通常都不采取直译的方法，而翻译为"享得福祉"，它本身强调的是神所赐予的幸福，但是在亚里士多德那里该词基本与 *eudaimonia* 混用，尽管 *makarios* 具有更强的"神佑"的意涵。亚里士多德认为人的存在需要各种外在的善，它们不都是通过努力可以获得的，需要被赐予，没有任何赐予的人不可能幸福。《圣经》也经常使用 *makarios*，譬如《马太福音》②登山宝训中的登山八福，一连用了八个"有福的"。阿奎那用拉丁文的 *felicitas* 和其形容词 *felix* 讨论自然的幸福观念，当他讨论神学的幸福观念时经常使用 *beatitudo*（永福或真福），就字面意思而言 *beatitudo* 和 *felicitas* 是同义词，只是它们使用的场合不同，前者表示神学的幸福观，后者表示自然的幸福观。

友谊对一个人的道德生活究竟有多重要呢？在亚里士多德那里，存在不同的诠释空间，就《尼各马可伦理学》中关于友谊的第八、第九卷的论述来看，朋友是最大的外在的善，朋友也能帮助自我提升道德德性，从而获取达到幸福最重要的东西。然而这基于将幸福理解为"包含性"的概念，就亚里士多德的文本本身而言，幸福经常被理解为一个"支配性"的概念。因此，友谊对道德生活的作用同对亚里士多德幸福观念的不同解读相关，对此阿奎那也提出了自己的解读。

一、朋友是最大的外在的善

在《尼各马可伦理学》第八、第九卷中，亚里士多德集中论述了友谊的重

---

① Eterovish, F. H., *Aristotle's Nichomachean Ethics: Commentary and Analysis*, Washington DC: University Press of America, Inc., 1980, p.272, p.277.

② 天主教思高圣经的译名为《玛窦福音》，鉴于大陆学界更加熟悉基督新教的译法，本文关于圣经章节的译名采纳基督新教的译名。

要性，可以归纳为几个层面。第一，他从经验的层面强调友谊对不同人的重要性。他说："它（友谊）是生活最必需的东西之一。因为，即使享有所有其他的善，也没有人愿意过没有朋友的生活。"①富人、掌权者这些看来处于优越地位的人需要朋友，因为他们需要朋友为他们保护他们所有的东西，处于弱势的老人和穷人需要朋友来帮助他们，青年也需要朋友帮助他们少犯错误。对于有德性的人而言，"友谊不仅是必要的，而且是高尚的"，因为交友就是与好人为伍。有德性的人在处于好运的时候需要朋友承受他们的善举，而任何人在处于厄运时都需要朋友的帮助。

第二，亚里士多德认为在其他各个方面都富足的人也需要友谊。亚里士多德反对这样一种观点，这种观点认为享得福祉的、物质上自足的人不需要朋友，因为他们已经应有尽有，并且因为自足不可能再添加什么了。亚里士多德反驳道："说一个幸福的人自身尽善皆有，独缺朋友，这是非常荒唐。因为首先，朋友似乎是最大的外在的善。"②这一外在的善和维持生活必需的财富一样，都是人的生活必不可缺的东西，而亚里士多德又将朋友置于物质之上，成为最大的外在的善。可见，具有友谊是幸福的标识性特征之一。

第三，幸福的人必然不是孤单的人，而是一个拥有朋友的人。亚里士多德说："也许把享得福祉的人想象成孤单的是荒唐的。如果只能孤单地享有，就没有人愿意拥有所有的善。因为人是政治的存在者，必定要过共同的生活。幸福的人也是这样。"③这个理由出自对人的本质的理解，亚里士多德认为人是社会性的存在，不可能一个人独自生活，因而也无法独自享有幸福。

亚里士多德还给出了一个极为详细复杂的论证，证明幸福需要有德性的朋友，这在其伦理学著作中颇为罕见。从中可见友谊对道德生活的重要

① *EN* 1155a3-5.
② *EN* 1169b9-10.
③ *EN* 1169b17-20.

意义。按照《尼各马可伦理学》的注释者罗斯(D. Ross)的分析,这个论证大致包含了十一个三段论和两个推论。简单地说亚里士多德从理智的实现活动和生命的实现活动两方面给出他的论证。从理智实现活动的角度,亚里士多德认为幸福在于实现活动,是生成而非占有。因为人更能沉思他人的而非自己的实现活动,所以需要朋友作为沉思的对象,用于沉思人的好的实现活动(善举),并以此为愉悦。

就生命的实现活动而言,第一,一个孤单的人很难只依靠自己进行持续的实现活动;第二,和好人相处会让人变得更有德性;第三,人的生命在于感觉和思考这两种实现活动,正如一个好人自己的存在令他愉快、值得他欲求,他的好人朋友的存在也是如此;第四,生命之所以值得欲求就在于感觉和思考生命的善和它带来的愉悦,人要像感觉自己的存在那样,同朋友一起感觉朋友存在的感觉。最后亚里士多德做出如下总结:"凡值得欲求的东西都必须拥有,否则就是匮乏,而不是幸福。所以要做一个幸福的人就必须拥有好人朋友。"①

从亚里士多德关于友谊的第八、第九卷的论述来看,朋友作为一种最大的外在的善,既被当作手段欲求,也被当作目的本身来寻求。朋友被当作手段欲求,例如需要沉思朋友的善举来沉思人的好的实现活动,朋友让自己变得更有德性,需要朋友的帮助等等;朋友也被作为目的本身寻求,譬如为了做对朋友好的事情,需要感觉朋友对其自身存在的感觉。亚里士多德说即使享有所有其他的善,也没有人愿意过没有朋友的生活,这就是说友谊被我们当作幸福生活的一部分来追求,而不是实现幸福后就可以扔掉的手段。最后,如果的确如亚里士多德所言没有朋友的幸福生活是无法想象的,朋友似乎成为幸福的必要条件,或者说,友谊成为幸福的组成部分。

---

① *EN* 1170b17-19.

二、亚里士多德"幸福"观念的内在张力

如果仅仅从《尼各马可伦理学》中讨论友谊的两卷来看，友谊构成幸福，但是如果从该著作的整体出发考察幸福的真实内涵，友谊和幸福的关系就变得扑朔迷离起来。亚里士多德对于幸福的讨论一直都是学者和哲学家头痛的问题。究竟什么是最高善幸福的实现活动？亚里士多德在《尼各马可伦理学》的第一卷和第十卷之间的讨论是否构成矛盾？

在第一卷中，亚里士多德认为幸福是合德性的实现活动，《尼各马可伦理学》的主要篇幅都用于讲述道德德性以及与道德德性相关的友谊，似乎幸福主要在于实践活动。然而在第十卷，亚里士多德突然说实现幸福的德性的活动是沉思，并且极大突出了沉思相比其他道德德性的优越性。后世的学者与诠释家，有的基于对《尼各马可伦理学》整体的考虑，认为幸福主要在于道德德性的实践活动；有的则从第十卷的角度解释整个著作，认为幸福主要在于沉思活动，譬如 2003 年发表了相关著作的彭格（Lorraine Smith Pangle）；也有学者持无法调和两者的观点，他们认为第十卷是亚里士多德早期完成的，还受到柏拉图身心二元论的影响，如学者努恩斯（Nuyens）和高提亚（Gauthier）[1]；也有不少学者试图调和两者，提出一个折中的结论，例如阿奎那的老师大阿尔伯特[2]。本节并不支持某一种诠释，也不提出新的解读，而只想展现亚里士多德《尼各马可伦理学》对幸福的讨论中本来具有的张力，以此引入阿奎那对世俗友谊与幸福关系的判断。

在《尼各马可伦理学》第一卷中，亚里士多德认为幸福主要在于合德性的实现活动，但是也需要外在条件与运气的配合。该卷对幸福最完整的描述是：一生中直到死亡都合乎完满的德性活动着，并且充分享有外在善的

---

[1]　转引自 Gillet, *Aristotle's Philosophy of Friendship*，p.32。

[2]　大阿尔伯特的思想历经变化，他比较成熟的观点是《尼各马可伦理学》的第一卷中公民的幸福（civil happiness）与最后一卷哲学家的沉思的幸福是人的混合的生活中指向沉思的不同阶段。

人，就是幸福的。①简要概括第一卷的论证。首先，亚里士多德开宗明义，肯定人的一切实践活动都以善为目的。②其次，他通过善的等级证明最高善是幸福。他认为不是所有的目的都是完善的，但是最高善必然是完善的。③就完善的高低等级而言，最完善的是那些只被当作目的而不被当作手段欲求的东西，次完善的是既作为手段也作为目的本身被欲求的东西，之后则是只被当作手段欲求的东西。幸福只被当作目的追求，所以是最高的善。幸福也是所有善中最值得欲求的。最后，亚里士多德才提出自己对幸福内涵的理解。幸福究竟是什么？幸福主要不在于占有财富、荣誉或快乐，而在于灵魂的合德性的活动。

但是除了德性，幸福也需要外在的善，因为高尚的活动需要朋友、财富或权力这些手段，而高贵的出生、可爱的子女和健美的身体似乎也必不可少，"缺少了它们幸福的福祉就会暗淡无光"④。亚里士多德否认一个身材丑陋或出生卑贱，没有子女的孤独的人是幸福的。有过这些再失去的人更不能说是幸福的，亚里士多德因此认为幸福还需要好运作为补充。可见亚里士多德的幸福观主要围绕灵魂的完善展开，但是还需要一系列外在的和身体的善作为补充，缺少任何一点，诸如健康的身体，或者朋友，都不可能成为幸福的人。而且这样的状态必须一直维持到临终，中途失去某样或几样的人都不是幸福的。即使极其高尚的人能够平静地对待厄运而不痛苦，也不丧失自己的德性，亚里士多德认为也不能说他享得福祉。⑤

在《尼各马可伦理学》的第十卷中，尽管亚里士多德继续肯定幸福是一种实现活动，却认为幸福是合乎最好德性的实现活动——沉思。亚里士多德给出了六个理由证明幸福在于沉思活动。第一，沉思是人的最好部分理

---

① *EN* 1101a12-17.

② *EN* 1094a4.

③ *EN* 1097a27.

④ *EN* 1099b1.

⑤ *EN* 1100b30-1101a11.

智的实现活动,理智可以沉思最高尚的神性的事物,因而沉思是最高等的实现活动,其对象是最好的知识;第二,沉思也比其他任何活动都连续而且持久;第三,沉思活动也是所有合德性的活动中最令人愉悦的,而且这种愉悦也最纯净而持久;第四,沉思中含有最多的自足,道德德性拥有相对较少的自足,因为道德德性的实践需要借助外在的东西,而智慧①的人靠自己就能沉思,并且他越能够这样,他就越有智慧;第五,沉思是唯一因为自身之故而被人喜爱的活动,而在实践的活动中多少都要从行为中寻求别的东西;第六,沉思的活动包含幸福所必需的闲暇。这种生活在亚里士多德看来是符合人自身中神性部分的生活,是一种比人的生活更好的生活,也是人应该过的最好的生活。因为理智虽然具有神性,却属于人,所以人应该努力去过沉思的生活。②

从沉思活动与神更为相似的角度,亚里士多德论证道德德性的实现活动是第二好的。道德德性的实现活动是纯粹人的实现活动,其理由是道德德性在许多方面跟情感和身体的官能相关,所以必定与人的混合的本性③相关,而混合本性具有的德性是完全属人的。亚里士多德认为神的实现活动在于沉思,把其他任何德性归于神都失于琐碎。就神的生活全部都是福祉而言,人的生活因为与神相似的那部分(理智)的活动而享有幸福,智慧的人也"似乎"最为神所爱,这样的人因此也是最幸福的。亚里士多德因此得出结论"幸福就在于某种沉思"。之后他补充道,即使能过沉思的生活,人的幸福还是需要外在的东西,譬如健康和食物,但是只需要中等程度的外在的善就可以了。④亚里士多德关于人的神性部分(或理智部分)的论述也让人

---

① 古希腊人的智慧是 *sophia*,它不同于现代人对智慧的理解(认为智慧多少是属于实践的),*sophia* 是完全理智的德性。它的活动就是沉思。

② *EN* 1177a12-1178a8.

③ 人的混合的本性指的是人的灵魂不仅具有理智的部分,也具有欲望的部分。道德德性与两者都有关,而理智德性与感官的嗜欲无关。

④ 该段的内容来自 *EN* 1178a9-1179a31。

联想到亚里士多德的自爱理论，后者提倡钟爱和满足自我的理智部分。

如果《尼各马可伦理学》是前后一致的作品，可以把第十卷看作是对第一卷的进一步阐发，第一卷肯定幸福是合德性的活动，第十卷将理智德性的活动沉思作为主要的合德性的活动。但是这种解释很难避免如下的问题，即除了享有必要的外在的和身体的善以外，如果一个人一生只是独自过着哲学家的沉思生活，这样的人是幸福的吗？我们确实可以在生活中找到这样的例子，譬如中世纪在沙漠中独自灵修的修道者，他们无法实践任何需要他人才可能成就的道德德性。这样的人是否符合亚里士多德的幸福标准呢？即使一生中大部分时间不践行合乎道德德性的活动，他们也是幸福的吗？

一方面，亚里士多德认为人是社会的动物，因而必须和他人一起生活，幸福因此需要涉及道德德性；但是另一方面，他的确把至高的福祉归于这种属于神的沉思活动。究竟哪个才是幸福的标准？或者两个都是？解答的关键在于，亚里士多德说的合德性的活动中的"德性"究竟是一个包含性的还是支配性的概念。不同的回答让"友谊"对幸福具有不同的意义。

三、阿奎那对亚里士多德幸福观的解读

在论述阿奎那的解读之前，先来看一下学者们是如何理解亚里士多德的"幸福就是合德性的活动"。几乎所有《尼各马可伦理学》的诠释家都赞同幸福就是操练德性，但是对于究竟操练一个主要的德性还是所有德性颇有争议，大多数现代学者倾向于后者，即认为这里的德性是一个包含性的概念，幸福因而是灵魂的各种德性的实现活动。对于现代学者的不同诠释倾向，肯尼（Kenny）认为亚里士多德在《尼各马可伦理学》的第一卷中赋予了幸福"完善的"（希腊语 *teleion*）①特性，这里的 *teleion* 在英语学界有两种主

---

① *EN* 1097a28，中文翻译为"最高善显然是某种完善的东西"，完善这个词就是 *teleion*，其词根是 *telos*（目的），目的是活动的终点或完成了的东西，"完善"也就是目的或完成了的东西的性质。

要的译法,或者翻译为 complete(完整的)或者翻译为 perfect(完美的、完善的)。支持德性是包含性概念的学者偏向前一种译法,支持德性是支配性概念的学者偏好后一种译法。[1]因为显然,如果幸福的特点是"完整",那么所有的善都应当被包含在其中,道德德性也不例外;如果幸福的特性是"完美",那么构成幸福的德性主要是与神最接近的智慧。

阿奎那读到的拉丁译本将幸福的完善(teleion)翻译为 *perfectum*(意为"完美的",相当于英文的 *perfect*),在与之相关的文本中,*teleion* 也都被翻译为 *perfectum*。因此,有些学者(诸如道伊格)认为阿奎那倾向于以支配论解读亚里士多德。事实上,阿奎那的确格外重视理智的德性,他把智慧理解为一种比其他德性都更为优越的德性,而且幸福是理智的活动的观点贯穿阿奎那对幸福的神学考察,这显然受到亚里士多德的影响,《圣经》本身不足以提供这样的角度。但是,对理智的重视并没有让阿奎那放弃其余的善,他认为人的幸福包含诸如荣誉、快乐、聪明、道德德性等,因此也有一些学者认为阿奎那解读亚里士多德的立场是包含性的,他们认可亚里士多德的世俗的幸福可以具有两种形式——行动的和沉思的,这个观念被称为 *duplex beatitudo imperfectae*(不完善的双重真福观)。[2]

两种立场的冲突事实上并不像表面这般剧烈,仅以阿奎那的看法为例,阿奎那认为《尼各马可伦理学》的第十卷和第一卷没有矛盾,第一卷对幸福的概括在第十卷中得到详细阐述,而中间的几卷则围绕"幸福是灵魂按照完善的德性的运作"[3]展开,第十卷讨论导向幸福的最完善的德性。阿奎那认为亚里士多德在第一卷已经确立最好的生活是沉思的生活,然后逐步展开,直到达到目标。因而无论各种善何等重要,阿奎那主张对于幸福而言,最完

---

[1] Kenny, A., "Aquinas on Aristotelian Happiness", *Aquinas's Moral Theory*, ed. MacDonald S. and Stump E., Ithaca & London: Cornell University Press, 1999, p.17.

[2] 参考 Müller, J. "*Duplex Beatitudo*: Aristotle's Legacy and Aquinas's Conception of Human Happiness", *Aquinas and the Nicomachean Ethics*, pp.68—71。

[3] *EN* 1098a16.

善的德性是智慧,因为它让人过最好的生活。阿奎那评价道:

> 他(亚里士多德)已经表明了幸福在于操练德性,现在他开始表明
> 操练的是哪种德性……他首先断言:幸福是合德性的活动——这在第
> 一卷中也曾说明,我们能合理地推断幸福符合最高德性的活动。因为
> 幸福是人类所有善中最好的,同样正如我已经提到的,更优越的活动来
> 自更好的官能,从逻辑上说人的最好的活动是其最好部分的活动。真
> 理是:人的最好的部分是他的理智。①

因为人类的最好的德性是人的理智部分的德性,因此沉思活动如果符合其
自身的德性"智慧",就能获得某种幸福。阿奎那认为这样的幸福观和《尼各
马可伦理学》的第一卷相符合,也诉说了真理本身。

阿奎那阐发了亚里士多德的四个论证,证明相对于智慧,道德德性的相
对次要性。首先,智性的活动比身体的活动更高贵,智性的快乐也更高;其
次,就需要外在的善的程度而言,道德德性更依赖于外在的条件;第三,道德
德性的生活无法归于神,后者过的是沉思真理的生活;最后,非理性的动物
完全不能享有幸福,因为他们没有理智沉思的能力,却能在某种程度上分享
道德德性的活动,例如狮子的勇敢在某种意义上分有勇德。所以沉思是人
的最高贵的德性,越能沉思的存在就越幸福。由此可见,阿奎那认为相比道
德德性而言,沉思对幸福的意义更为本质。②

阿奎那化解了沉思的生活属人和属神之间的张力。亚里士多德一方面
认为沉思的生活是比人的生活更好的生活,另一方面他认为它是人能有的
最好的生活。那么沉思的生活到底是否属于人的生活呢? 在阿奎那看来,
人的生活是理智指导感官和身体的运动,由于理智规范感官属于道德德性,

---

① *SLE* 2080.
② *SLE* 2112-2125.

人的生活就是道德德性的生活;而沉思的生活其本质属于神或更高的存在者,他们没有肉体,而只有理智的活动。但是当人进行沉思的生活时,既有属神的特性,也有属人的特性。①那是因为尽管人的沉思生活主要依据自身中神性的部分"理智",因此不同于一般意义上的人的生活。但是当人过沉思的生活时,其理智的活动必须依赖感官产生的心象(phantasmata),否则就无法进行。因此人的沉思不完全属神,而是由于与神的理智相似并分享了神的理智活动,才具有某种神性。

鉴于此,不难理解为何阿奎那认为在自然的状况下,人的沉思活动无法达到神所达到的境界,这不仅因为人需要维持肉体的存在,很难持续沉浸在沉思的活动中,也因为人的理智活动并不自足,需要依赖感官的帮助。因而,在此世,人事实上不可能达到"智慧",也无法得到完善的幸福,只能得到不完善的幸福。在这里,阿奎那强调了亚里士多德和新柏拉图主义者的区别。新柏拉图主义者的身心二元论使得理智与人的幸福割裂开,而对于亚里士多德,理智作为灵魂的一部分,不是"独自"神圣的,而是人之中最神圣的。②

在此基础上阿奎那提出了亚里士多德从没有明确表明的看法,即幸福根本上在于神的智慧活动本身,人只是因为分享了神的幸福活动即理智活动,才得以分享幸福。能过这种生活的人与神最相似,也最为神所爱,因而是最幸福的。哲学家因此享有最大程度的幸福。事实上,在《评注》中,阿奎那只是明确提出此世的幸福是不完善的,身后完善幸福的想法是隐藏的,他没有将基督教的幸福观强加于亚里士多德,因而也不存在前文提到的"双重真理"的问题。

此外,尽管亚里士多德自己没有提出不完善的幸福概念,但是阿奎那认为亚里士多德的幸福理论与其更为宏大的神学的幸福论是和谐一致的。当

---

① *SLE* 2105-6.

② *SLE* 2084-2086.

大阿尔伯特努力区分哲学与神学，让亚里士多德的幸福摈弃宗教的外观，为其提供一种哲学上自洽的解读时，阿奎那则既认可哲学的幸福观，也将其作为神学幸福观的准备和起点。

四、友谊对幸福究竟有多重要？

如果幸福的实现与沉思的活动相关，而沉思又完全是人的内在活动，那么对于幸福，没有朋友的生活还是不可想象的吗？本节的第一部分介绍了《尼各马可伦理学》中涉及友谊的第八与第九卷的相关论述，亚里士多德在那里努力证明朋友对于幸福必不可缺，朋友是最大的外在的善，朋友不仅仅给人带来快乐或利益，他们也帮助人变得更有德性。然而，就亚里士多德对幸福的论述来看，朋友还是如此重要的吗？

如果阿奎那的理解是正确的，幸福主要在于理智的沉思活动，那么要证明友谊对幸福的重要性，就必须证明它对沉思的意义。朋友对于哲学的生活，即沉思活动具有多大的意义呢？阿奎那试图通过确定友谊对于沉思活动的重要地位，使亚里士多德的幸福观与"论友谊"两卷中的论述相一致。他说友谊能帮助沉思，因为两人一起无论从事实践的活动还是沉思活动都更加高效，如果哲学家能找到另一个哲学家一起沉思当然更好，因为彼此可以想到对方想不到的。[①]这个理由直接来自"论友谊"两卷中亚里士多德唯一一处从理智活动的角度说明友谊的重要性，在那里亚里士多德声称人更善于沉思朋友的善而非自己的善，所以需要朋友的帮助来完成沉思活动。这个解释或许可以勉强让友谊继续保持重要的位置，但是如果友谊的目的只是为了更好地沉思，朋友的存在多少都是手段性的，而非目的本身。因而这个论断与人应当将朋友当作"另一个自我"的观念相悖。

如此看来阿奎那在《评注》中对哲学幸福观的解释无法让《尼各马可伦

---

① *SLE* 2096.

理学》保持前后一致，不过这不应当归咎于阿奎那，他的解读源自文本本身的张力，他没有在《评注》中做出更多的阐发。不过阿奎那完全有能力将沉思活动中的友谊关系解释为目的，而非手段。此处将通过推理，推进阿奎那关于哲学友谊观与沉思关系的相关论述。

根据亚里士多德对友谊的理解，不可能存在只基于沉思的友谊。因为理智的局限，人必须以朋友的善为沉思对象，那么沉思活动本身必然带来真正的友谊，而不是把友谊作为沉思活动的手段。其理由可以通过几个方面加以阐释。首先，沉思主要依赖自我的理智活动，而友谊的核心还是爱的情感，很难想象只停留在理智层面、没有涉及情感的人与人的关系能算得上友谊。即使是在哲学家之间，除了沉思的共同点之外，还是需要由共同沉思发展到对朋友本人的喜爱，如此他们才能成为朋友。

其次，只有理智层面的交流，而无情感沟通的朋友在现实中也是不可想象的。人会因为他人的某个值得欣赏的地方而开始对这个人本身感兴趣，而因为这个人也是同他一样的人，所以很难不对其本身产生情感。与一个人一同沉思，沉思他的善，和沉思一个客观的没有生命的东西一定是不同的，如果沉思一棵树的成长，可以看到生长、茂密、枯萎和死亡的周期，因而体会到自然物有生有灭的道理，可以不带有任何情感，可以不爱这棵树而继续其深思。但是如果我们和一个人一同沉思，自然会从沉思他的善，进入到对他整个个体生命情感的理解，而对他的善或沉思能力的欣赏也自然会带来喜悦①，进而为其所有者感到喜悦。对此亚里士多德做出过详细论证，他认为只要我们还热爱自己的存在本身，就不可能对自己的善乃至朋友的善不感到愉悦，也不可能不进一步爱让我们感到愉悦的人。

所以，如果沉思生活不仅仅以无生命的事物为对象，也以他人的善为对象，那么一个过沉思生活的人也会有朋友。而且共同沉思产生的爱可能比

————————————

① 这是自然的，如果我不欣赏他人在理智方面的能力也不会想要和他分享沉思的结果。

基于道德德性的爱更强烈，因为前者比后者更需要心灵的结合。因此以他人的善为对象的沉思活动，如果能顺利进行，本身必然带来真正的友谊，而在真正的友谊关系中，朋友只能被当作目的对待。有鉴于此，最终的结论是："沉思的朋友是否是目的本身"是个伪问题。

这一推论或许不完全符合亚里士多德的本意，他认为沉思是自足的活动。不过这一推论确实是从亚里士多德的"我们需要沉思他人的善"的观点出发，也符合阿奎那的解读。更进一步，即使朋友并不现实地存在于眼前，而只要的确有一个这样的对象，结论仍然成立。因为人会出于回忆与思维他人的善而产生对他人的爱。那些生活在封闭环境下整日只过冥想和祈祷生活的修道人并不是孤独的个体，他们同冥想或祈祷的对象具有不同寻常的友谊。

那么是否存在这种可能呢？亚里士多德最推崇的沉思活动只以物为对象，而不以任何人或者神为对象。这个问题超出了亚里士多德文本的范围，但是根据后人的看法，亚里士多德的沉思观念表达了古希腊为知识而求知的理想。智慧即使没有实际的用途，也具有最高的价值。根据这种解读，亚里士多德的沉思似乎可以只以物为对象。但是从亚里士多德的思想中还可以推出另一个维度，那就是沉思能以神为对象，因为如果沉思是实现幸福的活动，那它应该以较高的善为对象，沉思活动因此可以以理智德性或者神为对象。尽管这个向度在亚里士多德的伦理学著作中没有得到发挥，但是它不能遮蔽这个事实，那就是亚里士多德的伦理学中具有这样一种可供理解的维度，而后我们将看到这个向度为阿奎那所发挥，用于神学友谊论的构建。

第二章
自然神学视野下的"爱"的理论：友谊的人性基础

在分析了阿奎那从亚里士多德那里汲取的哲学的友谊观之后，让我们来看一下在阿奎那自身的神学体系中，友谊问题是如何展开的。友谊贯通于阿奎那的整个伦理学，是贯通其自然神学的人性论与神学的最高德性"爱德"的枢纽与中介，也是其神学伦理学的立足点。就具体的观点而言，阿奎那几乎利用了亚里士多德所有关于友谊的理论，诸如他独特的自爱学说，他的"朋友是另一个自我"的论断。阿奎那将这些观点融入基督教信仰中，完成了亚里士多德友谊论的基督教转向。

阿奎那具体是如何改造亚里士多德的友谊观的呢？不同于亚里士多德，阿奎那以人的自然能力为基础展开他对友谊的讨论，他首先关注的不是现实中具有友谊的双方如何交往，而是就人的本性而言，友谊应该是怎样的。由于人的本性和其本性所具有的能力来自神的创造，因此对人的本性与自然能力的论述也被称为自然神学。由于神赋予的自然本性，人具有对善的自然倾向，通过选择，意志具有以"友谊之爱"爱其他人格存在者（person）的能力。对友谊的探讨因此以人本性中"爱"的能力为开端和重要支柱。

我们也能从语言的角度，一窥阿奎那和亚里士多德的差异。在希腊语中"友谊"（philia）和"爱"（eros）是根本不同的概念，*philia* 主要指无关感官嗜欲(appetitus)①的友谊,而 eros 侧重的是欲望的层面,现代学者故而常把 eros 翻译为"爱欲",亚里士多德很少从"爱欲"的角度谈论"友谊",更准确地说他认为以爱欲为主导的关系都不是真正的友谊。到了古代晚期和中世纪,西欧一神教使用拉丁语为主要写作语言,表示友谊的拉丁单词 amicitia 和"爱"(amor)在词源上同源,amor 的意思和现代汉语与英语中的"爱"(love)一样,是一个泛指的概念,而"爱欲"(eros)更接近阿奎那的术语"欲望之爱"(拉丁文 amor concupiscentiae, love of desire),但是在阿奎那那里"欲望之爱"从属于"友谊之爱",与单纯的因欲望而生的爱欲不同。由于语言的差异,不同于亚里士多德将许多笔墨用于友谊(philia)的外在表现上,阿奎那能够顺理成章地以"爱"(amor)作为论述友谊(amicitia)的出发点。

第一节　阿奎那的人学:对善的爱

阿奎那认为对善的爱是人类行动的动力。天主通过赋予万物不同层次的爱,使得万物趋向终极的善,即天主自身,但是只有人能凭借理性的爱欲求善。人因此能超越感官嗜欲的狭隘,对他人和天主产生以其本身为目的的友谊之爱。本节将说明阿奎那如何从人性的角度解释"爱"与人类行为的关系。

一、人性行动的动力:对善的理性嗜欲②

阿奎那认为目的是人类行动的第一原则和动力。人的所有行动都为目

---

① 嗜欲(appetitus)强调的是肉体感官方面的整体的欲望,也在类比的意义上用于理性;而欲望(concupiscentia)一般指感官嗜欲在尚未获得善之前的形态(欲情),见本章第一节最后一部分的第一个表格(本书第 80 页)。

② 通常现代哲学所说的感官层面的欲望,在阿奎那那里是 appetitus,在碧岳学社和高雄中华道明会合作翻译的《神学大全》中,该词被翻译为嗜欲(意为感官欲望),而"欲望"则用来翻译 concupiscentia。appetitus 是欲望的泛指,concupiscentia 是特指,用来表示嗜欲为获得对象时候的状态,它是 desiderium 的近义词。

的而动，不过他说的人的行动不是诸如走路吃饭那些动物也能够进行的活动，而是人性的行动，即凭借人之为人的理性和意志能力完成的行动。所以真正的人的行动是经过理性考量的意志的行动。他如是说：

> 人的所作所为，只有那些人之为人的行动才是人性的行动。人与其他非理性受造物的区别在于人是其行为之主宰。为此，只有人是其主宰的行为才能成为真正人性的行为。人之为其行为之主宰，是靠理性及意志，为此自由意志是意志即理性的性能。所以，真正成为人性的行动，是出于考量的意志的行动……但是，显然由某机能而来的一切行动是以这机能的对象的缘故而产生的。意志的对象是目的和善。是以，所有的人性行动，都必然是为了目的的行动。①

人性的行动必须通过理智（intellectus）和意志（voluntas）才能完成。它们都是灵魂的机能。阿奎那认为对人而言，理智与理性（ratio）是同一个机能，其对象都是智性的真理。两者的不同在于完美程度、运动与静止、追求与获得之别。理智的活动让人直接领悟真理，人对于基本原理诸如几何学公理的直接领悟就属于理智的活动；而理性的活动是推理，即从一个已经领悟的真理推出另一个真理。鉴于理性的活动需要从理智活动直接领悟的基本原理出发，并通过推理，达到另一些基本原理，因此理性的活动是寻求和运动；又鉴于理智直接把握基本原理，理智领悟真理的方式是静止与获得。理智活动也因此比理性活动更完美。②也正因为朝向真理和在其中静止被认为是同一回事，阿奎那使用"理智"一词，有时同"理性"没有差别。③

---

① *ST* IaIIae. 1.1.

② *ST* Ia. 79.8.

③ 在阿奎那的文本中，理智大致有三种不同的用法或侧重。最狭窄的是天主具有的理智，即理智本身，阿奎那认为理智的活动是天主存在的本质，它以直观的方式把握真理，而人鲜有理智直观，需要依赖理性逐步理解事物的本质；理智也指人所分有的理性机能——可能会出错的推理；最后，最宽泛的 intellectus 是一切超越感官层面的灵魂的能力，可以指代天主、天使和人具有的灵魂机能。

理性和意志如何才能造就一个行动呢？阿奎那认为就目的是否指向行动，理智可以分为思辨理智和实践理智，前者让人认识和理解真理，后者则让人认识并考虑不同的行动的可能性，并且在诸多可能性之间做出行动的决定。这两者不是出自人的灵魂的不同部分，而是根据目的的差异做出的区分，而差异只在于是否以行动为目的。①意志，被阿奎那称为理性的嗜欲（appetitus rationalis）②，它能够回应理性做出的判断，因为意志是一种嗜欲能力，让人趋向被欲望的对象。正是嗜欲让人趋向外在于自身的事物，完成行动。③在上一页的引文中，阿奎那断定意志必然为目的而动，如果不为某个目的而动就不能算作真正人的行动，譬如下意识地揉眼睛或者挠痒痒等等就不是人性的行动，因为它们不是经过考量的意志的行动。

意志为目的而动，它的目的只有善一个，因此意志是对善的理性的嗜欲。④阿奎那认为这是人之为人的自然倾向，是天赋而非选择的结果，但是这不是说人类的意志永远都能以客观的善为目的，如果是那样的话，就没有不道德或不完善的行动了。而是说除非主体认为对象是善的，或者具有某种善，否则他不会对对象产生欲望。例如虽然我认为晚起不好，但是如果前一天的晚上加班至深夜，那么早上的睡眠便是很大的善，所以我渴望在早上补足睡眠，尽管这可能让我迟到；但是如果之前一个晚上早早上床睡觉，早上的睡眠便不是那么大的善，我也不会强烈地渴望它。此外，意志不会单纯因为对象是善就追求它，它会在不同的善之间进行选择。譬如一个痛风患者可能会为了健康而放弃吃海鲜的习惯，如果他认为健康比美味是更大的善。

意志也不总是选择理智认为最善的事物，这有两个方面的可能。首先，意志可能受到嗜欲的影响，无法选择理智认可的最完善的事物；其次，进一

---

① *ST* Ia. 79.11.

② *ST* IIaIIae. 8.1.

③ 关于理智、欲望和意志的问题，见 *ST* Ia. 79-83。

④ *ST* IaIIae. 1.2, 1.3, IIaIIae. 24.1.

步而言,感官嗜欲如果强烈,不仅可能会让理性"失语",它也可能改变理性的判断,以某些暂时的或表面的善遮蔽真正的善。拿痛风病人的例子而言,他可能受到美食的诱惑,而无法运用理性权衡食用海鲜的利弊;他也可能受到嗜欲和意志选择的影响,让自己相信偶然食用海鲜没有大碍,尽管他并不了解这个判断是否有充足的医学依据。无论在哪种情况下,阿奎那认为由于对善的欲求是人与生俱来的,偏离真正的善,人的内心永远会觉得不安,永远无法感到真正的幸福,即使十恶不赦的人都会时不时感觉到痛苦。

人性的行为是否可能不具有目的或动力呢?在生活中似乎的确存在那些终日看上去优哉游哉,没什么目标的人,但是根据阿奎那的看法这些人也有目标,轻松闲适的生活就是他们的目标。他们为此放弃追求崇高的善,因为后者往往需要艰苦奋斗,与数十年如一日的努力。如果没有目的,意志就没有对象,人就无法选择是否行动,这不同于选择不行动,因为选择不行动也是一种行动,它是意志对不行动的选择,因此即使不行动也导向某个目的。到此可以得出这样的结论:真正的人性行动是理性和意志参与的行动,而理性的嗜欲(意志)必然以某种善为目的。

二、意志:对幸福的自然倾向

我们已经讨论过就单个意志的行为而言,人以某种善为目的,人们根据自己对不同的善的权衡和判断做出选择,但是阿奎那同亚里士多德一样,认为目的本身不可以无穷倒推,必然存在第一目的。否则取消了第一个目的,也取消了与之相连的一切目的。①这个第一目的就是幸福,它是高于各种具体的善之上的整体的完善。即使人对幸福的内涵持有不同的看法,或者对幸福并不具有确凿的观念,所有的人性行动都基于人对这一最终目的的期望。

如果人的一切行动都最终以幸福为目的,这就意味着对幸福的欲求是

---

① *ST IaIIae*. 1-5,另见亚里士多德《形而上学》第二卷。这一伦理层面的论证和阿奎那关于理论理性序列中第一原则的论证平行,都是目的不可以无穷倒退。

从意志的本性中产生的,而非选择的结果。幸福因此是意志的自然倾向。阿奎那给出的论证是所有的人性行动都基于选择,每个具体的选择都是根据对目的的期望做出的,选择本身也说明他已经具有对目的的渴望,而他渴望这个目的是因为已经选择了它,那么之前还存在选择这个目的的目的。不可无穷倒推,则必然存在最终不是经过选择的最终目的。这个目的不能被选择,而是自然的。①因为天主创造人,所以对人是自然的东西,就是天赋的,即天主规定的人的本性的自然倾向。

如同大多数古代思想家(诸如亚里士多德、波埃修)那样,阿奎那赞同幸福是所有人所追求的最高善,但是具体的行为与幸福的联系具有模糊性,这使得不同人,甚至同一个人在不同时候的选择千差万别。首先,不同的嗜欲倾向、生存经验与理智判断,会让个体做出不同但是无关善恶的选择。譬如游泳有利于保持身心健康,但是一个人如果喜好群体性的运动,则更愿意选择足球而非游泳来锻炼身体。选择任何一项运动都可能因为利于健康而与幸福这一终极善发生关联,却没有哪个比另一个更好的差别。其次,人也可能错误地认为某种个别的善能导向幸福而欲求之,但实际上却失去了真正的善,毁损自己的幸福。譬如,有人认为名声能带来幸福,为了追求名声不惜违反公正。对于不知道幸福究竟是什么或错把幸福这种至高的善当作个别的善(诸如名利)的人,情况也是一样的。

需要注意的是,所有意志的行为来自意志对幸福的自然倾向,这并不是说人要时刻意识到这个最终目的。阿奎那区分了实际的意愿和习性的意愿,对幸福的欲望并不总是实际的意愿,而是习性般地出现在所有的意愿和行动中,正如一个人走路时不需要每一步都想着目的地。②根据阿奎那的看法,对幸福的欲望是对至善和真福的欲望,它不是任何个别的善,而是最高的整体的完善,即天主本身。天主既是至善、也是真福,同时也是一

---

① *Quaestiones Disputatae de Veritate* 22.5;*ST* Ia. 60.2, IaIIae. 13.3.
② *ST* IaIIae. 1.6.

和真理。①天主的完善因此远远超过人的一切可能的欲望。人如果能认识并爱天主，其所有欲望都能得到满足和平息，他的生命也会被喜悦充满。②

三、对善的三个层次的爱

阿奎那说："凡主动者皆是为了某个目的而行动。目的是每人所愿望和所爱的。因此，无论哪个主动者，无论做什么，显然是出于某种爱。"③可见，有理性的人所欲望的目的，也是他所爱的目的。但是目的性并不独属于理性的存在者，所有行动的主体都以善为目的。非理性的存在物没有意志，不能凭借理性的嗜欲选择善，但是它们具有自然的和感官的嗜欲，阿奎那认为每种嗜欲的对象都是善，非理性的存在物也能通过其欲望的内在倾向让自身趋向完善，归于天主。

自然物对目的的趋向在于质料获得形式和从潜能进入现实，如果没有目的，就不会有任何改变，也不会有这种而非那种改变。万物或者以其运动指向目的而自己推动自己（譬如人），或者被他物所推动而趋向某个目的，例如箭由于射箭手的推动飞向靶子。因此有理性者自己趋向目的，无理性者则由天主赋予的天性趋向目的，诸如重物自然下落、植物向上生长、猫看到老鼠自然产生捕捉的欲望等等。这些虽然不是为某个人的意志所推动的，却是由天主的意志所推动，天主通过赋予它们自然的和感官的嗜欲使得它们趋向目的。④阿奎那认为这是天主创世的奇迹，天主不仅赋予人最终归于天主的自然倾向，也给予人自由选择具体行动的可能，从而让人出于自愿以天主为目的；同时，天主还用其看不见的手，赋予非理性的自然万物内在运动的原则，使得万物都归于至善。

---

① 关于天主是至善、真福的理由，见本章爱天主胜过自己的讨论。
② *ST* IaIIae. 1.3.
③ *ST* IaIIae. 28.6.
④ *ST* IaIIae. 1.2.

阿奎那用"爱"统称驱使万物向善的各个层次的"嗜欲"①,尽管大多数时候,"嗜欲"被用于低层的感官的机能,而"爱"被用于指称高级的理性的嗜欲即意志,两者实质相同。学者加拉格(Gallagher)做出过相关证明,在下述引文中阿奎那也以自然的爱称呼自然的嗜欲,以感官的爱称呼感官的嗜欲,以理性的爱命名理性的嗜欲,可见爱与嗜欲的内涵一致。②而人同时具有这三种爱。

> 爱与嗜欲[appetitus]关联,因为二者的对象皆是善。因此按照嗜欲的不同而有不同的爱。有的嗜欲不随嗜欲者自己知觉,而是随另一个东西的知觉,这种被称为自然的嗜欲[appetitus naturalis]。自然物按天性追求适合自己的东西时,不是按自己的知觉,而是按赋予天性者的知觉,如在第一集第六题第一节释疑二中说过的。另一种嗜欲是随自己的知觉,不过是必然地、不是按自己的自由判断。这便是禽兽的感官的嗜欲[appetitus sensitivus];但在人身上,这种嗜欲因为服从理性而分享一点自由。另一种嗜欲按照嗜欲者的自由判断,随从自己的知觉;这是理性或智性的嗜欲,称为意志[volontas]。
>
> 在上述各种嗜欲中,那趋向所爱的目的之运动的根本便是爱。在自然嗜欲中,这运动的根本即嗜欲者对其所求者的自然倾向[connaturalitas],可以称为自然的爱……同样,感官性嗜欲,或者意志,对某种善之适合性或喜好,即称为感官性的爱,或者理性或智性的爱。所以感官性的爱是在感官嗜欲里,就如智性的爱是在智性嗜欲中。③

在这里,爱被定义为追求目的的根本,因为自然万物的一切行动都导向目的——善,所以如果尚未得到善,爱就是一切行动的根本,而如果已经在

---

① *ST* IaIIae. 26.2.

② 学者认为阿奎那的"爱"和"欲望"是同一个,见 Gallagher, David M., "Desire for Beatitude and Love of Friendship in Thomas Aquinas", *MedIaeval Studies* 58(1996),8。

③ *ST* IaIIae. 26.1.

善中，爱就是静止的根本。这里说的爱适用于自然万物，只是在人的身上，自然的爱和感官的爱与在物体或者动物那里不同，人作为身体和灵魂的合成体，不可能只在这两个欲望的层次活动，而不涉及理性或意志，因此人经验到的自然和感官之爱必然和动物经验到的不同。对于中国人而言月饼不仅是食物，也因为其团圆的寓意而被欲求。但是对于狗，月饼就只是食物。可见，爱的三分法只是分析的工具，在人那里它们不能被割裂地对待。

先来看自然之爱。自然的爱是嗜欲者对欲求对象的自然倾向，爱的主体不是经过自己的选择，而是被他者推动趋向目的。例如物体因重力下落、一些植物为了吸收养分而慢慢向光源和水分充足的地带生长，还有动物和人类自我保存的本能。这些活动并不是基于选择而被欲求，在现代人看来它们是物理或者纯粹生物层面的活动，在阿奎那看来它们是天主赋予的，即使理性的人也无法选择不感受到自然的嗜欲，因为"自然的爱无非是自然的造物主在万物上烙上的痕迹"①。

天主赋予万物自然的爱，让万物都归于自身，即使一块石头都朝向天主。阿奎那说，"在对一切善的爱中，是对至高无上的天主的爱"②。阿奎那主张所有的存在物都具有这种爱，他赞同伪狄奥尼修③的观点，认为每个东

---

① *ST* Ia. 60.1.
② *ST* Ia. 44.4.
③ 狄奥尼修(Pseudo-Dionysius the Areopagite)的出生年代不详，后人也不知道他究竟是谁。后人只知道在公元 532 年，君士坦丁堡曾进行过一次东正教徒和赛维鲁信徒的神学讨论，在该讨论中，有一批包括《神名论》在内的著作被归于保罗的门徒狄奥尼修的名下。在当时狄奥尼修被认为可能是保罗的门徒甚至是使徒的密友，这些著作因此得到中世纪学者极大的重视，阿奎那也不例外。后来人们得知这些著作并非出自狄奥尼修，但是也因无法确定其作者，而将其归于"伪狄奥尼修"。现代学者关于《神名论》完成的年代有不同的猜测，有的猜测它是 5 世纪末完成的，也有人猜测它是 4 世纪的作品。伪狄奥尼修是一个新柏拉图主义的基督徒神学家，阿奎那通过他的著作了解并利用新柏拉图主义的思想资源，并且撰写了对《神名论》的评注。——参照 Rovighi, S.V., *Storia della Filosofia Medivale：dalla Patristica al Secolo XIV*, Milano：Vuta e Pensiero-Largo A. Gemelli, 2006, pp.14—15 和 Gilson, E., *History of Christian Philosophy in the Middle Ages*, New York：Randon House, 1955, p.81，由于 Gilson 的著作成书于半个世纪前，无法吸收最新的研究成果，所以两部著作若有分歧，均采纳前者的说法。

西对于适合其天性的善都有一种自然的倾向,人的自我保存的倾向就属于这类倾向,因为存在是最大的善,天主就是绝对的"存在"。

感官的爱是外部和内部感官共同作用下的产物。学者艾蒙(Aumann)结合心理学的研究,将它描述为两个过程:感觉主体对外物的善或恶、对接受者的利害与愉悦与否的感觉经验,其中并不需要形成善、恶等任何观念,而只需要有对对象的感觉,比如喜悦感、恐惧感;其次,是对这一评估在身心结构上的反应。①羊见到狼必然会逃走,因为羊对狼的感觉经验就是坏的、有害的东西,这一经验带来快速远离狼的反应——逃。可以将第一个过程在逻辑上分为两个过程:首先是基于外部感官即视觉听觉与嗅觉等方面对"狼"的感官认知,其次在外部感觉的基础上,内部感官[诸如共同感官,记忆力,估计力(cogitativa)等②]让羊对狼产生恐惧的感觉。之后它才会条件反射地逃离。动物的一些本能,有时会因为改变其内感官而得到改变。譬如猫抓耗子是本能,但是有些从未见过耗子,生来就被主人宠爱的家猫可能丧失这个能力,看到耗子反而逃走,"初生牛犊不怕虎"也表达了类似的情况。人也具有感官嗜欲,当我们感到饥饿就会条件反射地想要进食,即使刚生下来的婴儿也是如此,不需要学习而天生具有对食物的欲求。所以阿奎那认为感官的爱本身并没有任何道德意义,因为道德善恶是由理性判定的,行动只有出于自愿才具有善恶之别。他因此和一些基督教的禁欲主义者和斯多亚派持有相反的立场,他不认为感官嗜欲是坏的,它本身因为是被决定的,所以无关好坏。③

尽管人和动物都有感官的爱,但是人(有理智能力的正常人)的感官的爱包含某种程度的理智的参与。动物的内部感官的评估力(譬如羊感觉狼是有害的),在人则是思量力,用比较、思考而达到意向。动物只有记忆力,

---

① Aumann, J., "Thomistic Evaluation of Love and Charity", *Angelicum* 55(1978), 539.

② 对于估计力和记忆力属于感官的判断,参见下一部分结尾处的引文(ST IaIIae. 74.3.)。

③ *ST* IaIIae. 24.1.

而人有回忆的能力,可以以逻辑的探索方式,按照个别的意向,追溯过去的事情。因此,按照彼得·金(Peter King)的看法,对于人而言,认知是人的感受或情绪的构成部分。①

对人而言,理智的活动经常伴随感官的爱。人是作为整体活动的,所以当人经验到爱或嗜欲的时候,其中既有感官的爱也有理性的爱的运动。纯粹感官的爱或低等的爱是次要的和偶性的,因为它不决定人的存在的本质和精神性,但是它却是必要的。第一,感官的爱对生存不可或缺,它是自我保存的重要手段。一个面对危险却无法做出恰当反应的人,无法在世间存活,如果人看到火或者别的危险而欲望靠近,却不是避开,他的生命很难长久。第二,感官的爱或欲望是人类行动的前提。因为如果没有感官的中介,人无法同外物发生关联,即使理性也必须依赖感官之爱关于善恶利弊的信息做出判断。譬如羊见到狼会逃跑,人见到狼的本能反应也是恐惧,但是猎人却凭借武器的配备与狩猎经验克服恐惧,这就是勇敢,但是如果人没有感官嗜欲层面的恐惧,就谈不上勇敢和胆小,德性也是不可想象的。

第三,基于感官嗜欲产生的自爱虽然低等,却是爱他人的条件。阿奎那说"爱自己的爱是友谊的形式和根源,因此我们对他人的友谊来自对待自己的爱"。②这说明了人如果不在感受上爱自己,就没法在兼容感官与理性的"情感"③上爱他人,纯粹理性层面的自爱和爱人是难以想象的。这就有了第四个理由,作为整体的存在而言,人的确在"情感"的层面需要他人,真正的人类的爱不可能只是纯粹精神或意志的爱。即使对天主的爱也包含情感的爱,基督不仅仅诉诸人的头脑和意志也诉诸人的感受。关于这点,巴斯

---

① King, P., "Emotions", *The Oxford Handbook of Aquians*, Brian Davies & Eleonore Stump (eds.), Oxford University Press, 2012, pp.209—226.

② *ST* IIaIIae. 25.4.

③ 在阿奎那里"情"或"感受"(拉丁文 passio,英文 passion)属于人的感官的爱的层面,本节的下一个部分即将论述这点。"感情"(拉丁语 sensus,英语 feeling)也属于感官层面,但是"情感"(拉丁文 affectus,英文 affection)在阿奎那里是一个泛称,包括感官的爱和意志的爱。

(C.W. Baas)的评论切中要害："我们对天主和人的爱必须是我们整个存在的真正的爱，包括我们的感官存在。这意味着我们的感官嗜欲也必须因为爱的对象被推动。如果我们的感受不被对象所推动，只有我们的意志在爱中趋向对象，我们的爱是不完整、不完善的，而且不是天主和我们的同胞希望我们爱他的方式……情感的爱属于人性的完善。"[1]

感官的爱虽然对人而言必不可缺，因为它无法认识普遍的善，需要理性的矫正和规范，基于理性的判断产生的对善的爱是意志。意志是真正属于人的爱。让我们通过比较来理解理性的爱（意志）。意志与纯粹感官的爱有四个主要的不同：第一，感官的爱涉及身体的变化，但意志的爱没有身体的变化，因为感官的爱的基础是身体器官的反应，例如愤怒让人血压升高、心脏跳动加快等，而智性的爱不是器官的机能。[2]第二，只有理性的爱能产生自由的活动或选择，譬如羊无法通过自控，见到狼不逃走，但是人却可以在危险到来时为了同伴选择挺身而出，虽然人和羊都会在危险前感到害怕，但是人可以为了国家和同胞选择牺牲自己，羊却不行。就此阿奎那认为只有人才是自由的，动物没有自由。第三，理性的爱能让情感的爱隶属于自身，具有道德性的善恶，而纯粹感官的爱没有道德善恶。战士为国家献身是高尚的，而他面对敌人时的恐惧是出于对生命的本能之爱，并不是不道德，但是选择了为了国家克制自己的恐惧，就具有道德价值。第四，感官的爱的对象是个人体验的善，它以个体的快乐为依据，而意志的对象是普遍的善。比如对正义、美、幸福、知识这些普遍的东西，感官无法对其产生爱，理性通过判断这些观念是好的而对它们产生爱。

意志层面的爱是友谊的关键，他让人超越感官的私欲，因为欣赏对象本身而爱各种外在于自身的存在——天主和他人。感官的爱也因为理性的爱

---

[1] Baars C.W., *Sex, Love and the Life of the Spirit*, ed. A. Rock, Chicago, 1966,引自 Aumann J., "Thomistic Evaluation of Love and Charity", *Angelicum* 55(1978), 541。

[2] *ST* IaIIae. 22.3.

得到升华,并且加强意志层面对他人的爱,让人全身心地投入对方的感受和思想中。完善的关系是互相成为对方的礼物,在爱中进入对方的内心世界并为对方寻求对他好的东西,如此才是真正的友谊。

四、感官的爱的分类:十一种"情"

在讨论意志的爱之前有必要先了解感官的爱包含哪些具体的内容。感官的爱是意志之爱的开端,感官嗜欲层面存在的隶属于爱的种种"情"(如希望、畏惧、喜悦等等),通过理性的参与,能转变为意志层面的情感,譬如希望成为望德。生活经验也告诉我们,理性的爱常常与感官的爱混在一起,喜欢吃辣的人看到圆头红辣椒时,会产生想要吃的感官的爱;由于红辣椒具有较高的营养价值,他们也可能会对它产生理性的嗜欲。纯粹不涉及感受的理性之爱极少,即使以公正、平等这些抽象普遍的东西为爱的对象,也需要多少以感官感受为基础。譬如我们对公正的爱多少与自己在生活中看到或者听闻的不公正的事情相关,这些事情让我们感到生气或愤慨,从而认识到公正的重要,对其产生意愿的爱。

阿奎那称呼感官的"爱"和所有从其中产生的感官嗜欲为"情"(passio),也译为"感受",这个词主要用于人的层面,即属于灵魂的感官嗜欲。阿奎那并非故意造出一个新的术语,passio 和诸如嗜欲、理性(或智性)这样的术语在阿奎那时代的神学、哲学中广泛存在。从字面来看,passio 与现代伦理学使用的"情"(英文 passion)存在较高的关联度,后者在日常语言中被翻译为"激情",但是 passio 的意义是感官层面的嗜欲而非日常用语中的激情,例如霍布斯在《利维坦》中使用的 passio 就是如此,所以此处不追随现代日常用语的译法,而是采纳汉语学界《神学大全》第二集现有的唯一一个中文译本的译法①,把 passio 翻译为"情"或"感受"。

---

① 即碧岳学社和高雄中华道明会合作翻译的《神学大全》,见本书参考文献。

　　passio 这个拉丁词源自对希腊词 πάθος 的翻译，使用该希腊词的作者既有基督徒也有非基督徒哲学家，经过翻译后这个词的含义同基督教的文化背景结合在一起，同希腊古典时期有别。现代欧洲语言中找不到意思完全对应的词。阿奎那自己也清楚地认识到中世纪对于 *passio* 的用法不同于对其希腊原词 πάθος 的直译，他说 "Passio dictur a παθεῖν greace, quod est recipere"①，意思是希腊词παθεῖν的字面意思是有所"收受"。②

　　在中世纪，拉丁词 *passio* 的用法也颇为复杂。*Passio* 是名词，来自动词 *pati*，后者的意思是忍受苦难、忍耐，台版《神学大全》将之译为"受"，所以基督受难用英文 *passion* 表示，就是沿用了 *passio* 的这层古意。在阿奎那所处的时代，*passio* 有三层含义，阿奎那这样解释道：

　　　　即凡有所收受[recipere]即是感受，虽然东西毫无损失，如：空气受光照射，说空气有所感受。在感受中主体无损失，这更好地说是被成全，而非感受；另一种是正式的感受，即是有受有失的感受。但这有两种情形。有时失去者是对东西不适合的，例如动物的身体重获健康，得到健康除去疾病是一种感受。另一种情形正相反，例如生病是失去健康，得到疾病，这也是一种感受，是最正式的感受。因为说"受"[pati]，是说东西被拉向主动者；而离开适于自己者，更能显出是被拉向他物……这三种感受（或情）在灵魂上都有。关于单纯的收受，如说"感觉与理解是收受"（亚里士多德《论灵魂》卷一第五章）。有所失的感受只适于形体物的变化。因此，正式的感受只因偶然才属于灵魂，即是在组

---

① *Quaestiones Disputatae De Veritate*, 26.1.

② 这一说法来自《神学大全》意大利和拉丁文的对照本，意大利学者 P. Tito S. Centi O. P. 做的注释，见 S. Tommaso D'Aquino, *La Somma Teologica*, trans. Domenicani Italiani, testo latino dell'edizione leonina, Tipografia Giuntina, Firenze, 1982., IaIIae. 22.1, nota 4。

合体有感受时。但在这方面仍有所区分,因为向坏变化比向好变化,更合于感受之意义。①

这里阿奎那列出了"情"的三层意思,第一层意思相当于希腊文该词的字面含义,不是中世纪神学传统下对该词的使用;第二层是"情"的正式含义中向好的方面的变化;第三种也是"情"的正式含义,不过是失去好的,这层意思在阿奎那看来最符合"情"的含义。阿奎那认为"情"偶然属于灵魂,因为"情"属于感官嗜欲的层面,灵魂是非物质的,不会产生感官层面的嗜欲,因此严格来说只有具有身体器官的变化才是情。"情"因此本然地属于灵魂和身体的组合体,即本然属于人。

为什么损失而非获益的感受最符合 passio 的含义呢？阿奎那自己从没有直接解释过,但是可以根据阿奎那关于潜能和现实的理论作出这样的推断,天主是完全的现实,任何一种特性,诸如善、美,在天主那里都是完全实现的现实,离开天主远的事物比离开天主近的事物更多处于潜能之中,"情"因为属于感官的嗜欲故而更多处于潜能的状态,所以相比完善,欠缺更属于感受或情。此外,与感官的嗜欲一样,"情"(passio)是被动的(英语 passive),被动的意思是被决定的,需要外物的刺激方能有所感受,而理性的能力是主动的能力,而非被动的感受力。

根据所在的位置,"情"或"感受"可以分为"欲情"和"愤情"。这是中文的简译,"欲情"的完整表达是"属于欲望的嗜欲(appetitus concupiscibilis)","愤情"的完整表达是"属于激愤的嗜欲(appetitus irascibilis)",它们分别在嗜欲的欲望部分,和嗜欲的激愤部分。阿奎那的这一分类采用的不是标准的种属定义法,而是根据对象的差别定义的。感官性的单纯的善和恶是"欲情"的对象,如果那善与恶带有苦难和艰苦便是"愤情"。

---

① *ST* IaIIae, 22.1.

　　这一区分的基础借鉴了亚里士多德的自然哲学。作为一种活动(motion)，"情"存在两种活动方式——或是在终点本身(善和恶)的对立间的运动；或是按照离开同一个终点的远近的运动，趋向终点是生长，远离终点是退化。欲情只具有第一种运动，即在对立的善与恶之间的运动，要么以善为爱的对象，要么以恶为"憎恶"的对象。爱和憎恶因此都属于欲情，在对象还未获得时，爱是"愿望"之情，若是获得后爱之情就变为"乐"或"喜悦"；憎恶若是还未逃离恶的对象就是"厌弃"或"逃避"，如果无法逃离就是"伤痛"或"哀愁"之情。

　　对愤情而言，既存在在两个终点善恶之间的运动，也存在朝向和远离终点的变化。在后一种变化中终点是善或恶，对立的两端是过和不及。根据愤情的对象——伴随善恶的艰难，分别有四种情：追求艰难的善是"希望"；放弃艰难的善是"失望"；逃避艰苦的恶是"畏惧"；抵抗艰难的恶是"勇敢"；已经获得的艰难的恶是"忿怒"，但是已经获得的艰难的善不再有艰难的含义，因此不属于愤情，而是属于欲情的"喜悦"。希望和畏惧，失望和勇敢分别是善与恶的对立，勇敢和畏惧是离开同一终点远近的对立。为了便于理解，可以将这十一种情按照类别做成表格，欲情有六个、愤情有五个。

六个欲情(表格中的"或"连接的是同一种情的不同的称呼，没有实质差异)

对象 三阶段	善	恶
倾向	爱 amor	憎恶 odium
还未获得	愿望 desiderium 或欲望 concupiscentia	厌弃 abominatio 或逃避 fuga
获得后	乐 delectatio 或喜悦 gaudium	伤痛 dolor 或哀愁 tristitia

五个愤情(愤情预设了求善和拒恶的趋向。已得的善不再艰难，所以没有对应的愤情)

对象 与终点相关的运动	艰难的善	艰难的恶
朝向	希望 spes	畏惧 timor
远离	失望 desperatio	勇敢 audacia
已经获得		忿怒 ira

欲情和愤情的结构洞察了人类情感的诸种可能性，人类的感官嗜欲不仅仅有喜悦、伤痛这样直接以善和恶为终点的感受，也有因为获取目的的艰难程度的不同而产生的诸如畏惧、希望这样的感受。阿奎那的区分一方面建立在对人类感受的观察上，另一方面受到了亚里士多德的启发，在亚里士多德关于德性的论述中，德性即是中道或适度，也是极端。亚里士多德说：

> 德性是两种恶即过度与不及的中间。在感情与实践中，恶要么达不到正确，要么超过正确。德性则找到并且选取那个正确。所以虽然从其本质或概念来说德性是适度，但是从最高善的角度来说，它是一个极端。但是，并不是每项实践与感情都有适度的状态。有些行为与感情，其名称就意味着恶，例如幸灾乐祸、无耻、嫉妒，以及在行为方面，通奸、偷盗、谋杀。①

阿奎那借鉴了亚里士多德对感情和德性的两种区分方式——以极端的善恶为对照，或以中道即适度为参考。阿奎那关于"情"的理论之所以能借鉴这样的区分，其基础在于情若是受到理性的支配，就具有道德价值。阿奎那曾以同一个词命名感官的愤情和德性，譬如 *spes*（希望）既是愤情希望，也是第二个神学德性，中文以望德翻译后者。但是"情"毕竟不是德性，它也有和亚里士多德的模式不同的地方，譬如愤情的终点也有恶，其不及和过度未必是恶。"情"本身没有道德价值，故而没有善恶之别，可见阿奎那借鉴的只是亚里士多德思考德性的范式，而非具体的观点。

阿奎那认为这十一种情覆盖了人类的主要感受，其他的感受或者类似于其中的某个，或者隶属于其中的某个，至于这十一个是否真的穷尽了人类所有的感受，不是本节关注的问题。这里要强调的是"爱"是最基本的情，它

---

① *EN* 1107a2-12.

是灵魂诸情的原因。所有的"情"都是从"爱"或感官嗜欲中产生的，因为对善的爱，人才有各种各样的情。阿奎那写道："灵魂之其他情，没有一个不是假定先有爱。理由在于灵魂之其他的每个情，皆或者含有对某东西之动向，或含有在某东西上之定止。凡动向某物或定止于某物，皆出于某种倾向或适合性，这属于爱之理。"①

快乐、愿望、希望和失望都从爱之情产生。人们通常认为人会因为快乐而追求一个东西或做一件事，但是实际情况是爱是快乐的原因，阿奎那说"一个东西若非多少被爱，不能使人快乐"；对于愿望也是如此，"对一个东西的愿望常假定先对这东西有爱；但对一东西之愿望可以是另一东西被爱的原因，例如：愿望钱财的人，爱那使他得到钱财的人"。②所以愿望钱财的前提是爱财，认为钱财是很大的善因而愿望它。爱也是希望的原因，我们因为爱一样东西才会对它存有希望，也因为爱某个对象我们才会因为远离它而感到失望。

以上四种情都是关于善的情，无论是欲情中和善相关的愿望和喜悦，还是愤情中因为获得善的艰难而产生的希望和失望，"爱"先于任何这些以善为对象的情。阿奎那认为以善为对象的情先于以恶为对象的情。他的理由是"善自然先于恶，因为恶是善之欠缺。因此，所有以善为对象的情，皆先于以恶为对象之情，即先于与之对立者，因为要追求善，所以才要避恶"。③关于善为什么在先，阿奎那给出的理由是奥古斯丁式的，即善是实在，恶不是实在，只是善的匮乏。另外阿奎那还从人的行动的角度解释了善的先在性，善既然具有目的的意义，目的在意念中居先，所以善也在意念中居先。爱既然是所有以善为对象的感受或情的原因，也就是所有感受或情的原因。

由于这些情与爱善的不同关系，在人的灵魂中其发生的先后顺序如下：

---

①② *ST* IaIIae. 27.4.
③　*ST* IaIIae. 25.2.

爱、憎恶;愿望、厌弃;希望、失望;畏惧、勇敢;忿怒;喜悦与哀愁①。其中,希望、失望、畏惧、勇敢和忿怒是愤情,其余都是欲情,欲情的情有动态和静态之分,愤情部分的情全属于动态。欲情的动态之情先于愤情,愤情先于静态的欲情。每种情都以对善的爱或者对恶的憎恶开始,最后总以喜悦或哀愁为结尾,因为两者都是爱在善或恶中的静止。希望是向善的动态,是愤情中的第一个,因为它是愤情中最接近爱的,失望是其反面,它离开善。希望与失望居于畏惧和勇敢之前是因为如同追求善是逃避恶的理由,希望与失望也是产生畏惧及勇敢的理由。畏惧位于勇敢之前,因为总是先有畏惧,才有对畏惧的抵抗。当恶不可避免,忿怒便跟随在勇敢之后。阿奎那本人对于情产生的先后和彼此的关系给出了更加详细复杂的理由,就本书的议题而言只需要知道不是在每个情绪中,都会升起这十一种感受,但是如果同时出现,阿奎那认为它们会以如上所述的顺序出现。②

综上所述,在感官层面,爱是诸"情"之首,爱和其他诸情若能得到良好的调节,便能成为理性之爱的基础,甚至成为各种德性的基础。因为所有道德行为都是意志的行为,意志是理性的爱,因此爱是道德行为的源头。所以通过理性,作为感受的爱和诸情能得到升华。阿奎那这样描述人的感官嗜欲如何被理性提升:

> 感官部分的某些能力,虽然是人与禽兽共有的,但在人方面由于与理性相连的关系,要比禽兽高一些。例如在第一集第七十八个问题第四节曾说,人在感官部分有估计能力[cogitativa]和记忆能力,而禽兽则没有。因此人的感官嗜欲也比禽兽高出一筹,即是依其天性能服从理性,因而能是自愿行为的主体。③

---

① *ST* IaIIae. 25.3.
② 关于情的先后顺序,见 *ST* IaIIae. 23。
③ *ST* IaIIae. 74.3.

接下来，在对"爱"的一般论述的基础上，让我们进入对爱他人和爱天主的讨论。

第二节　意志的结构：友谊之爱与欲望之爱

对于人而言，追求幸福是人之为人的存在结构，是天赋的而非选择的最终目的，意志根据这一最终目的爱一切具体的善。为了解释意志，突出它和感官之爱的不同，阿奎那用"钟爱"（dilectio）这个概念表示意志的爱。[①]钟爱又被分为自然的钟爱和选择的钟爱，意志的自然倾向就是自然的钟爱，它爱幸福这一不经选择的终极善，在具体的行为中也涉及选择的钟爱，它根据理性判断和对达到终极幸福的考量选择性地追求具体的善。选择的钟爱比感官的爱多出爱之前的选择，因此不属于嗜欲部分的"情"。经过意志的选择，希望、勇敢等感官嗜欲中的"情"被提升为意志中的"情感"（affectus）。不但人的意志具有情感，不具有感官嗜欲的天主和天使在阿奎那看来也在类比的意义上具有情感。[②]

意志具有基本的结构，它由"友谊之爱"和"欲望之爱"组成，专门用于表达理性的爱的结构。阿奎那如是解释：

就如哲学家在《修辞学》卷二第四章说的："爱是愿意一个人的善。"故此，爱的动向有二：动向为某人、自己或其他所愿的"善"；与动向其为了"谁"而愿善。对其所愿别人的善，是欲望之爱[amor concupiscentiae]；对为了谁而愿善，是友谊之爱[amor amicitiae]。这区分是按先后而来的，因为那以友爱而被爱的东西，是单纯和本然地被爱；那以欲爱所

---

① *ST* IaIIae. 26.3.

② *ST* Ia. 82.5.

爱的东西，不是单纯和本然地［per se］被爱，而是为另一个东西［se-
cundum quid］而被爱。就如单纯的物是那具有实在者，相对的物是在
他物里者。善也是一样，因为与物可相替换。自身具有善者，是单纯的
善；属于他物之善是相对的善。故此，一存在被爱是为了它具有善，这
是单纯的爱；一存在被爱是为了使另一存在具有善，是相对的爱。①

友谊之爱，顾名思义就是友谊中对朋友的爱，其对象是人能与之交友的
存在——包括自身在内的一切具有人格的主体。而欲望之爱以善的事物为
对象，并将对物的爱归属于对人格存在者的爱。换言之，当意志运作良好
时，对物的爱必然是以对人格主体本身的爱为目的，而且只有人格存在者可
以作为爱的目的，成为友谊之爱的对象。

进一步而言，友谊之爱和欲望之爱的区分不是不同的爱的行动的区分，
而是一个爱的行动的两个方面——爱的目的和爱的手段的区分，爱的目的
是具有人格的存在，爱的手段是导向人格存在者的"善"。作为目的而被爱
的人格主体和作为手段而被爱的"善"组成同一个行动的两方面，不能孤立
存在，缺少任何一个方面，都不是真正的意志层面的爱。一方面，友谊之爱
带来欲望之爱。如果真正爱一个人，必然爱对他是好的东西，不然不是真的
"爱"。例如任何爱父母的子女都爱（欲求）父母的健康，任何爱子女的父母
也都爱（欲求）子女的好的前途。另一方面，如果没有欲望之爱，也没有友谊
之爱。通过否认上一个命题的后件，即"爱对某人是善的东西"，也就否认了
其前件"爱这个人"。可以说一个人如果不希望父母得到善，他对父母也没
有友谊之爱。

此外，对于物的爱必然以对人格存在者本身的爱为前提，对物的爱若是
超过工具性的欲望之爱，而成为目的自身，就不是符合理性的爱。友谊之爱

---

① *ST* IaIIae. 26.4.

的对象只能是人或者高于人的智性存在,关于这点阿奎那赞同亚里士多德的观点,认为友谊的对象不能是无生命的东西,若以酒为友谊之爱的对象,希望一瓶酒好或得到善是荒唐的,人们最多希望它保存好以便可以为人所享用。阿奎那因此在上文指出"那以欲望之爱所爱的东西,不是单纯和本然地(per se)被爱,而是为另一个东西(secundum quid)而被爱",无生命的物体只是为了享用它的人而被爱,因此对它们的爱是相对的。或许有人会提出质疑,为知识而爱知识,不是美好的理想吗?尽管阿奎那没有直接处理这样的问题,但是不难想象,他认为这不属于意志或实践理性的层面,而是属于理论理性(speculative reason)的层面。一旦对知识的爱涉及行动,严格来说,一个爱知识者对知识的欲求,是导向自身或他人的,其目的是让自己或他人掌握知识。根据阿奎那的思路,如果一个人连自己都不爱,他不可能去爱或获取任何东西。由此可见,只有作为目的的人格存在者才应该因其自身被爱。

总而言之,每个爱的行动都结构性地导向两类对象——人格的存在者 *person* 和对他们是善的东西。需要注意的是友谊之爱和欲望之爱并不是好的爱和坏的爱的区分,也不是自利的爱和利他的爱的区分,而是人类理性的爱的结构应当具有的两个内在组成部分。在阿奎那看来,亚里士多德认可的真正的"自爱"也具有这两个部分。一个真的爱自己的人以友谊之爱爱自己,而以欲望之爱爱任何对自己好的东西,后者不只包括优质食物和空气这些身体层面的善,也包括诸如德性、知识等精神层面的完善。如果一个人把自己当作挣钱的机器,以钱为目的,以自己为手段,就不是真的爱自己,他的爱属于非理性的爱。爱朋友也一样,是以友谊之爱爱朋友自身,并且以欲望之爱爱对他好的东西。

读者可能会觉得疑惑,在生活中以欲望之爱去爱人,把人当作手段的例子比比皆是,若是人类真的总能把他人当作目的来爱,康德也无需大声疾呼"人是目的"了。事实是人为了自己的利益,有时会把周围的一切甚至其他人当作自己的工具，黑格尔的主奴辩证法中的主奴关系也是生活中该状况在思想中的表达。主人一方面需要奴隶承认他，只有作为一个人奴隶才能给予主人承认，但是主人并不把奴隶当作人。在康德、和黑格尔之前，阿奎那已经正面应对了这个问题，他通过回应亚里士多德的三种友谊的区分解答了该问题。①在亚里士多德那里，友谊有三种，它们分别以利益、愉悦、德性为基础，前两种友谊只以自己的利益和愉悦为目的，在《神学大全》中阿奎那认为前两种友谊就希望朋友得到益处而言，的确是真正的友谊之爱，但是因为它们终究以自己为受益对象，有失友谊之爱的本意。换言之，阿奎那认为即使主要的目的是为了自己得到善，只要多少也希望他人得到应有的善，就对他人还具有一定程度的友谊之爱。但是从绝对的意义而言，基于利益和愉悦的友谊不符合友谊之爱的本意，因为友谊的本意是把朋友当作爱的对象和善的接受者，在因为利益和愉悦而爱朋友的情况中，人主要为了自己得到利益爱他人，他人多少变成了欲望之爱的对象，不再具有纯粹的友谊。

"友谊之爱"和"友谊"的同与异也值得留意。一方面，友谊之爱和友谊关系密切。因为只有友谊之爱才能产生真正的友谊。另外一方面友谊之爱的确不是友谊，友谊是互爱关系，而友谊之爱表达的是对他人的完善和合乎道德的爱中的一个方面。②事实上，在对友谊之爱和欲望之爱的区分中，阿奎那并没有沿用亚里士多德的关于友谊的直接动因（利益、愉悦和德性）的讨论，他汲取的是真正的友谊和其他两种友谊的本质差别，即是否因为朋友自身之故而爱他。只有在爱的行动中，以友谊之爱爱他人，才有可能把他人当作另一个自己，从而产生真正的友谊。

阿奎那以友谊之爱和欲望之爱的区分描述人类的爱的结构，这体现了对人的尊重。人的自尊和完善体现在这一事实中，即只有人才是友谊之爱的对象。人是宇宙的目的，其他一切被造物都以人为目的。在意志之爱的

---

① 关于亚里士多德的三种友谊，见本书第一章第三节"哲学的友谊观"。

② 另一个方面是欲望之爱。

结构中,友谊之爱更为优越,只有从属于对他人的友谊之爱,欲望之爱才能成为合乎道德的,也只有从属于友谊之爱,两者才能一起构成真正的爱的活动。所以无论是爱自己,还是爱他人,都应当把人当作目的来爱,并且为其自身的缘故欲求其善。

第三节　对他人的友谊之爱

意志中爱的双重结构表达了属人的真正的爱,无论对象是自己、他人,还是具有人格的天主,只有当同时具备友谊之爱与欲望之爱的双重结构时,才是真正属人的爱,这也是阿奎那唯一认可的友谊关系中对朋友的爱。

一、"他人是另一个自我":继承和创新

亚里士多德将与他人的友谊建立在与自己的友谊"自爱"之上。阿奎那并没有将自爱提到如此高的位置,但是他也赞同自爱非但和爱他人不矛盾,而且只有通过对他人和对天主的爱,人才能更好地爱自己。因为一个人无论有多大的能力,他获得的善总是有限的,很难达到幸福需要的完善的程度,但是如果能像爱自己那样也以友谊之爱爱他人,通过共享善,他人的善能成为我们自己的善,天主的善也能为我们所分享。通过扩大善的范围,我们有可能实现自己的幸福。

但是只有在与他人真正的友谊中,即以友谊之爱爱他人时,才有可能获得较高的善,从而得到幸福。因为较高的善在阿奎那那里是关于人的精神与灵性方面的,只有在与他人的心灵的结合中变得与对方相似,人才能从他人那里获得这些善。而与对方的深层结合只可能从对他人的友谊之爱中产生。基于利益与快乐的结合是属于浅层次的,无法给人带来精神层面的善。在因利而合的关系中,人最多获得低等的善,却可能因为贪利而损毁更宝贵

的善——"德性"。而如果因为感官的快乐而聚到一起，这样的关系也最多给人带来表面的善，无法让人获得幸福。

从他人那里获得善，其前提在于我们对他人的爱是友谊之爱，换言之，我们把他人当作另一个自我，而非工具性的存在。[①]阿奎那沿用了亚里士多德的"朋友是另一个自我"的友谊观，只是由于他主张以所有人格存在者作为爱的目的，因此不仅仅把朋友当作另一个自我，也要把所有人格存在者当作另一个自我。亚里士多德的"朋友是另一个自我"的观念被扩大为一般的交往箴言。中世纪的宗教信仰是这个改变的外因，福音书中"爱神如己""爱邻人如同爱自己"的神学教诲和"朋友是另一个自己"的哲学观结合在一起，使得阿奎那把以人为目的爱看作人之为人本身的要求。他人作为天主创造的另一个人，和"我"一样具有人的尊严，因而不可被降为物。而亚里士多德所处的古典时代不具备这样的视野，奴隶合法地也习惯性地被当作工具使用，其存在不具有自身的价值和尊严，女人也不被当作完全意义上的人来看待。比较而言，基督教的传统更加适于现代社会，因此启蒙思想家才一次又一次以不同的哲学形态重提阿奎那的"友谊之爱"的观念。

综上所述，"朋友是另一个自我"的观念在阿奎那那里转变为"他人是另一个自我"，也可以被表达为"爱人如己"，它指的是爱他人同爱自己的方式一致，而不是爱的程度一致。我们以友谊之爱爱他人不会像以友谊之爱爱自己那样强烈。阿奎那说："每个人爱自己皆超过爱他人；因为与自己是同一个本体，与别人则是在某形式上相似。"[②]本体的同一（unity）的强度，超过基于爱的结合（union），所以一般而言人爱自己的强度超过爱他人的强度。

二、爱人如己，我们的天性？

学者尼格兰（Nygren）曾在其名作《圣爱与欲爱》（*Agape and Eros*）中

---

① 　*ST* IaIIae. 32.5.

② 　*ST* IaIIae. 27.3.，类似的观点见 *ST* Ia 60.4.，IIaIIae. 26.4。

把阿奎那的"爱"的观念归纳为两句话：基督教的一切都可以被归为爱；爱的一切都可以被归为自爱。①他认为阿奎那把一切爱都归为自爱，为了沟通自爱和圣爱借用亚里士多德的"友谊"，但是却没有成功。有不少学者赞同他的观点，譬如沃尔曼（Wohlman），后者认为从自爱开始只能被锁在自爱中，从自爱到爱他人的哥白尼式的革命不可能成功。②尼格兰的这个观点混淆了阿奎那与亚里士多德的立场，阿奎那那里圣爱作为灌输的德性，具有比自爱更基础的位置。

然而，如果不考虑超自然的恩宠维度的圣爱，仅从人的本性入手也可以说明人对神的爱，因为天主作为善本身是人的意志的规定性（对善的自然倾向）的来源与旨归，但是对他人的爱，却因行为者相信他人与自己同属于天主的国度而生。这两者的区别在于意志对善的自然倾向是人生而具有的，即使不认同善本身即是天主，人也有向往整体的善或至善的自然倾向，但是相信他人属于天主的国度则依赖信仰。那么，我们不仅要问，倘若只凭借天赋的自然本性，没有信仰的人是否可能爱他人呢？

阿奎那认为答案是肯定的。他主张人之间情感结合的方式主要有整体对部分和相似两种，这两种方式中的任何一种都能让我们爱他人。对于这一点，阿奎那沿用了他从亚里士多德那里学到的哲学的友谊观，鉴于第一章已经详细讨论过该问题，在此只略述。整体一定爱其部分，因为任何部分的善都是整体的善，例如人爱他的手，因为手是人的一部分，手受伤就是人受伤，爱护手也等于爱护人自己。所以对部分的爱就是整体对自己的爱。亚里士多德认为父母对子女的爱就是这种爱，阿奎那认为统治者对公民的爱也可能是这样的爱。③作为人类行为动因的善在整体对部分的友谊之爱中

① Nygren, A., *Agape and Eros*, trans. P. S. Watson, Philadelphia: Westminster Press, 1953, p.643.
② Gallagher, David M., "Thomas Aquinas on Self-Love as the Basis for Love of Others", *Acta Philosophica* 8(1999), 24.
③ *ST* Ia. 60.4.

都是不可或缺的，无论出于欲望还是意志，人都以善为爱的对象，如果部分不具有任何善，整体也可能会舍弃它，就好比一个好的统治者不得不驱逐十恶不赦的公民，又比如人在某种情况下不得不放弃身体的一部分来保全整体的善。他人即使被当作我们的部分而为我们所爱，但他们若不具备任何值得爱的善，我们也可能会舍弃他们。

另一种是基于相似产生的爱和结合，在人与人的友谊中，这种关系占据主导。主要有自然产生的相似和选择产生的相似，前者有亚里士多德提到过的亲族血缘的相似，阿奎那还特别提到了全人类共享人性的相似；选择产生的相似包括任何在生活、职业、德性、目标上具有相似之处的情况，比如共同学习的伙伴、旅途伴侣之间，等等。阿奎那认为相似之处若是现实的，能产生友谊之爱，他说："两个相似的东西，就好似具有同样的形式，就在这形式下两个便似是一个，例如：两个人在人的种类上是一个，就如与自己是一个东西，并意愿另一个之利益如同自己的利益。"①可见相似可能产生认同的力量，将他人认同为与自己一样同属人类是对他人的友谊之爱的基础。

阿奎那理解的相似是广泛意义上的相似，他认为人们也可能会爱别人有的自己却没有的东西，那是因为他人的善和他自己具有的善存在"类比性"的相似。譬如一个长于歌唱的音乐家喜欢一个善于写作的作家，其类比性的相似点是两人都长于艺术。阿奎那也意识到相似并不总是产生爱，有时也产生恨，他提到亚里士多德的"陶工和陶工是冤家"②的例子，但是阿奎那认为相似产生恨只是偶然的，因为相似可能偶然地阻碍自己取得善，而人爱自己胜过他人，所以在竞争导致利益冲突的情况下，相似可能会阻塞爱的产生。

可见世俗意义上的爱他人具有两个支点：一个是广义上的相似；另一个是相似之处对自己而言是善的。光有相似之处不足以让人爱他人，正如此

---

① *ST* IaIIae. 27.3.
② 同上，亚里士多德的例子来自 *EN* 1155a35。

章开首处提到的善是爱主要的动力和原因,所以共有的相似点还必须是为人所爱的善,人才能基于此相似将他人认同为自己。如果我具有某个特点,譬如我唱歌很好听,但是我并不喜欢唱歌,也对自己的这一天赋毫不在意,我就不会因为另一个人的歌唱天赋而爱他。又比如出过国的人多少有这样的体会,俗话说的"老乡见老乡,两眼泪汪汪"并不适用于那些不以自己的故乡为荣的人,这样的人不会基于共同的家乡背景而爱他的同胞。所以爱与自己相似的人,其本质是爱我们自己具有的被我们认同的善。我具有某个特点,如果我觉得它是好的因而是可爱的,当我在他人身上发现这个特点的时候,我才会觉得这个人也值得我去爱,如此才能产生让我欢喜的认同感,从而在情感上把他人当作另一个自我。

综上所述,阿奎那看似延续亚里士多德对友谊发生学的讨论,但是其立场发生了很大的转变。就人与人的关系而言,一个人只要还爱自己的存在,就与人类具有友谊的基础。因为同属于人类是每个人与其他人相似的基础,而爱自己的存在就是认可"人"这一类存在是善的。既有相似,又爱彼此的相似之处,就有把他人作为另一个自我即作为目的来爱的基础。事实上,爱自己的存在是人天赋的自然倾向,基于此人才会有对幸福的欲求,因此在大多数情况下,每个人都认同与其他人共享同一个善——人类的存在。在这个意义上可以说爱人如己是人的天性。

第四节　对天主的友谊之爱

人出于其自然本性可以以友谊之爱去爱他人,但是出于同样的本性,人是否能以友谊之爱去爱天主呢?这就涉及对天主的自然之爱是否可能的问题。对此阿奎那给出了肯定的答案。他认为人对自然法的服从正说明了这点,就行动本身,而不考虑行动的方式而言,"人在天性完整的状态,能够满全一切诫命"(《马太福音》22:37),而全心全意爱天主正是诫命之首。①阿奎那不仅认为人能够以友谊之爱爱天主,而且按其本性人爱天主胜过自己。阿奎那早期在对伦巴第的《语录四书》②所作的评注中持有不同的立场,但是自从 13 世纪 60 年代之后,他坚持一个基本的观点,即人的本性若是没有受到原罪的伤害,能够爱天主胜过自己。③

一、爱天主在自然神学中的合法性

在阿奎那的思想中是否真的存在对天主的自然之爱的维度? 学界对此有不同的看法。根据欧思博(Thomas M. Osborne)的综述,现代对该问题的讨论源自 20 世纪中叶学者吕巴克(Henri de Lubac)的研究,他认为任何爱天主的行动都不是自然的,而是超自然的,因为人的意志必然以天主为导向,而非基于选择去爱天主。布拉德利(Denis Bradley)最近在此观点的基础上提出一种更激进的观点,他认为若是将吕巴克的论述推到极致,人便没有自然的目的,只有超自然的目的。无论是欧思博,还是布拉德利,他们的观点都站不住脚。因为首先,人如果无法选择是否爱天主就等于否认人有自由意志,这是阿奎那不可能容忍的。其次,阿奎那明确地指出在没有恩宠的情况下,人按照自然的天性爱天主胜过自己。虽然万物都是由天主所造,人的天性也是天主给予的,但是天主既然把使得万物趋向于他自己的动力烙在被造物之上(在人那里这个烙印就是意志对幸福的自然倾向),对目的的爱就成为了自然的一部分。最后,无论从现实还是从理论的角度而言,人未必把幸福的追寻等同于爱天主,人们完全可以只追求世俗的善,如果说意志必然以天主为导向就无法解释为什么现实中人未必爱天主。

---

① *ST* IaIIae, 109.4.
② 彼得·伦巴第(Petrus Lombardus)约于 1100 年生于意大利的伦巴第大区,于 1160 年 8 月在巴黎去世。他是经院神学家、主教,也是《语录四书》(*Four Books of Sentences*)的作者,该书成为神学的标准教科书,他因此也获得了语录大师(Magister Sententiarum)的称号。
③ *ST* IaIIae, 109.3.

更合理的解读来自学者尼古拉斯(Jean-Hervé Nicolas)。他认为天主既是人的自然的目的,也是人的超自然的目的。①不难在阿奎那对两种善的区分中找到依据。阿奎那认为天主给予的善分为两种:一种是本性的善,一种是恩宠的善②,本性的善指的是一切受造物以合乎其自然本性的方式爱天主,恩宠的善指的是通过给予人恩宠,天主邀人与他共享真福,前者是人的自然的目的,后者才是人的超自然的目的。

根据欧思博的考证,阿奎那对该问题的处理主要有八处,它们分别是:*In Secundum Librum Sententiarum*(1250s),*In Tertium Librum Sententiarum*(1250s);*Prima Pars*(1268),*Prima Secunda*(1271),*Seunda Secundae*(1271—1272);*De Perfectione Spiritualis vitae*(1269—1270);*Quasetiones Disputatae de Virtuatibus*(1271—1272);*Quodlibet* I(1269)。③前两处是对伦巴第《语录四书》的评注,第三、第四和第五处是《神学大全》的第一集、第二集的第一部和第二集的第二部,之后两处分别关于精神生活之完善和德性的论辩性文章,最后则是《神学争论》中的第一个争论。其中《神学大全》就有三处,它们是阿奎那思想成熟时期对该问题最充分的论述。欧思博在总结各个文本的基础上得出以下结论,即各个文本都有两个共同点:对天主的自然之爱被描述为部分对于整体之善的倾向,以及这种倾向被描述为自然的倾向。各个文本的不同在于对论证的陈述形式上,但是它们的基本观点一致,都认为按照本性人对天主的自然之爱胜过人对自己的爱。

二、自爱的基础:作为宇宙目的的公共的善

阿奎那认为人同天主的关系是部分同整体的关系,人的本性如果没有

---

① Osborne, Thomas M., *Love of Self and Love of God in Thirteenth-Century Ethics*, Notre Dame, Indiana: University of Notre Dame Press, 2005, pp.71—72.

② *ST* IIaIIae. 26.3.

③ Osborne, Thomas M., *Love of Self and Love of God in Thirteenth-Century Ethics*, p.73.

受到损害，对整体善的自然之爱一定超过对自身这一个别善的爱，他写道：

> 天主赐给我们本性之善的共同关系，是本性之爱的基础。因为这本性之爱，不仅本性完整无损的人，爱天主在万有之上胜于爱他自己；而且每一个受造物，各以自己的方式，即或用理智的爱，或用推理的爱，或用动物的爱，或至少用大自然的爱爱天主，例如石头以及其他没有知识的东西也都如此爱天主；因为每一个部分，自然会爱全部共有之善，胜于爱其自己个别之善。这一点由其行动就证明了；因为每一部分，主要倾向于那能导致全体之善的共同行动。这也见于政治领域的德性：有时人民为了大众的福利，宁愿在自己的财产和人身方面蒙受损失。①

在这里，阿奎那从自然领域和政治领域两方面说明部分的善以整体的善为重。就自然领域而言，例如人会下意识地用手挡住对头的攻击，可见无需经过考虑，手自然会为了代表整体善的头牺牲自己，它保存整体的倾向超过保存自身的倾向；阿奎那认为理性效法自然，在政治领域同样如此，有德性的公民会为了公共和整体的善牺牲自己的利益。②在这两个例子中，部分都为整体牺牲自己，这不是说部分的存在没有价值，而是说整体的善和部分的善不分离，整体的善是部分的善的前提。如果头被攻击，人很有可能会死亡，手也无法保存，同样如果政治共同体的利益受到损害就等于公民个人的利益受到损害。需要注意的是阿奎那所处时代的政治共同体不同于现代意义上的政治团体，它不仅满足人的物质需要，更是公民实践德性的舞台。政治共同体的善不是个人善的集合，而是公共的善，即非私人的、可以共享的共同的善，在这个意义上政治共同体的善大于所有公民的部分善之总和。也因此，这样的政治共同体不同于典型的现代政治学中的国家。现代政治学

① *ST* IIaIIae. 26.3.
② *ST* Ia. 60.5.

认为国家起源于个人利益的需要,国家与道德没有根本的关系,只是为了维护公民的权益,国家才需要制定和执行法律。在这个意义上的政治共同体只是服务性的权力机构,不是高于个体善之集合的整体的善,它同个人的关系也无法构成阿奎那意义上的整体同部分的关系。

天主是宇宙的公共的善,如同政治共同体的善那样,天主作为公共的善大于所有部分之善的总和。部分和整体的关系如何在天主身上运作?部分不是物理地组成整体,每个被造物都是与其他被造物和天主不同的实在,所有被造物按照其存在的秩序或等级各居其位,组成一个整体,就是宇宙,个体存在是宇宙的部分。宇宙的公共的善一方面在于其内在的秩序,一方面也在于这一内在秩序本身导向的外在的公共的善即天主。除了整体上趋向天主,所有的被造物各自都以自己的方式趋向天主,而理智的存在者居其首,他通过认识和爱天主的活动趋向天主,其他被造物通过为理智的存在者服务趋向公共的善。①

阿奎那认为作为整体的善的天主是其部分即所有被造物的目的,也是人的目的。天主是一切被造物的目的因。

> 爱天主在万有之上,是适合人之天性的事;而且为每种受造物,爱天主在万有之上都是合于天性的事——不只为有理性的,连无理性无生命的受造物也是一样,各按其所有之爱的方式。理由在于:每种东西皆按其天性的能力,有所追求和有所爱;就如《物理学》卷二第八章所说的:"每个东西各按其自然能力活动。"但是显然局部的善以全体的善为目的。故此,每一个个体自然是为了整个宇宙公共的善,而以自然欲望或追求或爱它自己的善;而宇宙的公共的善即是天主。故此,伪狄奥尼修在《神名论》第四章说:"天主使一切东西的爱都指向他自己。"所以,

---

① *Summa Contra Gentiles* 3.22.

> 在天性完整的状态，人爱自己，是以天主为目的；爱一切别的东西也是一样。人就是这样爱天主在自己和一切东西之上。①

阿奎那利用亚里士多德关于宇宙秩序中部分为整体的善服务的思想，以及新柏拉图主义者伪狄奥尼修将宇宙的公共的善等同于天主的观点，得出如下结论：人以天主为最终目的，人爱自己和其他一切被造物都以天主为标准。这就是说对整体的善的爱是逻辑在先，它让人产生对部分（自己和他人）的爱，也让自爱和爱他人以终极善为参照，成为真正的爱。

以天主为目的因是天主打在万物之上的烙印，个人行动的目的即对幸福的自然倾向就包含在宇宙的目的论之中。人的行动都出于对善的爱，支撑所有目的的第一目的就是幸福，因为幸福是超越任何具体善的整体的善，因此人自然爱作为整体的善的天主超过一切具体的善；宇宙的目的论是万有都导向公共的善——天主，所以个人行动的目的论就是宇宙的目的论的一部分。人的自爱是对幸福或天主的自然之爱，自爱的这一内涵本身预设了天主的善，如果没有作为善本身的天主，人的爱也就没有了对象，也就无法产生爱的行动，因而也不会有自爱。所以自爱是建立在天主这一整体和终极的善的基础上，以天主为目的的爱才是自爱，人对自己的爱因此以天主为目的。

由此可见，尼格兰认为在阿奎那那里自爱是一切爱的基础，但是事实上阿奎那也认为人对整体善的爱与知识是自爱的基础。首先，就知识方面而言，善本身需要认知来实现，因为善除非被认识，否则就不能被爱。阿奎那引用了奥古斯丁和亚里士多德来说明这点，奥古斯丁说"谁也不能爱其所不知者"②，亚里士多德也认为视觉是感官的爱之根本，对于美和善的精神性沉思是精神之爱的根本。因此认知对于理性层面的爱即意志而言是必要

---

① *ST* IaIIae. 109.3.
② *ST* IaIIae. 27.2.

的。所以，如果对善的知识不是逻辑上在先的，人无法知道什么是真正的善，因为不知道自己该欲求什么。

其次，就爱而言，如果不是出于对整体的善的爱，人不会欲求自己获得善。人之所以具有对幸福的自然倾向，是因为人自然爱善，既然欲求善，那么整体的善必然比个体局部的善具有更大的吸引力。也只有通过欲求整体的善，人才能最大限度获得善，从而获得幸福。所以，对整体善的知识与爱是自爱不可或缺的双重前提。同理，要爱他人，人首先要爱善并具有对善的知识，不然人不能对他人具有真正的友谊之爱。

三、人之完善的动力因与形式因

人也以天主这一整体的善为目的爱自己和他人，这并不意味着人只能以友谊之爱爱天主，以欲望之爱爱自己和他人，而是作为部分的自己和他人分有整体的完善。部分因为分有了整体从而与整体相似，也因此同整体一样都成为友谊之爱的对象。这里阿奎那将新柏拉图主义的分有理论融入其自身的形而上学体系，说明整体的完善是部分的善的动力因，也因为部分和整体的相似，整体成为部分的形式因。

创造宇宙万物的天主其存在就是善（Bonum）本身，因为天主是纯粹的现实而非潜能，所以是纯粹的"是"或"存在"（拉丁文 actus essendi，直译为英文 act of being），在现实或本体的层面，善、美、真、真福就是"是"本身，它们指称的是同一个对象，即天主。只有在认知的层面，"善"才与"是"区分开，因为善突出强调了"是"或"存在"之值得欲求的一面。阿奎那这样解释"善"和"是"的关系：

> 善和"是"在现实中是同一个东西，但在理论［secundum rationem］的层面不同。因此它们不以同样的方式指称对象。存在指的是某物之所是……善的观念指某物之值得欲求的完善，因此是终极的完善。所

以具有终极完善的就被认为是纯粹的善，而不具有终极完善的就不被
认为是单纯和纯粹的善，而只是相对的善，虽然它如果处于现实还能具
有某些完善。①

这段文字说明纯粹的存在（天主）也是终极的善与善本身。那么万物的
善和天主有什么关系呢？阿奎那借用伪狄奥尼修的观点，认为通过创造万
物，天主作为善本身成为万物的动力因，即万物之善的来源。阿奎那在《伪
狄奥尼修的〈神名论〉评注》中提道："天主是万物的第一动因，无疑他本身就
是善和值得欲求的。狄奥尼修在《神名论》中将善认同为天主本身，因为天
主是动力因，他说作为维持万物的根本，天主就是善。"②人的种种善，包括
首要的人之存在本身的善，都因为分有了天主的至善方才成为善与值得欲
求的。天主是整体的善，他具有善之最完善的形式，人爱自己的存在这一有
限的善，当然应该更爱善的最完善的形式，人因此爱天主这一善超过自身分
有的善。③做一个不甚恰当的类比，人爱天主，好比爱太阳，爱自己的存在则
好比爱太阳带来的光和热，人对光和热的爱是因为它们来自太阳，按照天主
赋予人的本性，人也应该爱善的本源超过自己。

就天主是万物的形式因的角度也能说明人按其本性应该爱天主在自己
之上。万物由天主所造，作为结果的被造物与天主相似，因为结果一定和其
原因具有某种相似。与非理性的被造物相比，人与天主的相似程度更高，因
为天主以自己的样子造人而赋予人天主肖像的形式。人对自身完善即对幸
福的欲求，就是对天主的欲求，阿奎那说，"万物在欲求自己的完善的活动
中，欲求天主自身，因为万物的完善在于和天主相似"。④万物都是如此，人

---

① *ST* Ia. 5.1.
② *Expositio super Dionysium de Divinis Nominibus* 4.3.，另见 *ST* Ia. 6.1。
③ *ST* Ia. 60.5.
④ *ST* Ia. 4.3.

也不例外,根据人的自然形式,他必定要不断追求完善,也就不断要变得和天主相似。

但是人如何才能与天主更相似呢? 阿奎那认为爱者越专注于对象,就越能被转化为被爱者的形象。如果以欲望之爱趋向天主,人最多只能获得天主给予的某些具体的善,譬如好运、财富、金钱等等,但是再多具体的善堆积起来也无法达到天主那样的至善。所以要与天主变得相似,人只有不断通过对天主的爱和知识与之结合,从而更多地分有天主本身。可以通过类比来理解。一个人如果真正爱高尚的人,通常也会变得更加高尚,因为友谊之爱让爱者变得与被爱者相似,"近朱者赤,近墨者黑"表达的就是类似的道理,但是如果只是利用高尚朋友的慷慨为自己谋利,人不可能变得高尚。和天主的关系也是如此,没有对天主的真挚的爱,人无法和天主具有真正的结合,也无法获得真正的完善。因此,天主作为人的善之本来形式最值得人欲求。

四、阿奎那论证的两个出发点:自我与天主

一方面,在自然状态下,阿奎那从"自我"的角度解释对他人的友谊之爱。人对他人产生友谊之爱,或者是因为把他人当作自己的部分,或者是因为他人与我们共有某些善。从这个角度看,人由于天主具有更高的善而爱天主。在这里,爱的起点是"自我"。但是在另一方面,阿奎那似乎遵循着另一种逻辑,人因为作为善的本源的天主而产生对作为部分的自己和其他人的爱,个人行动的目的论(对善和终极幸福的爱)成为宇宙目的论(万物归于至善天主)的一部分。对于前者而言,自我是对他人的友谊之爱的依据;对于后者而言,天主是人爱自身和他人的依据。这两个不同的角度是否矛盾? 究竟哪一方才是对方的依据呢?

两者的区别只是描述问题的角度不同,前者是描述自然状况下,一个有理性的人对他人与天主的情感的发生;而后者则从本体的角度,阐释天主如

何让人依据其本性而爱天主、自身与他人。这两者的关系并非尼格兰认定的人的自爱与神的圣爱的不同原则,而是互为佐证,后者为前者提出应然的状态,前者是在具体的实践中对后者的实现。归根结底,这两者共同回答了一个问题,那就是在神创造的秩序下,在自然本性的驱动下,人如何践行真正的爱。此处关注的仍旧是人对神的爱。

从自我的角度而言,尽管人可能因为共享善,发现天主具有更高的善而爱他,但是也有可能只出于利己的动机去爱天主。从本体的角度解释人爱神在自身之上只是从万物的存在与善的秩序入手,是爱的应然状态,但是如果只论及这个维度,就容易产生误解,以为人一定会按照自然的秩序行事。事实当然并非如此,所以也需要从自我的角度出发,本章的第二节论述人如何可能从自我出发产生对他人的友谊之爱,但是不可否认,从自我出发,对天主的友谊之爱需要通过"善"这一中介。当人发现天主具有自己所欲求的完善后,会由于缺乏而趋向于天主,因为缺乏而对完善的欲求很难避免欲望之爱的成分。所以很少有人能生来爱天主在自我之上,让对自己的爱归于对整体的爱是一些人通过漫长的过程才可能达到的。

要走到旅途的终点,需要有完备的知识来完善理性,也需要用好的道德习性调整人的情感。当人对终极善与幸福有足够多的知识时,从理性上理解并让自身归于作为完善的天主,才是获得幸福的唯一途径。因为人的幸福或完善在天主那而非人自己身上,自我所能达到的最佳状态需要人放弃狭隘的自我的同一性(unity),突破自身的局限,在与天主的结合中让自己变得与天主相似。这不排斥出于善的贫乏,人对天主仍然可能具有欲望之爱,但是其欲求的是将自身归于天主,而非相反。阿奎那说:"部分固然在宜于己的情形下,去爱全体的善;可是他不是把全体的善归向自己,相反的,它是把自己归向全体的善。"①人之所以能爱他人,是因为在与至善天主的结

---

① *ST* IIaIIae. 26.3.

合中,他人作为至善的一部分被爱,反过来,对他人的爱与对其善的共享成为追寻天主至善的一种途径。

以友谊之爱爱天主与他人需要协调的情感。人可能在理性上理解天主才是真正的善,但是仍然沉溺于各种表面的善,诸如对感官快乐的追求,让理性处于无能为力的状况。尽管表面的善也是好的,但是人的情感若是处于颠倒的状况,会因为对某些善的过度的爱毁坏与神和他人的关系,让其无法追求真正的善。换言之,一个在情感上颠倒的人,可能将浅层的善当作生活的主要目的,而无法将这些善导向真正的完善。奥古斯丁在人生的某个阶段曾处于这样的状况,他认识到摩尼教的问题,转而在理智上赞同基督教,但是其理性却无力说服情感,让他放弃对感官嗜欲的执着,全身心投入真正的善当中。处于苦恼中的他发出那句著名的感叹:"天主,拯救我,但不是现在"。所以,当阿奎那将淫佚(拉丁文 luxuria,英文 lust)列为诸罪宗之一,不仅在于行为本身,而在于它最容易败坏人的心灵,削弱人的意志力,让人丧失以无尚的坚忍追求至高善的能力。①

第五节　爱的力量:结合、彼此容纳和出神

第二节到第四节都是从意志的角度,探讨人如何超越感官之爱的直接性,产生对他人和天主的友谊之爱。但是意志层面的爱不会只停留于意志,它会引导情感,使得爱作用在作为整体的爱者身上。此节将具体阐述爱的力量。本节将描述在意志之爱的主导下,爱在主体内部产生怎样惊人的效果:它如何让人走出自我,把他人当作另一个自我,突破小我的局限进入到他人或天主中;它又如何结合爱者和被爱者,让爱者和被爱者"你中有我,我

———————————

① *ST* IIaIIae. 15.3.

中有你"。阿奎那在这里主要吸收了新柏拉图主义者伪狄奥尼修关于爱的理论，他用"结合""彼此容纳"和"出神"表达爱的效用。三者对阿奎那的"爱"和"友谊"具有特殊的重要性，甚至有学者认为，对爱的力量的描述比理性的证明更能说明人类具有出离自身而爱他人的能力。①

一、伴随爱的整个过程的"结合"

阿奎那认为结合伴随爱的过程。结合首先是爱的原因，人与自身的实体性结合产生对自己的爱，与他人的相似性结合产生对他人的爱；其次，情感的结合在本质上就是爱，爱者视被爱者如同自己，视其善如同属于自己的善；最后，结合也是爱的效果，爱者希望在实际上与被爱者结合，并通过交往来实现。

从中可以看到，爱者与被爱者的结合方式有实体的结合、情感的结合两种方式，这两种方式彼此一致。实体的结合就是被爱者在爱者眼前。阿奎那通过亚里士多德的《政治学》间接引用了阿里斯托芬的相爱者愿意合为一体，但是因为会破坏二人或二者之一的存在，所以转而共同生活、一同谈天等方式的结合。其次，爱也有情感的结合，以友谊之爱爱一个人就是在情感上和他人结合为一，阿奎那说，"故此，朋友被称为另一个自己。奥古斯丁在《忏悔录》卷四第六章也说：'有人说朋友是自己生命的一半，说得很好'"。②真正的爱使得爱者愿望被爱者的益处犹如是自己的益处，仿佛被爱者是自己的一部分。爱产生的实际的结合与情感的结合相通。人爱朋友，就是希望与朋友共同相处，共享彼此的善；人爱天主，就是希望在实际上与天主合为一体。

---

① McEvoy, J., "The Other as Oneself: Friendship and Love in the Thought of St Thomas Aquinas", in James McEvoy and Michael Dunne(eds), *Thomas Aquinas: Approaches to Truth*, Dublin: Four Courts Press, 2002, pp.22—24.

② *ST* IaIIae. 28.1.

二、彼此容纳

结合更多是从自我的角度入手描述爱者如何像爱自己那样爱被爱者，那么彼此容纳就是从爱者和被爱者的关系入手来描述爱的。彼此容纳（拉丁文 mutua inhaesio，英文 mutual indwelling）的意思是双方在对方之中。《圣经》如此描述这一关系："主是爱，那存留在爱内的，就存留在天主内，天主也存留在他内"（《约翰一书》4:16）。阿奎那认为根据同样的道理，任何爱皆使被爱者在爱者中，爱者在被爱者中。可以从知觉和欲望两个角度解释彼此容纳，他如此分析：

> 从知觉能力去看，说被爱者在爱者中，乃指被爱者存留在爱者的意识中，如《腓利比书》第一章第七节说的"因为我在心内常怀念你们"。至于按意识说爱者是在被爱者中，是由于爱者对被爱者不只有表面的知觉，并设法探究属于被爱者的每件事物之内情，这样进入他的内部。如《哥林多前书》第二章第十节论圣神，亦即论天主的爱说的，他"洞察一切，就连天主的深奥事理他也洞悉"。

> 关于嗜欲能力方面，说被爱者在爱者中，是由于喜悦之情而存留在爱者的情感中。（被爱者）如果是在面前，爱者以他或他的利益而感到快乐；若不是在跟前，则以欲望之爱借愿望趋向被爱者，或以友谊之爱愿意被爱者之利益。而这不是由于外在的原因，如一人为了另一人而有所愿望时，或一人为了别的东西而愿他人得到利益时；而是由于对被爱者根深蒂固的喜悦。为此，爱也被称为亲密的爱，或者称为肺腑之爱。反过来说，爱者存留在被爱者中……在友谊之爱方面，爱者在被爱者中，是说他以朋友之得失为自己之得失，以朋友的意志为自己的意志，好似是他自己在朋友内得意或失意。为此哲学家在《伦理学》卷九第三章以及《修辞学》卷二第四章里说，朋友之常，是"情投意合，休戚相

关"。爱者既然视朋友的一切为自己的,故似是在被爱者内,与被爱者成了一个。反过来说,由于爱者为朋友如为自己,视朋友与自己是一个,这样则被爱者是在爱者内。①

简单地总结一下,在知觉方面被爱者在爱者中是因为爱者的思念,爱者在被爱者中是因为爱者试图探究被爱者的想法而进入被爱者的内心。就嗜欲方面而言,被爱者留在爱者的情感中,如果被爱者不在眼前则以友谊之爱意愿被爱者的利益,以欲望之爱愿望与被爱者在一起;爱者在被爱者中,是因为他以被爱者的意志和得失为自己的意志和得失,如同他在被爱者内得意和失意。

如此,无论从"知"的角度还是从"欲"的角度而言,爱者都意欲与被爱者合为一体,单方面的友谊之爱就能产生爱者与被爱者彼此容纳的双向效果,尽管爱者在被爱者中的方式和被爱者在爱者中的方式不同。而如果彼此容纳是基于双方互爱的友谊,双方都离开自己,停留于他人之内,彼此分享对方的善。阿奎那提到这一类彼此容纳,他说:"在友谊方面,还有第三个方式之容纳,按还爱之理,即朋友彼此相爱,彼此关切,互通有无。"②如此,双方的生活原则互相注入对方,这与基督说的"我在父中,父在我中"(《约翰福音》14:20)的情况相类似。

对天主的爱也可以在类比的意义上用彼此容纳描述,就知觉层面,爱天主的人会努力认识关于天主的知识,他的本质,并且在思绪中时常怀有天主。在嗜欲层面,天主活在基督徒的情感中,基督徒渴望与神结合,通过祷告诉说对天主的爱,信徒也愿意进入天主之中,成为其部分,以他的意志和喜好为自己的意志和喜好,只做天主赞同的善事。很多信徒都通过祷告乞求明白天主在某件事情上的意愿,这就是爱者努力进入天主内部的实例。

---

①② *ST* IaIIae. 28.2.

三、让人超越自我的"出神"

如果从爱者单方面的角度描述友谊之爱，进入对方世界最彻底的方式是对自我的出离。这就是著名的柏拉图式的"出神"（拉丁文 extasis，英文 ecstasy），他把爱者带向出神入化的宗教体验中，在柏拉图那里，爱美的人凭借出神最终得以瞥见美本身，达到与美的理念的结合。在阿奎那这里，出神可能让爱者超越自己的认识范围，领悟超越感官和理性之上者。出神"extasis"的字面意思是自己出离自身之外，它可以发生在知觉层面，也可以发生在嗜欲层面。

就知觉的层面而言，出离包括达到更高的境界和陷入疯狂的境地，在此主要关注前者。基督教相信信徒能够通过祷告或者冥想的方式进入超出人之知觉能力的境界。据记载阿奎那去世前的三个月也曾有这样的体验，在 1274 年 3 月 7 日的早上，他同平常一样早起做弥撒，弥撒之后，按照多年的习惯，他应该开始教学的任务，之后是写作、学习和祈祷，但是那天他无法完成这样的工作，因为在清晨弥撒的时候他"突然被什么'击中'，极大地影响并改变了他"。[①] 在此之前，阿奎那一直在撰写《神学大全》的第三集，但是从这天开始他放弃了写作，当他的主要助手雷吉纳尔德（Reginald）发现阿奎那没有遵循十五年来的生活规律，他问阿奎那为什么要放弃这么伟大的著作，阿奎那只是简单地回答道："我不能"。当雷吉纳一再坚持让阿奎那回到之前的写作中，阿奎那如是回答："雷吉纳尔德，我不能，与神对我的启示相比，所有我写下的只是草芥而已。"[②] 之后，阿奎那唯一坚持的只有祈祷。这些材料来自雷吉纳尔德本人，学界认为其可信度极高，后世的传记作家一般把这段突如其来的体验当作阿奎那出神入化的神秘体验，当然也有一些学

①② Weisheipl, James A., *Friar Thomas D'Aquino*, Washington, D.C.: the Catholic University of America Press, 1983, pp.320—323.

者认为这可能是阿奎那身体上出了问题，譬如得了中风。我们无需卷入该争论中，而可以将其作为一个特例，来帮助我们理解"出神"的可能状态。

举一个中国人更加容易接受却可能不完全贴切的"出神"例子。王羲之"醉书"《兰亭序》，之后他意犹未尽，伏案挥毫，将序文重新书写了多遍，自感总不如原作精妙，"更书数十百本，终不及之"。这时方才明白这篇序文极尽"天人合一"之道，是他一生中的顶峰之作。王羲之在醉酒时一气呵成写下的《兰亭序》远远胜过清醒的时候认认真真伏案写下的多篇作品，这是为什么？不妨大胆猜测，当他和朋友在郊外游览时，王羲之的心情自由自在，舒畅无比，饮酒让他暂时放下对自我的意识，进入一种下心无旁骛的"出神"状态，当王羲之忘记自己，完全投入到书法的意境中时，书法的生命即人生和天道的意境自然通过他超人的书法技艺流露出来。而他伏案再作《兰亭序》时，虽然其高超的技艺没有改变，但是由于夹杂个人的种种意识，譬如创造传世之作的期盼，甚至仅仅是"要写得更好"的念头，都会让他有所顾虑，反而无法像先前那样忘我地投入到当下的书写中。

当然，艺术家创作时候的"出神"体验，跟阿奎那所说的人与天主和他人的结合在对象上不同，但是这种体验本身可能非常接近，王羲之"出神"所投入的不是书法的笔墨，而是融合了自然与天道的意境，爱天主也是投入到超越自我的认知与境界中，王羲之醉书兰亭时心灵的"止"与"定"，以及在"静"之后的"得"，很可能与祈祷或冥想中达到的静谧与对至善的出神状态相似。阿奎那认为在此世知觉上出离自己达到天主的情况比较少见，但是在来世，得救的基督徒能达到出神的极致，即在天主中见到天主的本质。

就嗜欲的层面而言，爱也产生出神。爱和愉悦让爱者的灵魂仿佛离开自己，沉醉在被爱者中。这适用于欲望之爱，但是更适于友谊之爱，友谊之爱绝对地产生出神，人的意图绝对地离开自己，因为他是为了朋友愿望并寻求朋友的善；欲望之爱相对地产生出神，因为在欲望之爱中，爱者多少离开自己，因为不甘于享有已有的善，还要享有自己以外的善，但是因为他想将外在的善据为己有，所以不是绝对地离开自己，其意图最终要归于自己。①
前文提到过纯粹感官嗜欲层面的爱只能针对自我保存，因为感官具有直接
性，其感受是被规定的，而非出于选择。但是在人的灵魂的整体作用下，即
使在感官嗜欲的层面，人凭借友谊之爱能超越自身，进入到他人的意志和生
活中去。对他人和天主都可能产生这样的出神，当人不专注于自己，而将注
意力全部放在他人身上的时候，就因他人而出神，它使得人能无私地爱他
人，这种爱能伟大到为了被爱者的利益而放弃与被爱者实际的结合。如果
把自己归于天主，只关注天主，而不只因为天主具有最高的完善而爱天主，
就对天主产生出神。而对天主本身的关注属于超出自然的"爱德"（拉丁文
caritas，英文 charity），它让人把一切行为都导向对天主的爱，爱德也能与自
爱共处，但是就爱德本身而言，与自爱并无多大关联，因为"爱德并不寻求自
己的东西"（《哥林多前书》13：5），而是一种忘我的对天主的出神。

　　让我们看一下阿奎那那里整个生命的出神，这是知觉和嗜欲都完全"止
于"被爱者中，也是灵魂将自己的理智和意志都无条件地交给另一个的无条
件的爱，阿奎那认为只有天主配得这样的出神。②基督最完美地实践了这种
爱，在其受难的那刻，出离自身和自我圆满交汇在一起，他将自己完全托付
给天主，连最基本的求生欲都放弃了，但是却获得自我的圆满和永生。最强
烈的爱能把爱者转变为被爱者，保罗说，"我已经与基督同钉十字架，现在活
着的不再是我，乃是基督在我里面活着"（《加拉太书》2：20）。阿奎那如此
评价：

　　　　爱不允许爱者还是他自己，而是被爱者，伟大的宗徒保罗，被置于
　　神圣的爱之中，他完全出离自身，似乎是通过圣神说出了"现在活着的

---

① ST IaIIae. 28.3.
② *Expositio super Dionysium de Divinis Nominibus* 4.10.转引自 Kwasniewski, Peter A., "St. Thomas, *Extasis*, and Union with the Beloved", *the Thomist* 61(1997)，587—603。

不再是我，乃是基督在我里面活着"。因为自我完全出离自己投入天主，不再寻求属于自己的，而是寻求属于天主的一切，因为真正的爱者对天主出神，不再过自己的生活，而是过被爱者基督的生活，这样的生活对爱者是极度值得渴望的。①

阿奎那的意思是整个生命的出神让爱者变成了被爱者，基督的死亡不是让保罗的肉体也跟着死亡，而是让他的个人私欲也随着基督献身而死亡，他个人的私欲在其身上不复存在，他活着就是基督活在他之内。当然这样的爱非常罕见，而且必须基于天主给予的恩宠，它和对天主的自然之爱不同，是一种将天主作为一个时刻在场的"你"来对待的更为亲密的关系，这一关系最好地体现了"出神"。通过对于整个生命的出神的描述，我们更能理解彼此容纳与结合的内涵，进入被爱者中以被爱者的意志和愿望为自己的意志和愿望需要以出神为前提，没有对自己的彻底的出离，放下私欲甚至自我，很难真正进入被爱者中。只要爱者没有和被爱者完全合一，彼此容纳的动态过程就不会结束。由于在此世很难获得完善的爱，所以只要爱者对被爱者还存有友谊之爱，彼此容纳的过程就不会停止。

爱者试图突破自己进入被爱者而和被爱者合一的过程一定是痛苦的，因为爱者必须先融化自己，让被爱者进入自己，融化自我在阿奎那看来是爱的近因，自我若是非常坚硬，他人就很难进入，自己更不可能出离自己进入他人之中。"只有一颗受伤的心，血和水才能自由流淌。当爱者的自爱向他人扩展和流溢时，爱者就为其所伤。"②这是爱者达到与被爱者的结合必须付出的代价，无论将被爱者容纳在心里，还是爱者的自我向外延伸到被爱者，都是爱者为了与被爱者结合做出的努力。

① *Expositio super Dionysium de Divinis Nominibus* 4.10.转引自 Kwasniewski, Peter A., "St. Thomas, *Extasis*, and Union with the Beloved", *the Thomist* 61(1997), 587—603.
② Ibid., p.600.

出神不仅发生在人对于他人和天主的爱的关系中,也发生在天主对人的爱之中。天主也为人出神。因为爱万物,在万有之上的天主才俯就自己,创造万物而且让万物分有他的善。阿奎那认为任何世间的爱都不能与天主慷慨的爱相提并论。天主爱万物,万物因此是善的,受造物的善来自天主的意志。出神体现在两种天主之爱中,一种爱赋予被造物其自然存在或现实,人因此获得了对幸福与天主的自然之爱。另一种是特别的爱,它更加体现天主对人的出神,天主将有灵的受造物提拔到其自然或天性的状况之上,让人分享天主的美善,这样的爱是绝对和无限制的爱,因为天主绝对地愿望受造物得到永恒的美善。①天主爱人,因此赋予人这样的恩宠,人最终能得到真福见到天主自身。这就是下一章的话题,天主召唤人和他共同建立友谊——爱德。

---

① *ST* IaIIae. 110.1.

第三章
基于恩宠的人神友谊"爱德"

在天主教的传统中,"爱德"通常以拉丁文 *caritas* 表示①,阿奎那以亚里士多德的世俗的德性概念"友谊"定义基督教的传统德性爱德,把爱德看作"人对天主的一种友谊"②,从而赋予友谊超越的维度。爱德首先是人同天主的友谊,但是因为天主的缘故,也广及人与人之间的友谊。对于阿奎那而言,友谊的核心是"爱",而爱德是一种崇高的、不计回报的、无条件的爱,将友谊等同于爱德无疑提升了友谊的内涵,将世俗的友谊导向终极的至善天主。

虽然在基督教经典尤其是《约翰福音》中,存在基督以人为友的传统,但是在思想领域,将爱德看作人与天主的友谊是前无古人的神学和哲学创见。③如果朋友是另一个自己,那么与天主成为朋友,就是把天主当作另一个自己,这似乎超出了人的期望。瓦德勒(Paul J. Wadell)用"几近亵渎的论断"④评价阿奎那赋予爱德的内涵有多么出人意料。多个世纪以来,人们无法想象一个全善全能,与人的距离远远大于共同之处的"神"怎么可能和人

---

① "爱德"在阿奎那和天主教那里都是拉丁文 *caritas*,对应英语的 *charity* 和希腊语的 *agape*。

② 原文是"Unde manifestum est quod caritas amicitia quaedam est hominis ad Deum"(因此很明显,爱德是人对神的友谊),*ST* IIaIIae. 23.1.

③ 这一评价来自学者 Hughes L.M.,"Charity as the Friendship in the Theology of Saint Thomas", *Angelicum* 52(1975),164—178.

④ Wadell, Paul J., C.P., *Friendship and the Moral Life*, University of Notre Dame, 1989, p.120.

交友？人怎么可能配得神的友谊？人和神又怎么可能建立友谊呢？天主不同于希腊的诸神和亚里士多德那不动的推动者，基督教认为天主爱人，他想要认识人并爱人。但是阿奎那之前的神学家与哲学家不敢把爱德和友谊联系在一起，在阿奎那之后的很多个世纪，人们仍旧不习惯以友谊讲述爱德。然而，阿奎那不但主张人能成为天主的朋友，而且认为以别的方式讲述人神关系都误解了天主对人的态度。阿奎那认为信徒同天主的友谊在此世开始，在来世得到完善，它是基督徒道德生活的基石。

爱德作为信徒与天主的友谊，不与天性之爱无关或对立，相反它以人的爱的能力为基础，并且提升人的自然本性。万物以其自然本性都趋向天主，但只有人配得天主的友谊。与天主的友谊基于天主主动给予人恩宠，让人分享他对自身的知识。这一恩宠源自他对人的特别的爱。在基督身上，天主对信徒的爱达到了顶点，他为了人牺牲自己的独子，通过基督的中保，人得以渐渐与原罪分离，从而与天主和解，人和天主的友谊"爱德"才成为可能。在爱德之中人不断被要求加深与天主的友谊，这种友谊的深入不但能纠正堕落的天性，还将有灵的受造物提拔到其自然的能力之上，让人在与天主的结合中获得终极的幸福。

阿奎那认为人若接受了天主的爱，就与之建立起友谊的关系。对天主的友谊之爱让人的自我在天主的爱中融化，人因此变得和天主相似，能以接近天主对待人的方式对待他人，当人变得和天主足够相似的时候，他就成为天主的另一个自我，在那个时候人就可以称自己为天主的朋友。爱德不但表达出西欧中世纪思想中人与天主的关系，也支撑起人对他人乃至宇宙万物的关系。我们在对天主的爱即对至善本身的爱中爱他人，也在他人中爱属于天主的至善的部分。爱天主和爱他人是爱德的不同表现。一个具有爱德的人一定以友谊之爱爱他人，以欲望之爱关爱和照料万物，因为万物都是天主所造，它们体现了天主的至善。

基督的道成肉身体现了天主的爱，基督以自身的言行向人展现了对他人的友谊,要人也学他的样子待人。"我是你们的主、你们的夫子,尚且洗你们的脚,你们也当彼此洗脚。"(《约翰福音》13:14)只有遵循这个命令的人才真正接受了天主的爱,和他建立起爱德的友谊关系,不爱他人的也就不接受天主给予的恩宠。所以爱德虽然主要关乎人神之间的友谊,却始终不离开世间的人与人的友谊。理解这一点也就把握了阿奎那爱德理论的现实意涵,以及爱德如何塑造友爱的交往方式。

让我们进入关于爱德的话题。

第一节　爱德:基于恩宠的神学路径

就人的自然能力而言,爱德无非是一种完善的爱,它向下扎根于人自然本性中意志的爱的能力,向上以天主的爱为目标。但是爱德也不同于人的自然能力。由于原罪,人与神分离,人类运用自然能力时常遭到阻碍。出于对人的爱,天主给予人特殊的恩宠,不惜以独子基督的受难为代价邀请人与之建立友谊,让人通过同神的友谊获得爱德。爱德因此具有超越自然之爱的维度。那么具体而言,爱德与自然之爱的差异与相似体现在哪些方面?基督在人神友谊中起到哪些独特的作用呢? 现在让我们进入对两种路径异同的具体讨论。

一、两种路径的异同

上一章说明了阿奎那认为人按其自然本性,能爱天主在万有之上。然而,这属于天性完满时的状况,根据基督教的观念,从人类的始祖亚当夏娃在伊甸园违背天主的命令犯下原罪之后,人类的天性就处于腐化的状态,人在意志的欲求方面有所缺失,容易陷入私利而忘却善的来源。阿奎那追随这一传统,他认为人在本性完整的状态下,凭借自己的力量愿意践行与其天性相配的善事,操练诸如勇敢、节制等依靠习惯产生的德性;而在天性腐化的状态,人连本性能力所及的事也有所不济,无法靠自己的力量完成全部属于人之本性的善事。但是由于人性尚未完全腐化,人还能靠自己的天性行个别的善事,只是不能毫无缺失地实行一切适于其天性的善事,阿奎那认为这就好比生病的人自己也能够活动,但不能像健康的人那样行动自如。相对应的,在天性完整的状态,即使并非常有天主的恩宠,人也能够坚守本性不犯罪,将对万物的欲望之爱导向天主;然而在天性腐化的状态,人无法完全避免犯罪,需要常有天主的恩宠治疗天性。在此世,对人的治疗首先是心灵方面的,感官的嗜欲在此世还不能完全复原,保罗以一个被复原的人的资格说道:"我以内心顺服神的律,我的肉体却顺服罪的律了。"(《罗马书》7:25)①阿奎那因此认为在天主恩宠的状况下人或许能够避免死罪,但是却因为感官嗜欲的腐化无法完全避免小罪。

　　爱德建立在天主无偿给予的恩宠之上,它与自然神学路径中的"意志的爱"的差异主要有如下几点。首先,它们基于不同的善,人出自本性的爱基于人之本性的完善,爱德基于更伟大的,更不配得的完善。第二,在自然神学的路径中,天主以普遍的爱爱万物,赋予万物各自的天性,也赋予人以自然本性;在恩宠中,天主唯独给予人特殊的爱,让人能超越自然能力,达到理性无法达到的对至善的知识。这就有了第三点,对天主的自然之爱属于人的自然能力的范围,它以理性能够达到的关于天主的知识为对象;在爱德中对天主的"爱"属于信仰的范畴,它以无偿的恩宠和启示的知识为基础。换言之,对天主的自然之爱达到的是作为至善或公共的善的天主,而爱德则直接以天主本身为对象,故而超出人的认知能力。第四,这种种说明爱德比意志之爱多出一种形式,仅仅通过意志的自然形式无法获得。最后,对天主的自然之爱强调的是人对天主的单方面的爱,而爱德是互爱,侧重的是友谊的

---

① 此段参照 *ST* IaIIae. 109.2,3,8。

双向关系。

爱德和自然神学中人对天主的爱也有很多相同之处,譬如两者的目的都是让人趋向至善,实现幸福,也都体现了天主对人的爱。爱德需要以人的自然天性为基础,也属于意志层面的爱。与人的本性中的意志之爱一样,爱德也要求人以友谊之爱爱天主和他人,因天主和他人之故以欲望之爱爱万物。在这些相似之处中,阿奎那特别强调爱是爱德的主要活动,从而把他关于爱的理论和爱德联系在一起。同时,爱德也需要人的自然能力,即意志层面的嗜欲的参与,因为爱德虽然是天主发起和灌输的德性,却必须是出自"爱"的行为,不然就无法成为人的德性。

为了阐明这点,阿奎那特别驳斥了13世纪被作为神学教科书而奉为圭臬的伦巴第的主张。伦巴第认为爱德是圣神(Holy Spirit)住在人的心里,因而只是出自圣神的行动,不需要人的习性作为媒介。阿奎那认为这样的论断不符合实际情况,也有损于爱德。人的心智的确经由圣神推动,但是这不同于推动肉体,肉体是完全被动的,而人的心灵不只是被动的,它自身也通过分享天主的爱,成为爱德的起因。因为爱按其本性是人的意志的行动,所以即使受到圣神推动,意志本身仍然是成就爱德的原因。此外,伦巴第的这一看法让爱德变成不是出自人的自愿的行为,爱德因此也不可能成为有功的德性,这就和伦巴第自己的主张相矛盾。阿奎那是这样论证他自己的立场的:

> 形式是行动的起因;一个行动的能力,如果不经由某种与其本性相合的形式,便无法成就行动。为此,那推动万物奔向固定目的的天主,给每一样东西都赋予了一个形式,使它们借此而趋向由天主为它们所指定的目的;这样,"他从容治理万物",如同《智慧篇》第八章第一节所说的。可是,爱德行动显然超越意志能力的本性。所以,除非给这本性能力另外加上某一种形式,使它借此形式去进行爱的行动,那么这个

（没有外加形式的）爱的行动，就会不如那些本性的行动，或其他能力的行动那样完善了；而且它也不会是那样容易和使人乐意去进行的行动了。这显然也是不对的；因为没有一样德性，好像爱德，具有这样强大的力量，使人趋向于爱德的行动；也没有一样德性，在进行其行动的时候，能有好像爱德这样大的快乐。为此，为能进行爱德的行动，在我们内的那种自然的能力之上，应该加有某一种经常的形式，促使那能力去进行爱德的行动，并使它在行动时，觉得容易而有乐趣；这是非常必要的。①

这段话可以分为两个部分来理解，在"可是，爱德行动显然超越意志能力的本性"之前，阿奎那论述了任何行动都经由合乎本性的自然能力产生，这里指出的是与意志之爱的相同。从这句话开始，阿奎那论述为什么爱德需要在人的自然能力之外另外加上一种形式，理由主要有三个方面：首先，爱德的完善超越人的意志能力；其次，爱德具有强大的力量使人容易实践；最后，与其他德性相比，爱德能给人带来最大的快乐，因此人乐意实行爱德。后两个理由是对第一个理由的扩展，说明为何爱德一定具有超越自然的形式。"可是"之后的半段话可以理解为爱德与意志的自然之爱的不同（之前列举的第四个差异）；也可以理解为意志之爱在自然之爱以外的力量，自然之爱加强意志的爱，这种理解更为深入。

那么对于爱德而言，这个外加的形式究竟是什么呢？阿奎那解释了人拥有的形式和天主的关系，他说："那使我们在形式上爱邻人的爱德，也是在分有天主的爱德。这样的说法，在柏拉图派的学者中，是常见的；奥古斯丁深受这种学说的影响。"②所以，爱德不仅仅与人的意志的形式相合，还分有了天主的爱的形式。为了理解的便利，可以用公式将爱德表达为：

---

①② *ST* IIaIIae. 23.2.

爱德＝人的意志之爱的自然能力＋分有天主的爱的形式

由此可知,爱德比自然之爱更进一步,阿奎那认为以爱德的方式爱天主高于出自天性对天主的爱。他说:"爱德比天性爱天主在万有之上的方式高。天性爱天主在万有之上,是因为天主是天性之善的根本和目的;爱德则是以天主为真福之对象,并因为人与天主有一种神性的交往,爱德也在自然爱天主的爱上,外加一种敏捷和快乐。"①爱德何以更为敏捷? 因为爱德直接以天主为对象,自然之爱需要经过自身具有的善的中介间接地爱完善的所有者天主。此外,在爱德中人和天主具有神性的交往,即在爱德中与天主交流、共处的友谊关系,一切友谊都需要交往,只是人和天主的交往不受到物理条件的局限,是灵性的沟通。根据阿奎那的看法,不仅在沉思天主、祷告这样的有意识的理智活动中,也在爱他人为他人服务等德性的实践活动中,人都处在与天主的友谊之中。

二、基督——人神友谊得以可能的关键

在论"爱德"的部分,即《神学大全》第二集的第二部,阿奎那没有展开"基督"对于爱德重要性的讨论,在《神学大全》未完成的第三集,这个维度才得以更多地展现,接下来尝试结合这两个部分的论述,阐发基督对于以爱德为内涵的友谊的重要意义。阿奎那认为道德的生活不是从一个中立的人开始的,一个基督徒一开始就是罪人,一个远离天主朝向自己的人。远离罪恶,逐渐获得道德完善的过程,也就是成为天主的朋友并让双方的结合不断紧密的过程,这发端于天主主动与人修好,让其独子基督降生,为人类赎罪。阿奎那认为基督是道路,他让人有可能重新回到天主身边,甚至成为其朋友,这具体体现为以下几个方面。

---

① *ST* IaIIae. 109.3.

首先，按照对《圣经》文本的解读以及神学的一般解释，人能与天主重修旧好是因为基督将人从罪中解救出来，人才有可能修复与天主的关系。"按天使的证言，因为我们的救世主耶稣基督，'为了将人类从罪中解救出来'（《马太福音》1:21），他在自身内给我们指示了真理的道路，使我们经由这真理之路复活，而可以获得永生的真福。"①阿奎那认为基督通过其言行和受难展示了真与善的道路，这就是被后世称为基督教的信仰。

其次，基督展示了人神友谊的典范——完善的爱德。在三位一体的关系内部，基督与天主的友谊最好地体现了完善的爱德，因为父与子不分离，基督与天主的爱德就是天主与自身的友谊，天主与自身的友谊当然是最亲密的友谊，也是最完善的爱德。阿奎那写道：

> 天主圣言是整个被造物的典范，因为他是天主的永恒理念。所以，正如各种被造物由于分享这种相似，而存在于各个种类中，虽然种类会有变化；同样天主圣言与被造物的合二为一，不是分有式的，而是位格的合二为一，也适合被造物在与永恒而不变的完美或成全的关系上，得以恢复。②

再次，基督是人神友谊的"爱"的中介。对天主的圣爱，人很难直接认识，但是通过基督，人有可能理解这一完善的爱，并获得天主的本质——爱德，从而与天主为友。与基督本人的友谊让人逐步过上通往真福的道德生活，因为在友谊的结合、彼此容纳和出离的效果中，人从类比的意义上成为"另一个基督"，从而与天主结合。具体而言，基督在其言传身教中成为人的朋友，与人建立面对面的关系，通过吸引人来爱自己，达到与门徒的结合，在与后者的结合中影响他们的意志，矫正他们的不良习性，让门徒在爱中"出

---

① *ST* IIIa. 前言。
② *ST* IIIa. 3.8.

神",即变得与基督越来越相似。在其中,爱德让人出离自身,成为一个新的自我——另一个基督。信徒不仅仅需要通过基督的无私的爱德来理解天主的爱,也需要现实地感受到这种爱,并为之融化。根据基督教教义,由于爱人,基督放弃了自己的生命,自愿走上十字架,他因为其敌人而死,却宽恕了他们。他像对待兄弟那样对待卑贱的税官;用温柔的爱一视同仁地关爱不谙世事的儿童;一次次原谅了最爱的门徒的背叛……所以,基督不仅实现了天主的圣爱——爱德,也成为爱德本身。

人若是以基督为友,就把基督当作另一个自我,将爱德作为属于自己本性的东西。基督的受难,就是他的受难,因此基督为人赎罪的行动,也就成为他自己为自己赎罪的行动。出于同样的理由,尽管阿奎那认为基督的救赎本身具有普遍的意义,但是人若不以基督为友,不以基督的方式生活,救赎对他而言就尚未到来。这正是道成肉身被人忽视的意义所在。[1]

第四,当后人无法"面对面"与基督相处,为其感染而被其改变时,人如何能与基督做朋友? 这需要通过别的方式,结合人与基督的"肉身"。阿奎那通过天主教的圣事做出了解答。

> 这属于基督的爱,基于这种爱,他为了我们的得救摄取了属于我们本性的真实的身体。由于与朋友共生是友谊的明显特质,正如哲学家在《伦理学》(指的是《尼各马可伦理学》)卷九第十二章所说,所以他也给我们预许自己身体的在场作为报酬……至于在当前的现世旅途,他也未抽离自己的在场,而是在这圣事中,凭借自己真实的身体和血,把我们与他结合在一起。[2]

阿奎那认为在圣餐礼中,基督真实的在场,通过他的血和肉,他将信徒和自

---

[1]　*ST* IIIa. 48.2.
[2]　*ST* IIIa. 75.1.

己结合在一起,使得信徒能逐渐摆脱旧的自我,成为基督的朋友。

最后,阿奎那认为基督的存在说明了基于恩宠的"爱德"超出自然神学路径中属于人之本性的"爱"。基督徒同基督的友谊必然以信仰为基础,而不是理性能够达到的,理性无法解释三位一体,无法让人相信基督就是天主的独子,不信他的人无法和他建立友谊;第二,阿奎那认为基督向人展示的是通向真福和永生的道路,这也不是人凭借此世有限的理性就能达到的,基督徒只有通过基督的中保,才能走上这条道路;第三,天主因为爱人,赋予人理智,让人能通过意志之爱趋向最高的完善,但是基督的降世和殉道体现了天主对人的更大的爱,他使基督徒与天主的友谊成为可能,也让基督徒有可能实现他们追求的真福。

第二节 "爱德"与"友谊"携手的漫长历程

以友谊看待人神关系在《旧约》中虽然罕见,却仍有迹可循。《出埃及记》曾提到天主与摩西"面对面"说话,好像人与朋友说话一般(33:11),说明天主将摩西当作与自己相对平等的存在,《圣经》因而以"朋友"指称两者之间的关系。更为圣经研究领域认可的人神之间的友谊是亚伯拉罕与天主的关系,神在毁灭索多玛之前,不隐瞒亚伯拉罕,还接受亚伯拉罕的请求(《创世记》18:16—33)。从这段文字可以看出,天主认为应当把要做的事情告诉亚伯拉罕,可见天主的确不仅仅把亚伯拉罕看作仆人,鉴于此,后世才明确把亚伯拉罕称为天主的朋友(《历代志下》20:7)。但是在整个《旧约》中,能直接被称为"天主的朋友"的人寥寥无几,只有亚伯拉罕,摩西这类最为重要的先知才有可能成为类比意义上的天主的"朋友"。此外,天主能以朋友看待亚伯拉罕与摩西,不仅仅因为他们被天主拣选,也因为他们积极回应天主的拣选,在信仰与德行等诸多方面与天主拥有人所可能拥有的最高的相似,他们的先知身份也提升了他们的位置，让他们有可能与天主"面对面"地相处。但是《旧约》并没有把这样的人神友谊与爱德直接关联起来。

在《新约》中，人神友谊主要体现为人与基督的友谊。基督以朋友对待他的信徒，他说："以后我不再称你们为仆人，因仆人不知道主人所做的事。我乃称你们为朋友，因我从我父所听见的，已经都告诉你们了。"(《约翰福音》15：15)正如朋友不对朋友隐瞒什么，基督也公开和无私地向门徒和人们展现自己。在古代犹太文化中，仆人的存在主要是工具性的，主人无需告知他们自己要做的事情。天主对先知，基督对其门徒的态度显然不是这样，天主不对亚伯拉罕隐瞒，基督也不对其门徒隐瞒，因为亚伯拉罕与门徒被天主或基督当作自己的朋友，而非仆人。但是，基督与人的关系似乎更近一步，因为基督对门徒揭示的真理对所有人公开，他不仅传道给门徒，也要求他们将天主的道传给所有人，所以但凡信徒都能听闻基督的道，都可能获得其救赎，也就是成为《新约》意义上基督以"朋友"相称的人。

以朋友对待他人，是基督单方面的意愿，那么怎样的人才能真正成为基督的朋友呢？基督说"你们若遵行我所吩咐的，就是我的朋友了"(《约翰福音》15：14)。那么基督主要吩咐人什么呢？根据基督教的正统解读，福音书中基督所传授的主要是"爱"。尽管基督的教授涉及许多方面，有宗教的也有世俗的，但是其言行主要向人展示的是什么才是完善的爱，并明确要求门徒像他爱人那样互爱。阿奎那将人获得的这种爱称为爱德，而能够获得基督的爱德的人就是基督的朋友。爱德与友谊关联紧密：爱德将基督和具有爱德的信徒联系起来，使信徒成为基督的朋友，他们彼此之间也由于与基督的友谊构成一个共同体。

总而言之，就《圣经》的传统而言，几乎不存在任何人都可能成为天主朋友的论述。在《旧约》中天主只是以个别人为友，在《新约》中，人神友谊主要是人与基督的友谊。尽管可以通过推论，将人与基督的友谊阐释为人神友谊，但是天主与基督毕竟属于不同的位格。譬如可以如此论证：通过基督，获得爱德的人获得了天主的某些特质,与天主具有人可能具有的最高的相似,因此可以说通过基督,人成为了天主的朋友。但是,也可能提出相反的论证。例如,可以通过反对"基督有一个母亲,天主也有一个母亲"而反对将基督"所具有"的都赋予天主。由此也可以说明,《新约》中对人神友谊的看法,与直接肯定"人有可能成为神的朋友"之间仍有或大或小的距离。

对于中世纪的信徒而言,爱德与友谊是属于圣、俗两个有关联但更有差异的领域。在思想领域,爱德与友谊这两个概念的结合走过了漫长的岁月。从非基督教世界的柏拉图、亚里士多德、西塞罗、塞内卡等,到基督教思想家奥古斯丁、伦巴第、阿尔伯特,直到阿奎那,"爱德"才被明确等同于人与天主之间的友谊。非基督教思想家主要阐发了哲学的友谊理论,而基督教思想家则从人和天主互爱的角度为阿奎那提供了思想资源,但是,基督教思想家很少有勇气将宗教领域的爱与世俗的哲学友谊观念等同。按照意大利学者弗兰切尼(Innocenzo Francini)的看法,在阿奎那前的神学家对爱德本质的解释分为两类:奥古斯丁主义的和伪狄奥尼修式的。前者强调与天主的结合,爱德被认为是神的真福,具有爱德的人其灵魂与天主相一致。伪狄奥尼修则强调通过出神与神结合。他认为神圣的善是每个善的源头,它向所有的被造物传达神圣的善是起因也是终点的讯息;作为一种完善的爱,爱德产生出神的力量,它推动人也推动天主交流(communicatio)自己的完善,人从自身出离、与天主结合,从而分有完全的善。在阿奎那那里,这两个思潮相互补充,都被用于阐发爱德。上一章论及阿奎那结合伪狄奥尼修的分有理论(所有存在者分有整体的善)与把天主作为动因的观点,并以此解释人何以能爱天主在万有之上。在本章与下一章,读者将更多地看到奥古斯丁式的将结合、爱德与真福联系起来的做法。

就友谊而言,虽然神学家们多少都用到基督的话,"你们若遵行我所吩咐的,就是我的朋友了"(《约翰福音》15:14),但是几乎没有人用友谊作为解释爱德的关键。伦巴第(1096—1164)的同时代人避免将基督徒的爱德和西塞罗式的友谊同化。也有神学家认为爱德是天主对人的爱或友谊,但几乎没有学者在人和天主的关系中发展朋友的诸多特性。伦巴第本人在谈论爱德时就小心避免用友谊这个词。之后在 13 世纪的中叶,由于《尼各马可伦理学》拉丁文全文译本的问世,亚里士多德的哲学的友谊观第一次完整地展现在神学家面前。①在完整的译本面世后不久,大阿尔伯特就用它来教授伦理学的课程,之后阿奎那也加入到该课程的教学中。1268 年至 1270 年间大阿尔伯特完成对《尼各马可伦理学》的评注,但是关于爱德,阿尔伯特延续了伦巴第的见地,没有将新了解到的亚里士多德的友谊观用于其中。直到阿奎那,爱德才第一次在神学的领域被解释为友谊。②

　　爱德是友谊的观念在阿奎那那里至关重要,他在讨论爱德问题的开首就声称爱德是友谊,并且驳斥了从《尼各马可伦理学》和《新约》中可能产生的质疑。例如,有这样一种反驳意见,它认为根据基督的教诲,基督徒也应该爱仇人(《马太福音》5∶44),然而哲学的友谊观认为友谊必须建立在互爱的基础上,但是互爱不可能发生在仇人之间。阿奎那如此解答这个问题,他认为"爱德的友谊主要是以天主为对象"③,也会因为天主之故而爱所有属于他的人,就好比我们因为爱朋友而爱朋友的孩子那样,我们也以这样的方式爱属于天主的人,即使他是我们的仇人。由此可知,在这一爱的关系中,友谊的双方是我们和天主,而不是我们与仇人,即使同仇人之间不存在"互爱",我们和他们还是间接地具有友谊。

　　阿奎那将爱德认同为人与天主的友谊的思想直到梵蒂冈第二届大公会议(1962 年 10 月至 1965 年 12 月)之后才受到广泛的赞赏。阿奎那过世之

---

① 英国林肯地区的主教格罗斯泰斯特(Robert Grossateste)于 1246—1247 年将《尼各马可伦理学》翻译为拉丁文,在这之前,一个无名氏曾经在 12 世纪末第一次将该著作翻译为拉丁文,后来散落只留下了前三卷,叫作《伦理之书》(*Liber Ethicorum*)。格罗斯泰斯特是 13 世纪英国学界的著名学者,拥有许多天赋,是那个时代鲜有的通晓神学、哲学、物理学与希腊语的学者。

② 该历史参阅 Francini I., "'Vivere Insieme', un Aspetto della 'Koinonia' Aristotelica nella Teologia della Carità secondo San Tommaso", *Ephemerides Carmeliticase* 25(1975), 275—278.

③ *ST* IIaIIae. 23.1.

后，几经波折，他的思想一度成为天主教的正统学说，在自然科学发展与近现代哲学的兴起后又一度衰落，直到19世纪末才以新托马斯主义的面目得以复兴。然而，只是就爱德与友谊的关系而言，长期以来他的立场没有得到广泛的承认，阿奎那将爱德定义为"人对天主"的一种友谊，它是一个关系性的概念，具有第二人称的特性。[①]一方面，爱德不仅仅是天主灌输给人的德性，也不仅仅是天主的圣爱或对人的友谊，它也是人对神的友谊，通过将爱德看作一种关系性的存在，阿奎那强调了人在获得爱德中的主动性。这一主动性包括接受神无偿给予的恩宠，让神圣在其内工作，努力靠近神，让自己的意愿和言行与爱德相一致，后者让人与神的结合成为爱德概念中的应有之义。

另一方面，虽然从自然神学路径中"爱"的角度也能解释爱德，但是就其本质而言，爱德超出了人单方面的情感与意愿。如果天主不主动与人和好，并通过圣神注入爱德，基督教神学认为受到原罪的影响，人几乎不可能获得爱德。而且，如果人只需要通过爱天主融入整体的善，那么《新约》中天主不惜为人牺牲独子与人和好不是很费解吗？事实上忽视爱德的友谊的维度，就是误解基督教传统中天主与人的关系，或是忽略《新约》中基督为人类献身的宗教意义。试想如果《圣经》只有《旧约》，没有基督的降世、受难和复活，人们也可以构建出人对天主之爱的自然路径，但是自然路径本身并不能完全体现基督教中人神友谊的本质。阿奎那正是因为洞察到了这点，才以更大的篇幅谈论爱德，将爱德作为友谊置于人类德性的中心。

第三节　爱德成为友谊的条件

就其行为而言，爱德是完善的爱，但是并非每种爱的行为都是友谊，爱

---

① 关于第二人称，详见第三章第六节。

德要成为友谊必须具有友谊的三个条件：基于善愿的爱、相互的爱，以及交往。这些特征部分来自亚里士多德的友谊论。亚里士多德认为朋友须互有善意，且了解对方的善意。①对亚里士多德而言，友谊必须符合基于善意、善意的相互性和对前两者的意识这些条件，而且亚里士多德也极其重视交往对于培养和维持友谊的重要意义。在世俗友谊的基础上，阿奎那结合了其自然之爱的理论，把亚里士多德的善意和善意的相互性改变为爱与爱的相互性。作为友谊的条件，单方的爱无法构成友谊，友谊必须基于相互的爱。天主爱人才会乐意无偿给予人恩宠，人若接受天主的爱，也以爱回报天主，就对天主具有友谊，而爱德正是人对天主的友谊。第二章已经详细讨论过爱的问题，本节将只讨论善愿和交往。

一、善愿

在讨论爱德时，阿奎那开宗明义，表明意志之爱的活动是爱成为友谊的首要条件。他说，"并非每一种爱都有友谊的特质，只有那种含有善愿(benevolentia)的爱；就是说，如果我们愿意一个人得福而爱他，只有这样的爱才是友谊"。②愿意一个人得福而爱他，就是以友谊之爱爱一个人，同时以欲望之爱爱对他是善的东西，这正是阿奎那赞赏的合乎理智的爱。可见人对天主的友谊必须以天主自身为目的。可以通过对比理解这点，古代一些宗教以献祭的形式与神交往，以避免神的愤怒或求得神的恩赐，它们提倡的对神的爱主要是欲望之爱，而阿奎那提倡的对天主的爱主要不是为了从天主那里得到什么暂时的、物质的回报，而是求取与天主自身的永恒共在。相较而言，古代一些宗教中对神的"爱"是为了避免灾祸和获得现实的好处，而同天主的友谊则必须以天主自身为目的，不然它既不是友谊，也不是爱。

如此，似乎人对天主的善愿是理所应当的，但是只要仔细思考一下就会

---

① *EN* 1156a3.

② *ST* IIaIIae. 23.1.

发现困难所在。对天主具有善愿到底是什么意思？既然任何友谊之爱伴随为了爱的对象而求取善的欲望之爱，人是否也要为天主的缘故欲求天主得福呢？但是人不可能欲求天主得到善或福祉，因为他已经既是善本身，也是真福，不可能有所增加。这就是说我们无法为天主做什么，既然如此，人对天主的善愿或者友谊之爱是否只是一种态度或爱的方式，而不涉及任何实践行动呢？①我以为虽然这种说法在逻辑上很贯通，但是答案却并非如此。天主对人的善愿是给予人特殊的恩赐②，而人对天主的善愿，在阿奎那看来不是施惠于天主，而是服从并尊敬天主。因为人和天主不是平等的存在，当爱促进不平等的人结合时，"它使在下者转向在上者，以便受其成全；又使在上者照顾在下者"。③可见，人作为低于天主的存在，对天主的爱就是接受其成全，也就是配合天主实现其对人的救赎，这自然表现为服从天主对人的要求——无论是关于爱，还是关于真理。

如果说对天主的善愿是对他的服从与尊敬，那么人做任何天主教诲的事情都是对天主的善愿，也是对天主的爱德。天主的教诲诚然有许多内涵，首要的还是爱，包括对他人和这个世界的爱。对天主具有善愿的人，不会对其救赎人类的举动无动于衷，他不仅会自己努力以配得恩宠，也会努力参与到神对世界的爱中，协助天主关爱他人和世界。这点正是传统神学家忽略的方面，传统的神学认为既然天主是全能的，他的任何作为都无需人的襄助，而当代的神学家越来越意识到人的自由意志在这个世界的作用，并且肯定人的力量对这个世界的价值。

天主是全能的，但是由于人的意志参与其中，这个世界并非是全善的，为天主所爱的世界服务，也就是尽力维护和提升这个世界的善。当代美国

---

① 遗憾的是阿奎那本人对爱德中的善愿没有多少论述，他似乎觉得善愿理所当然是友谊的条件。

② 在天主教传统中，天主的恩赐主要有七个，被称为圣神七恩，与理性相关的是智慧、明达、聪敏、超见；与嗜欲相关的是刚毅、孝爱、敬畏。圣神七恩是一种成全人的习性，它提升理性与意志，使人善听圣神的感召（*ST* IaIIae. 68.1）。

③ *ST* IIaIIae. 31.1.

神学家瓦德勒（Wadell）讲述了一个真实的故事，在二战时期一位年轻的犹太妇女海勒森（Etty Hillesum）在奥斯维辛集中营内艰难度日，在死亡的前几个月她知道自己难逃一死，天主不可能帮助她逃离劫难。但是她却没有放弃照顾天主在这个世界的所有，她发誓要帮助天主，即使神无法帮助她逃离死亡。在她留下的日记中，有这样一段话：

> 对我而言有一件事情变得越来越清楚：那就是你（指天主）不能帮助我们，我们必须帮助你来帮助自己。这是所有我们在这些日子能做的，也是所有真正重要的：我们捍卫你，你在我们内的那小小的部分。或许也捍卫其他的。主，你对我们的处境，我们的生命似乎不能做什么。我也不认为你应该负有责任。你不能帮助我们，但是我们必须帮助你，捍卫你在我们心中的所在，直到最后。①

海勒森是个犹太教徒，但是她对天主的态度是任何一神教都能够借鉴的。这段内心独白多少有点惊世骇俗，如果根据基督教传统对天主的全知、全能、全善的理解，她的内心独白如同亵渎，天主怎么可能无法帮助人呢？他的意志是人无法理解的，所以人不知道他为什么对我们的处境置之不理。对一个处境艰难的信徒而言这种解释往往会使他更加悲观和消沉。海勒森的做法更为明智，也是一个真正具有爱德的人的行为，这是真正对天主怀有善愿的做法。她接受了无法改变的事实，不放弃生活的希望，在此世所剩不多的日子里，她没有放弃对善的追求，也不像一些信徒那样把希望放在来世，而对绝望的现实失去兴趣。她仍然和往常一样生活，捍卫内心的爱，并照料他人。阿奎那认为天主需要人的善愿，当基督徒像这个妇女那样，以天

---

① Hillesum E., *An Interrupted Life*, New York：Washington Square Press, 1981, pp.186—187. 转引自 Wadell, Paul J., C.P., *The Primacy of Love：An Introduction to the Ethics of Thomas Aquinas*, New York/Mahwah：Paulist Press, 1992, pp.66—67。

主关爱他人的意志为自己的意志的时候,他就对天主具有善愿。

二、交往 *communicatio*

在友谊的所有条件中,交往 *communicatio* 至关重要。阿奎那说,"以这种 *communicatio* 为基础的爱,就是爱德"。[①]拉丁词 *communicatio* 具有交往、传递、分享、团体(fellowship)等多重含义,而共同分享的人就构成一个具有特殊交情的团体(fellowship)。英语的 *communication* 与该词的内涵比较接近,它的意思是将某些东西传递给他人,因此就是一种交流与分享,作为术语英语的 *communication* 用以指代"通讯",也能用来指代"传媒"或"传播学",取的正是该词"交流""分享"信息方面的内涵。在汉语中,很难找到一个词表达 *communicatio* 的丰富内涵,为了使用便利,以"交往"指代之。尽管"交往"无法表达 *communicatio* 的所有内涵,考虑到"友谊"的语境,"交往"或许是该词诸多含义中最为恰当的译法。

任何友谊都基于交往,世俗的友谊也不例外。在亚里士多德世俗的友谊中,与 *communicatio* 作用上相近的概念是希腊文的 *koinonia*,后者是追求共同利益的共同体,家庭与城邦都属于 *koinonia* 的范畴。对于亚里士多德而言,*koinonia*(共同体)既表达了情感的结合,也有朋友共同生活的意思,他说,"没有什么比共同生活更是友谊的特征了"。[②]共同生活在亚里士多德那里主要有三个层面的含义:第一,物质层面的共同生活,就是物理存在方面的共在,例如羊群在同一块草坪上吃草;第二,人的层面的共同生活,这需要运用理性。但是它局限于公民的简单关系中,为公正所规范,属于政治性的共居,具有冷淡和超然的特点;第三,最高层次的共同生活,是情感共融的友谊关系,其亲密的特质是具有德性的好人朋友拥有的。

koinonia 的不同层面严格来说都是 *communicatio* 的应有之义,但是只

---

① *ST* IIaIIae. 23.1.

② *EN* 1157b17.

有第三个层面的含义才符合交往的本质,因为只有这种"共同生活"基于对对方真正的爱。基于爱的交往才能实现 *communicatio* 的真正内涵——共享或传递善,以及在"善"中的团体(fellowship),因为只有对对方具有真正的爱,才能让双方的交往达到彼此容纳与出神的效果,其他的交往方式都不可能让双方的结合如此紧密。朋友的结合越是紧密,团体就越有生命力,个体的特殊的善就越能为团体所用,并在团体的熔炉中创造出新的公共的善。个人不仅仅从朋友那里,也从彼此的关系及友谊的团体中共享公共的善,并在这一过程中提升个人特殊的善,被提升的个体又将创造出更大的公共的善。当然这只是理想的描述,它不仅仅要求团体成员之间具有最高层次的共融关系,也需要有良好的管理机制最恰当地利用和发挥个体的作用。

那么 *communicatio* 在阿奎那那里的内容究竟是什么? 学者们提出了不同的解读,学界一般都承认"交往"在阿奎那那里有三层含义:(1)给予人恩宠与恩赐,这是人神友谊的开端;(2)产生友谊的某种共同关系,这是友谊的基础;(3)友谊的活动,例如交谈、亲密和共同生活。①根据一般的友谊理论,交往不会随意发生,也不是任何人之间都会形成团体,交往的双方至少要具有某种相似,具有共同的社会关系或背景。那么人与神有相似之处吗?②阿奎那认为相似有两类含义,特性方面的相似,比如都擅长画画;或者都具有共同之处,比如都属于同一个社区或团体等等,而人和天主却在这两方面都不相似。那么天主是如何同人建立友谊的? 人神友谊的开始完全是通过天主单方面的努力,通过圣神的恩赐,天主主动邀请人成为他的朋友,当身处高位的天主主动给予人某样恩赐,就产生了第一个层次的交往。如果人接受其恩赐,人和天主就"共有"某样东西,借此天主与人建立起共同的

---

①　Bobik 的文章总结了学术界对阿奎那所使用的"communicatio"一词含义的探讨。见 Bobik Joseph, "Aquinas on *Communicatio*, the Foundation of Friendship and *Caritas*", *Modern Schoolman* 64(1986—1987), 1—18。

②　亚里士多德认为人不可能和神交友,因为差距太大而几乎没有相似之处。

关系,这是交往的第二层含义。人与天主建立起了友谊之后,就产生了第三个层面的交往——灵性层面的共同生活,基督徒在沉思、祷告、阅读圣经、圣餐仪式等宗教活动中和天主交谈与共处;也与天主有实践层面的共同生活,基督徒以爱德帮助他人,照料世界是以行动实现其高尚的灵性,并参与神在这个世界的活动。

此处,需要重点解释第一层含义中的"恩赐"(拉丁文 donum,相当于英文的 gifts),基督教传统认为天主的恩赐主要有七种,因此也称为"圣神七恩"。什么是恩赐呢? 它们何以成为人神友谊得以开始的关键? 简言之,阿奎那认为天主通过圣神七恩提升人的理性和意志,让人更有可能接受天主的友谊。与德性一样,恩赐是一种习性(拉丁文 habitus),它出现在任何被神赋予恩宠的人身上。当一个人具有恩宠时,七个主要的恩赐就会通过圣神在人内工作。在七个恩赐中,四个作用于理性,它们分别是智慧、明达、聪敏、超见,三个作用于人的嗜欲,分别是刚毅、孝爱、敬畏。神圣七恩作为习性,改造人原先的不良习性,给予人更好的配备,让人有可能接受天主的灵感,与之结合。阿奎那说:

> 恩赐是成全人的习性,为使人善听圣神的感召,正似道德德性是成全嗜欲的,为使之服从理性。正如嗜欲能力生来就是为受理性推动的;同样,人的一切能力本来就是为受天主之感召的,有似受一种更高的机能推动的。故此,在所有能充为人性行动之根本的能力上,既然皆有德性,便也能有恩赐,即是在理性及嗜欲能力之上。①

阿奎那认为行动的正确判断只有两种可能的方式,一种是理性的完善使用,另外一种是与对象之间具有同质性,圣神的恩赐改变人的习性,让人

---

① *ST* IaIIae. 68.4.

与恩赐的给予者圣神之间具有某种同质性,从而使人更能获得向天主之德,即灌输的神学德性"信德""望德"与"爱德"。光凭自然习得的德性,人只能倚靠理性对嗜欲的命令来行动,而理性在天性腐化的状态下无法总是顺利地运作;但是凭借恩赐,人的习性变得更加完善,并与天主之间具有了某些相似性,凭借这些共通之处,人才可能对天主具有友谊,即爱德。

第四节　应该以爱德爱哪些存在?

阿奎那认为应该以爱德去爱的对象有四种:天主、我们的邻人或近人(包括天使和所有人)、我们的身体,以及我们自己。前文提到在出于爱德的"交往"中,人与神具有某种共同的关系,而这一共同关系本质上就是"真福",因为天主就是真福本身,与天主的友谊与结合就是获得真福。阿奎那说,"爱德的友谊是以真福的共同关系为基础的。在这共同关系里,第一是那被视作真福之源的,即天主;其次是直接分享真福的,即人与天使;第三是那由于真福的一种漫溢而沾有真福的,即人的身体"。①也就是说除了由于特殊原因沾有真福的身体,爱德的对象就其本身而言是具有人格的存在,因为只有具有人格的存在者之间方能建立共同关系,才能分享真福。这与第二章中讨论的真正的爱必须以人格的存在者为对象与目的是一致的,而西欧中世纪思想认为所有理智的存在者都是人格的存在者,即 *person*,所以自我、他人和天使都被看作爱或爱德的对象。②

具体而言,天主是爱德的第一根源,爱德首先以天主为对象,但是也包含对邻人的爱,基督教导人"爱神的,也当爱弟兄,这是我们从神所受的命

---

①　*ST* IIaIIae, 25.12.

②　或许读者会想到魔鬼,魔鬼也是具有理性的存在者,即 *person*,但是魔鬼的本性已经被罪恶摧毁,人不可能与被天主判定为遭受永罚的魔鬼共享真福,所以在这一意义上魔鬼不是爱德的对象。

令"(《约翰一书》4:21)。阿奎那认为对天主的爱和对邻人的爱同属爱德,对邻人的爱不是不同于爱德的另一种爱。阿奎那说:"我们应该爱邻人的那观点,就是天主;因为我们在邻人身上所应该爱的,就是如同在天主内。由此可见,爱天主的行为,以及爱邻人的行为,是种类相同的行为。所以,爱德的习性不仅及于爱天主,而且也广及爱邻人。"①爱邻人身上同在天主内的部分,就是爱他们的善,这当然也包括他们的存在本身,因为存在对于人而言是最大的善。人和天主的友谊之所以能广及邻人,除了天主的要求之外,也因为邻人是天主神圣共同体的一员,与人自身具有同享真福的共同关系。

首先,除了天主与邻人之外,阿奎那认为人还应该用爱德爱自己和自己的身体。人应该爱自己,因为虽然人和自己没有友谊,却有比友谊更强的结合,对自己的爱是友谊的形式和根源;其次,爱德包括人与属于天主者的友谊,后者当然也包括自己。但是自己的身体这样的非理性的存在如何能成为友谊的对象呢?阿奎那说应该从身体的本性和其腐化两个方面分析这个问题。身体的本性来自天主,基督徒借此侍奉天主,所以应该用爱德爱身体。但是不该爱身体内的罪恶的玷污和罪罚的腐化,反而应该用爱德清除它们。阿奎那这样解释:

> 虽然我们的身体,不能因着认识或爱天主而享有他,可是我们借着身体而完成的工作,能够完善地享见天主。为此,灵魂上的享乐,也给肉体洋溢一种幸福,即"健全而充沛的精力",如同奥古斯丁在《致狄奥斯高书》(书信集第一八篇第三章)里所说的。所以,既然身体也以某种方式,分享着真福,我们也就可以用爱德去爱它了。②

---

① *ST* IIaIIae. 25.1.
② *ST* IIaIIae. 25.5.

以爱德爱邻人作为基督教的传统教诲看似没有多大问题,但是如果邻人是仇人、罪人、异教徒,甚至是弃绝神的人,为何也应该以爱德爱他们呢?阿奎那认为爱德对主体的标准要远远高于对对象的标准。就主体而言,信徒积极地回应天主的爱并以爱回报天主,即也以同样的爱爱他人。但是,对于爱的对象,爱德并不要求他人也像信徒那样和天主具有友谊的关系,即使是罪人、十恶不赦之徒、实质上抛弃天主的人,由于他们属人的本性得自天主,也具有享有真福的能力,而爱德以分享真福为基础,所以也广及那些在能力上可能享有真福的人。这实际上就把爱德的对象推广到了所有人,因为即使异教徒和罪人也具有人的本性,其天性也得自天主,因而他们在"潜能上"能够分享天主的至善。阿奎那是这样阐述应该以爱德爱罪人和仇人的:

> 我们在罪人身上,可从两方面来观察:他的本性和他的罪过。以他受自天主的本性来看,他有享受真福的能力;而爱德就是以这真福的共同关系为基础的,如同前面所讲过的(第三节;第二十三题第一及五节)。所以,以罪人的本性方面来说,应该用爱德去爱他们。可是,他们的罪过反对天主,是享受真福的阻障。所以,以他们反对天主的罪过方面来说,按照《路加福音》第十章二十六节的话,所有的罪人,甚至于自己的父母和亲戚,都是应该憎恨的。因为,在"罪人"身上,我们应该憎恨他们是"罪"人,而爱他是能享受真福的"人"。而这就是用爱德,为了天主而真正地爱他。①

> 对仇人的爱,可有三种解释。第一,应该爱我们的仇人,因为他是仇人。这是悖理的,是相反爱德的;因为它表示要爱在别人身上的恶。

---

① *ST* IIaIIae. 25.6.

第二，爱仇人，意思可能是说，我们要在他们本性方面去爱他们；不过，这也只是一般地来说。按照这个意思，爱德要我们必须爱仇人；也就是说，我们在爱天主和我们的近人时，不得把我们的仇人不包括在我们对一般的近人的爱之内。第三，对仇人的爱，可能被视作特别是对他们的爱；就是说，一个人对于仇人，应该有一种特殊的爱的行动。爱德并不绝对要求这个；因为爱德并不要求，对每一个个别的人，都要有一种特殊的爱的行动；因为这是不可能的事。不过，爱德要求有关的内心的准备；就是说，如果实际有必要的话，我们应该准备去个别地爱我们的仇人。①

在这两处，阿奎那论述问题的角度是从具有爱德德性的"我们"的自述出发，阐述人应该如何对待罪人和不具有爱德的和"我们"有仇的人，他说的仇人也是罪人，是和自己有仇的罪人，即是在罪人之上又加上了个人利益和好恶的冲突。无论对于罪人还是仇人，都应当爱他们人之为人的本性，这一本性赋予他们享有真福的能力，因此即使罪人也与好人具有潜在的共同关系；也应当痛恨他们身上的恶，痛恨他们的罪恶就是爱他们的善，因为"完善的恨也属于爱德"②。但是如果他们堕落在很大的罪恶中，已经无法救治了，就如同世间的法律会处死十恶不赦而且死不悔改的人，阿奎那认为对这样的人不该再表示任何友谊的亲善。天主和世间法都要处死这些人，以免他们继续加害别人。这一极刑不是出于对他们的恨，而是出于爱德所重视的大众利益。结束不愿悔改的罪人的生命对他们自己也是有利的，因为他们不能再犯罪了。

对于罪人和仇人的爱德可以只停留在心理准备的层面，这就是说，在理论上广泛地爱仇人，但是不必然付诸实际行动。向整个民族或团体表示恩

①② *ST* IIaIIae. 25.8.

惠和爱属于义务,即使对方是仇敌;但是给予个别仇人恩惠或爱,不是必须的,除非他们有迫切的需要。阿奎那认为基督徒不需要在非紧急情况下向仇人表示爱,在一般情况下给仇人恩惠属于爱德的最高峰,是完善的爱德,不能作为普遍的律令要求所有基督徒。阿奎那说:"至于一个人,虽然并不需要这样去做,却在实际上这样去做,为天主而爱自己的仇人,这是属于完善爱德的事。如果一个人,出于爱德,为了天主,而爱他的近人,那么他越爱天主,就越会不受仇恨的阻挠,向他的近人表示爱心。"①这好比我们如果爱朋友也会连带着爱朋友的孩子一样,哪怕后者自身不惹人喜爱,这比只爱好人朋友更为困难。阿奎那主张爱德可以停留在心理准备的层面的看法,还出于现实的考虑。以爱德去爱罪人和仇人的目的是为了他们能改过,不再犯罪。如果一个人自己的意志较为薄弱,就最好避免和罪人来往,只需要在内心的层面广泛地爱罪人,以免自己受到罪人的影响,帮助不了罪人却让自己陷于罪恶的诱惑当中。

既然在阿奎那那里,是否同他人建立爱德的友谊,是根据对方能否享有真福来判断的,那么严格来说不应该用爱德去爱非理性的被造物。其理由是非理性的被造物不是友谊之爱的对象,我们只能把人当作目的来爱;而且非理性的被造物也无法得到真福,它们不具备爱德的基础即共享真福的共同关系。但是为了他人的利益,阿奎那认为人应该关爱万物,以天主保存万物的方式爱它们。在此可以衍生出环境伦理学方面的议题。虽然自然不是理性的存在者,人不用像对待自己那样对待自然,但是也应该爱护自然,不该肆意妄为,因为天主为了人的利益就是如此保护和关爱万物的,人也应该为了自身和他人的利益爱护自然。

总而言之,爱德的友谊以它和天主同享真福的共同关系为基础,其本质在于天主,并延伸到其他所有能享真福者那里。与和天主的友谊相比,人同

---

① *ST* IIaIIae. 25.8.

他人的友谊是相对次要的；但是，爱天主和爱邻人是一体两面的，不爱邻人的也不可能爱天主。这主要有两方面的原因。首先对天主的爱德需要人对他人存有善愿，上一节已经讨论过对天主的善愿就是关爱并照料天主关爱的他人和世界。一个爱天主的人必然爱天主以友谊之爱关爱的邻人，不然他只是冒充和天主具有友谊。基督也把彼此相爱作为基督徒最大的特点，他说："我赐给你们一条新命令，乃是叫你们彼此相爱，我怎样爱你们，你们也要怎样相爱。你们若有彼此相爱的心，众人因此就认出你们是我的门徒了。"（《约翰福音》13：34—35）不遵循这条命令的人不是合格的信徒。另一方面则涉及人类认识的局限，虽然人应当爱作为至善、真福的天主胜过爱他人，但是灵魂需要通过它认识的东西（被造物）学会去爱它不认识的东西（天主），在此世人还是难以完全达到天主的真福，他需要通过对被造物的爱来认识天主的全善，在这种意义上，被造物作为得到至善的所由之道而被爱。①

第五节　爱德的次序

根据爱德，人应当爱的不仅仅有天主，也有他人，自己与自己的身体。那么我们应该以怎样的次序爱这些对象呢？是应该一视同仁还是有等差地爱不同的对象呢？

一、爱德依据的两对关系和基本次序

基督教虽然提倡博爱的精神，主张以爱德爱一切理性的存在者，但是这并不意味着要以同样的强度爱所有的对象。阿奎那认为无论就内在情感，

---

① *ST* IIaIIae. 26.2.

还是就外在的施与恩惠而言,爱德都是有次序的。爱德的次序依据两对关系:被爱者和第一根源天主的远近关系,以及被爱者和爱的主体的远近关系。

一般而言,爱德的基本次序可以被归纳为:爱天主胜于爱自己,爱自己胜于爱邻人,爱邻人胜于爱自己的身体。这一次序和自然神学路径中人性完善状态下的爱的次序完全一致,在自然神学的路径中,人出于本性追逐善,天主作为公共和整全的善是人所爱的首要对象(第二章第四节第二部分论证了这点),其次人天生与自己具有紧密的结合,也因为对自己的爱,方能"爱人如己"。爱德是基督教关于爱的最为完善的论述,它要求为了天主本身,全心全意爱天主,这一友谊的目的和基础(共享真福的共同关系)都在于天主,所以对天主的爱无所谓过多。因此,无论就自然神学还是整全的基督教理论而言,天主都在爱的程度上占据第一位。

人也应当爱自己胜过邻人。人具有精神或灵性的本性,也具有身体的本性,如同亚里士多德,阿奎那也认为爱自己是指爱自己灵性的本性。人应该爱灵性的自我胜于邻人,因为爱德所爱的是善,而善的根源在于天主,人以爱德爱自己是因为他分有善的根源,爱他人则是因为与他人在善内的结合,因为自我同自身的单一关系胜于与他人的结合,所以自己分享天主的善,比别人与自己一同分享是更强的爱的理由。①

正是由于对自己灵性的爱超过对他人的爱,阿奎那才建议大多数人只要在内心准备的层面上以爱德爱罪人就足够了。他深刻地认识到道德坚守是充满艰辛的事业,所以基督徒在德性没有被磨砺得像宝石那样闪光时,应当小心避开任何让自己堕落的情形,避免与罪人来往,只要在内心的层面上爱罪人就可以了。这是因为比起拯救他人的灵魂,更重要的是自己的灵魂不陷入罪恶。这也是阿奎那极具智慧的忠告,好人切不可为了他人不顾自

---

① *ST* IIaIIae. 26.4.

己！这不是说不能为别人蒙受身体或者外在利益方面的损失，而是说不能因为他人牺牲自己灵魂的善。

即使邻人是最圣善的人，爱德也不要求人爱他胜过自己，因为爱德的次序不仅跟被爱者同天主的远近有关，也跟被爱者同爱者的远近有关。一个圣善的人虽然更接近天主，但是人和自己的距离远小于同他人的距离，人对自己获得真福的渴望一定超过希望他人获得真福的渴望，即便这个他人是最好的好人。这也完全符合本书第二章的讨论，人根据其本性，自然爱自己胜过他人，这个观点与阿奎那对"自我"观念的理解一致，在《〈尼各马可伦理学〉评注》中，他从本体论的角度谈论"自我"的观念，认为人和自己是同一（unity），和他人只是结合（union）。①爱德完善人的自然本性，但是不违背本性，所以出于同样的理由，在与天主的友谊之中，人对自己的爱德自然超过对一切邻人的爱德。

但是如果爱的对象是自己的身体，那么根据第一对关系，即被爱者和天主的远近关系而言，人应该爱邻人超过爱自己的身体。这是因为他人比自己的身体更能分享真福，身体只能通过这样的方式分享真福，即灵魂所享的真福满溢出来，而惠及身体。所以从灵魂得救的角度而言，人应该爱他人胜过爱自己的身体。在关于身体的受造方面，个人的身体的确更接近其灵魂，但是在分享真福方面，他人的灵魂和我们灵魂的结合，要胜于自己的身体与自我灵魂的结合。所以无论就被爱者与天主，还是被爱者与爱者的关系而言，人都应该爱邻人胜于他自己的身体的利益。但是这并不是要求人为了他人灵魂的得救而危害自己的身体，除非他有照顾此人得救的责任，例如父母对于子女。相反，人人都直接负责照顾自己的身体，而对于邻人的得救，除非是在特殊的情形之下，并不直接负责照顾。而如果他主动为此牺牲自己，就是属于完善的爱德行动。②

---

① 见本书第一章第四节。
② *ST* IaIIae. 26.5.

二、应该更爱好人还是亲人？

在爱德次序的一般规则下，阿奎那着重讨论了爱德在邻人内部的次序问题。这也是中世纪乃至现当代基督教思想界经常产生争议的问题。一些神学家与基督徒认为爱德是一视同仁的，应该以爱德同等地爱所有人，但是阿奎那认为爱德的一视同仁只表现在愿意所有人与神建立友谊，获得真福之中。前一种立场只考虑了第一对关系，即被爱者与天主的关系，而没有考虑被爱者与爱者的关系。如果只根据被爱者与天主的关系决定友谊的强度，人似乎应该爱圣善的人超过自己的父母和亲人，因为圣善的人与天主的结合更为紧密。阿奎那不赞同这种看法，他认为爱德不违反本性的倾向。爱德与人的本性都来自天主，爱德的情感因此并非不及自然的情感那样有次序。他从人性的角度合情合理地给出了爱他人的等差，"爱德应该先是对于那些与我们更为亲近的人，然后才是对那些更善的人。"[①]他这样论证道：

> 每一个行为，必须与其对象及其主动者相称。可是，行为的类别，来自他自己的对象，而它的强度，则来自主动者的德能；如同行动的类别，来自行动所趋向的终点，而行动的速度，则来自行动者的状态，以及主动者的力量。准此，爱的类别，来自它的对象，而它的强度，则来自爱者。
>
> 爱德之爱的对象是天主，而人是爱者。所以，爱德的爱，在爱我们的近人那方面，是由我们的近人与天主的关系来定其不同类别的。这是说，我们由于爱德，应该愿意一个更接近天主的人，得到更大的善……在另一方面，爱的强度，是要看他与爱者本人的关系。准此，人以更强烈的情感，去爱那些与自己更为亲近的人，愿意自己所爱的人得到所爱的善，胜于爱那些更善的人，愿意他们得到更大的善。[②]

①②　*ST* IIaIIae. 26.7.

　　也就是说，一方面为了维持天主的公义，人们愿意圣善的人分享与其相配的高等级的真福。因为爱德的类别是由邻人和天主的关系决定的，以爱德愿意自己与他人得到的善只有真福，真福只有一个，可是对真福的分享，个人的情形不相同，而有不同的等级，愿意圣善的人分享高等级的真福符合公义；另一方面，人们更强烈地爱与自己更为亲近的人，并更强烈地愿意他们得到善，因为爱德的强度取决于对象与爱者的远近关系。因此，就愿意他人获得善的种类而言，需参照被爱者与天主的关系；但是如果考虑爱的强度，只需要考虑被爱者和爱者的远近关系，据此，阿奎那主张人应当爱与自己亲近的人超过圣善的人。

　　此外，还有一些方式让人以爱德爱与自己更为亲近的人。对于圣善之人，只能以爱德爱他们；而对于更为亲近的人，却能以多种方式去爱他们。因此，对于那些与我们没有亲近关系的人，我们同他们只存在爱德的友谊；而对于那些与我们有亲近关系的人，按照他们与我们关系的情形，还存在一些其他的友谊。而任何高尚的友谊所依据的善，都指向爱德所依据的善，所以爱德管制其他一切友谊的行为。阿奎那认为这就好比那关于目的的艺术，管制那关乎导致目的者的艺术一样。为此，爱一个人，因为他是亲戚或是同胞，或者为了其他与爱德有关的理由，那么这个爱的行为本身由爱德来管制。如此，人能出于多种方式用爱德去爱那些与他更为亲近的人。①

　　在各种被爱者和爱者的亲近关系中，阿奎那认为血缘的联系先于其他所有的联系，因为出生带来的自然联系是无法断绝的，它根据与本体有关的东西，而其他的联系则是后加的，所以在关乎人的本性方面，基于血统的友谊比任何其他友谊更为稳定。而其他友谊在每一种友谊特有的那方面，也许比较坚强。例如，一般而言，人应该以爱德爱亲人胜过共事的同僚，但是

_____

① *ST* IaIIae. 26.7.

一个执政者就如何管理国家的具体政策而言，应当爱其同僚胜过亲人。这是因为就政治伙伴的特殊友谊关系而言，和同僚的关系胜过亲人。这是爱德的一般原则。不过我们也见过一些人亲近具有德性的人，而远离亲人。但是，远离亲人并不是因为他们是自己的亲人，而是因为他们可能在某方面阻碍人与天主或者善的结合，为了保持自己的德性（包括公道），才不得不选择远离缺乏德性的亲人。中国人说的大义灭亲就属于这种情况。

即使在天国之中，阿奎那认为爱德也遵循这样的次序。因为"天国的真福并不取消本性，而是成就本性"。爱德的次序出自本性，在天国中也将继续存在。只是在天国中，人的意志与天主的意志更为一致，因此虽然就爱的强度而言，人还是爱自己超过他人，但是就意愿来说，同此世相比，在天国人对邻人的爱更多受到他们自身德性的影响，所以与亲人的天然联系也要弱一些，只是爱与自己亲近的人的各种理由仍然存在。

所以，就邻人而言，爱的次序遵循如下原则：人应该以爱德最爱与他亲近的人，胜过爱圣善的陌生人，胜过普通人，胜过罪人和仇人。即使在亲人之中，爱德也有次序。这仍旧取决于爱德的对象天主和爱者这两个方面。例如父亲和子女，人更应该爱哪个？一方面，就爱德的对象而言，越像天主的越应该得到人的爱，父亲对我们更好像是根源，是高尚的善，因此人应该爱父亲胜于子女；另一方面，从爱者的角度衡量，爱者跟子女更为亲近，故而应该更爱子女，因为子女被视为爱者的部分，父母对子女的爱好像一个人对他自己的爱，而且父母对子女的爱的时间更长，子女则需要成长一段时间之后才开始爱自己的父亲。①在这两种标准之下爱的顺序不尽相同。阿奎那认为这并不矛盾，它说明人就不同的方面爱不同的对象更多一点。因为人会去意愿天主不会意愿的事，我们不完全从客观的善的角度，也从和自身关系的角度爱他人，这也让爱德的次序更加人性化。

① *ST* IIaIIae. 26.9.

第六节　革命性突破——第二人称关系

在神学上,将爱德定义为人对神的友谊具有怎样的深意? 它是否符合圣经的传统呢? 以当代哲学的语言表达,阿奎那关于人神友谊的理论可以称为"第二人称关系"(Second-Personal Relation),它是一种基于无私的爱与尊重的面对面的"你—我"关系,与之相对立的是将对象工具化的"自我"与"他者"的"第三人称关系"。

"第二人称关系"这一术语在英美学界早已存在,2001 年戴维森(Donald Davidson)发表著作《第二人称》(*The Second Person*),让该术语为学界所熟悉,但是其意涵与此处提到的颇为不同。更早并与此处的"第二人称"具有传承关系的是意大利学者阿岜(Giuseppe Abbà)于 1996 年在其著作《道德哲学》①中提出的"第三人称的道德哲学"与"第一人称的道德哲学",它们分别表述两种不同的伦理视角。"第三人称的道德哲学"是从第三者或立法者的角度来规定人的行为准则,它以近现代兴起并占据主流地位的义务论与功利主义的伦理范式为代表;"第一人称的道德哲学"则是从行动者自我的角度出发考量行为的选择与德性的养成,以古典哲学为代表。阿岜的思想被学界广为认可,并间接产生了深远的影响②,尽管他没有直接提出"第二人称"的概念,却开创了以"人称"的角度考察伦理视角的方法。之后,美国著名的中世纪哲学家斯坦普(Eleonore Stump)曾用"第二人称"描述人神关系,受到一些学者的推崇,并将其理论应用于具体问题的讨论。③

---

① Abbà, G., *Ricerche di Filosofia Morale*, LAS, 1996.
② 实际上,由于阿岜的著作是意大利语写成的,其直接影响有限,但是他关于第一人称与第三人称的道德哲学的说法在学界广为认可,影响深远。
③ 师从 Eleonore Stump 的几位学者曾将该理论应用于具体问题的讨论,例如 Andrew Pinsent 的《阿奎那伦理学的第二人称维度:德性与恩赐》[*The Second-Person Perspective in Aquinas's Ethics: Virtues and Gifts*(Routledge, 2013)]。

一、从第二人称关系到第二人称的伦理

　　将爱德表达为友谊是阿奎那极富原创性的思想,其革命性在于揭示了基督教伦理的本质——在人与神的第二人称关系中获得道德的完善,不妨称之为"第二人称的伦理"。要理解第二人称的伦理,关键在于理解两个问题:第一,阿奎那的爱德理论是否表述了人与神的第二人称关系? 第二,对于人的道德活动而言,人与神的第二人称关系具有怎样的意义?

　　首先来回答第一个问题。通过把爱德诠释为人对神的友谊,阿奎那表述的人神关系正是"第二人称"的"你—我"关系。尽管天主在善与权能上远远超过人,但是他并没有把人当作仆人或工具,他没有毁灭人以消除罪恶,也没有以独裁者的方式强迫人称义,而是用无条件的爱来感化人。神的爱体现在他无条件地给予人恩宠,也体现在他不惜"伤害"自身来救赎人——这正是爱德的真意。只有一个尊重人的自由意志并且真心爱人的神,才会不惜以其独子的受难为代价,拯救人堕落的本性;也才会不惜让自己降生为人,俯就人的智识,以便以人能接受的方式揭示圣道。神的种种无私付出都是希望人能像朋友一样站在其面前,成为一个有尊严有人格的完整的人,而不是一个不会犯错的听话的仆从。可见一个人是否能成为真正的基督徒,不仅仅在于他是否相信神对人的无条件的付出,更在于他是否能在对神的信仰中与之建立起第二人称关系。阿奎那将爱德定义为人对神的友谊的确把握到了人神关系的本质就是第二人称的关系。

　　其次,人与神的第二人称的关系产生一种第二人称的伦理。人与神的第二人称关系对人的道德活动具有非常独特的意义,人要与神建立一种互爱的第二人称关系,必须与之具备心理学意义上的"注意力共享"(Joint Attention),即能体会神的意愿,为其意愿或行为感染,以其意愿为自己的意愿,并以之行动。这在根本上不同于只在理性的层面认可神的命令,依赖理性对感受的约束遵守戒律。换言之,最好的伦理处境不是以理智统治欲望,

也不仅仅是遵守神的律法,而是在与神的第二人称关系中感知并体会其意愿,在共享意愿中与神结合,产生与神的同质性,从而达到与神的最终结合即至善与至福。与神在意愿上的结合自然会让人以神对待他人和世界的方式行动,道德行为因此是人与神在友谊中分有神意的产物。

根据阿奎那的理解,同神建立第二人称的关系是一个漫长的过程,在今生,人神之间的结合总是不完善的,人所能获得的幸福也是不完善的。不仅因为自然理性的局限,让人无法彻底明了关于天主本质的真理,更重要的原因是现世的人很难彻底消除各种现实的顾虑,因此无法像天主爱人那样,以彻底的自我牺牲的方式爱所有人,所以人的意志与天主的意志之间难免存在分离,即使圣徒也必须通过持续的努力才可能获得与神的较为完善的结合。在《圣经》中基督与其最心爱的大弟子彼得之间有一段意味深长的对话。基督问彼得是否爱他,彼得回答,"主啊,是的,你知道我爱你",但是基督却并不满意,连问了三次同样的问题(《约翰福音》21:15—19)。基督问的"爱"与彼得回答的"爱"不是同一种爱,基督问的是属于神的无条件的圣爱(*agape*),而彼得回答的是属于人的爱(*phileo*)。彼得的回答说明他对基督的爱虽然具有圣爱的特质,但是仍然无法完全不计个人得失,甚至不惧牺牲地爱基督。彼得的回答是诚实的,在基督被捕后,他出于恐惧有三次不认基督。直到年老,彼得才逐渐摆脱了自私的自爱。阿奎那遵循中世纪传统,主张只有在来世,那些今生努力爱神的人将获得与神的更完善的结合,真正成为与神以"你""我"相称的人。

总而言之,只要阿奎那的爱德理论建立起了人与神的第二人称关系,那么他也成功地建立起了一种"第二人称的伦理"。以往讨论爱德的重心在天主这方,天主既是至善,也是真福,占据绝对的主导权,人只有接受神的恩宠,模仿基督的言行才有可能为神所拣选,达到伦理生活的顶端——与神的结合与永福。阿奎那以爱德为友谊,将重心从天主那端移到了人与神的关系当中。只有在人与神的第二人称关系中,天主对人的爱与无私付出才得到应有的效应，"爱德"这一重要的伦理范畴也才彰显出其应有的价值。

二、第二人称：对《约伯记》的解读

如果说以"第二人称关系"描述阿奎那的伦理学是合理的，那么这种表述是否符合《圣经》的传统呢？如果说基督教的经典本身反对这一解读，那么即使阿奎那的友谊理论具有革命性的洞见，它对基督教思想仍旧没有多大的贡献。要证明第二人称关系是否符合《圣经》的文本与神学传统，需要以专业的文本研究为依托，更需要大量的篇幅，这超出了本书的主旨。在此，不妨放弃全面的论证，仅选取《圣经》中的一个篇章《约伯记》，以之考量第二人称的解读是否复合基督教哲学。①

对于大多数研究者而言，《新约》比《旧约》更突出了神的善，相对而言《旧约》更多强调的是神的权能，一个威严而让人颤栗的神。本章选择《旧约》的《约伯记》是因为它对于学界而言向来颇具争议，因为它通过约伯之口表明神的行为与权威可能与公义相悖。约伯一开始质疑神让其无辜受难，但却在神说出那句"我立大地根基的时候，你在哪里呢？"之后匍匐在地。神为何要说这样的话？为什么原本毫不畏惧，敢于质问神的公义的约伯会在这些话前臣服呢？

根据《约伯记》，约伯是一个敬畏神的义人，他完全正直、远离恶，开始时拥有众多的财产与子女，之后因为神的默许被撒旦陷害，在一夜之间几乎丧失了所有的家产与仆人，十个子女全部死亡，他自己也遭到亲朋好友的离弃。之后撒旦继续让约伯得病，全身长满毒疮，约伯仍然不改其道德的纯正，虽然无故受到迫害，却从没有诅咒神。之后，约伯的三个朋友前来劝慰他，约伯开始质疑神让自己受苦的原因，他的朋友坚持认为无辜的人不会遭到祸患，神的怒气只会针对恶人。他们不断重申人的渺小与神的权能，想以

---

① 对《约伯记》的解读参考了斯坦普的著作，见 Eleonore Stump, *Wandering in Darkness*, *Narrative and the Problems of Suffering*, Oxford University Press, 2010, pp.177—227。

此迫使约伯承认自己有罪。他们中的一个说:"必死的人岂能比神公义吗?人岂能比造他的主洁净吗?主不依靠他的臣仆,并且指他的使者为愚昧"(《约伯记》4:17—18)。他们坚信神的公义,认为应该绝对服从、敬畏神,不应该有任何质疑。由于神是公义的,一切的苦难都是约伯应得的,他们要求约伯屈服,以平息神对其(指代约伯)不义的惩罚。对此,约伯并不臣服,他虽然承认自己力量的渺小,但是却否认犯罪,认为朋友因为恐惧而丧失公义,他可以服从神的安排,甚至要求神毁灭他,却无法理解神让其陷入苦难的原因。在朋友的反复劝说下,约伯仍旧表示无法理解,因为即使人有罪过,他毕竟是渺小的,伟大如神不会如此在意,以至于要让其生不如死。总之,在约伯遭遇种种苦难之后,约伯的那三个好心的朋友不断批评约伯的狂妄言语,要求他臣服,约伯却不断要与神理论,质疑神的公义与对他的不仁。

约伯与其三个朋友的形象形成鲜明的对比。约伯的朋友是神的奴仆,他们在其权能面前彻底屈服,甚至放弃客观的道德与公义,对神的意愿本身毫无兴趣。他们认为信仰神就是绝对服从,毫不质疑。而约伯则完全不同,他与神理论,为什么让义人受难,让恶人得福。他埋怨神不顾人类的情感,像对待奴隶那样捉弄人。约伯坚持客观的公义,对善恶有自己的判断,在灾难面前,仍然没有丧失对公义的信念,其理智也不动摇对公义的认知。面对朋友不顾道德原则的劝说,他回答道:"你们要为神说不义的话吗?为他说诡诈的言语吗?你们要为神徇情吗?要为他争论吗?他查出你们来,这岂是好吗?人欺哄人,你们也要照样欺哄他吗?你们若暗中徇情,他必要责备你们"(《约伯记》13:7—10)。

不难看出与他的三个朋友相比,约伯才是那个站在神对面,与神以"你—我"相称的人,他关心神真实的意愿,质疑其行为,却不怀疑神本身的善。所以当他认为神的行为违背了其善的本质之后,他宁愿自己被彻底毁灭,也要与神争论:为何神明知人类的脆弱,却如此不仁地击垮他?他并没有作恶,神为何要给予他一切之后,又无理由地剥夺?神给予他一切又剥夺一切的意义是什么？为什么神要无端地让人畏惧呢？可见，在约伯的眼里，神并非喜怒无常，滥用权能的独裁者，而是善并且仁慈的天父。所以与他的三个朋友因为惧怕而无原则地臣服不同，他要求神"不要定我有罪，要指示我，你为何与我争辩"（《约伯记》10：2）。只有与神具有第二人称的友谊关系的人才敢以这样的方式质疑并要求神。可以说，约伯是神的朋友，他在乎神的意愿与公义，关心神本身；而约伯的三个朋友只在乎自己的福祉，他们将自己变成奴隶的同时也将神变得不公与不善。可以用图表表示约伯与其朋友与神的不同关系。

第二人称的人神关系"你—我"	第三人称的人神关系"我—他者"
友谊的模式	奴仆与主权者的模式
坚信神的善，体会神的情感，并为其所感染，从而在感动中提升自己的意愿或情感。	字面理解对方的要求或命令，并按此行动以避免惩罚，对其真正的意愿没有兴趣。

面对约伯与其朋友的争论，神最终表面了他的态度。他责备约伯的朋友，说他们对他的议论不如约伯说得对，惩罚他们并让约伯代他们祈祷。对于约伯的质疑，神没有直接回答约伯，却回答了这样一长段话：

"我立大地根基的时候，你在哪里呢？你若有聪明，只管说吧！你若晓得就说，是谁定地的尺度？是谁把准绳拉在其上？地的根基安置在何处？地的角石是谁安放的？那时，晨星一同歌唱，神的众子也都欢呼。"海水冲出，如出胎胞，那时谁将它关闭呢？是我用云彩当海的衣服，用幽暗当包裹它的布，为它定界限，又安门和闩，说：'你只可到这里，不可越过；你狂傲的浪要到此止住。'……"谁为雨水分道？谁为雷电开路？……"你能向云彩扬起声来，使倾盆的雨遮盖你吗？你能发出闪电，叫它行去，使它对你说，'我们在这里'？……"母狮子在洞中蹲伏，少壮狮子在隐密处埋伏，你能为它们抓取食物，使

它们饱足吗？乌鸦之雏，因无食物飞来飞去，哀告神，那时，谁为它预备食物呢？"(《约伯记》38)

一般认为这段话是神向约伯展现其权能，从而迫使约伯最终屈服。但是，若真是如此，这与约伯友人的立场有何不同？神又为何要批评约伯的朋友？仔细阅读这段文字，不难发现神不仅表明其权能，更是告诉约伯他所创造的世界是一个怎样的共同体（community）。他像对待自己的孩子那样对待其造物，他对海说不可越过界限，喂养狮子与乌鸦，让云彩回答他"我们在这里"。神像对待孩子那样对待所有的造物，他以众子称呼万物，当他创造万物时，"晨星一同歌唱，神的众子也都欢呼"。尽管神没有直接回答约伯，他却向约伯表明自己是如何对待万物的，这也就等于告诉约伯，神对无生命的存在与动物都如此关爱，把它们看作自己的孩子，他又怎么会不关爱作为人类的约伯呢？约伯最终臣服，承认自己无法理解神的意图，并说"我从前风闻有你，现在亲眼看见你"(《约伯记》42:5)。这并不是因为约伯终于匍匐在神的权能之下，而是因为他理解并信服神所做的一切是出于对他的爱，因此不再置疑具体的原因。体会神的善与公义让约伯与神具有更深的友谊，约伯因此成为《圣经》中义人的代表。

可见从人与神的第二人称关系入手解读《约伯记》，不仅化解了其矛盾之处，也展示了一神教信仰的内核。可以说，人与神的第二人称关系构成了一种理解基督教思想的方式，他让人从人神友谊的角度切入理解基督教的信仰与道德教化，值得学者进行深入的研究。本节已经涉及爱德对于道德生活的意义，下一章将进一步探讨在阿奎那看来第二人称的人神友谊对人的存在的价值。

第四章
德与福:道德生活的拱顶

　　前三章中讨论了"友谊"的哲学(philia)、自然神学(爱,amor),以及超越的维度(爱德,agape),阿奎那汲取了亚里士多德的哲学友谊观 *philia*,以 *philia* 的特质诠释爱德 *agape*,打通了圣俗之分,不仅使得一切平面的人的友谊导向其超越的维度——终极之善天主,也让爱德的友谊成为一般的友谊。事实上,在阿奎那那里不存在三种友谊观(哲学、自然神学,以及基于恩宠的友谊),友谊对阿奎那而言就是爱德,也只有爱德才是他心中真正的友谊。

　　在阿奎那那里爱德是友谊,也是幸福,它们共同构成道德生活的拱顶。换言之,道德生活的顶点,人的整体的完善,以及其终极目标"永福"是在人与神的爱德的友谊中达到的。与神的友谊将人推到德性的至高点,即在精神与道德层面与神具有最大程度的相似。哲学的友谊观与自然神学的友谊无法达到这两点。哲学的友谊观也以幸福和德性为目的[1],但是哲学观念中的"友谊"对于实现幸福不具有根本的影响力,而且它也只能在辅助的意义上促成德性,即通过和高尚朋友的交往促使双方在道德上更加完善。[2]自

---

[1]　亚里士多德的看法见 *EN* 1109a13-18,关于阿奎那对此的看法,见本书第二章的第一节。

[2]　这是阿奎那理解的哲学观念中的"友谊"对于德性的作用,亚里士多德本人未必这样理解。亚里士多德也认为友谊本身就是一种德性,但是即使如此,也不是核心的德性,核心的德性是理智方面的德性。详见本书第一章。

然神学视野下的"友谊之爱"也以幸福为终极目的,虽然幸福已经被揭晓为天主自身,凭借理性,人应该爱天主在自我之上,但是因为受到罪的拖累,很少有人能实现这种爱,更难以达到与天主即真福本身的紧密结合。而且仅仅在自然之力下,人所能达到的最高的道德境界是让欲望服从理性,无法获得圣神灌注的神学德性,也不可能获得神圣的恩赐。而神学德性与圣神的恩赐改造人的意愿,让人的整个存在向神靠拢,这使得人无需经过理性的思考,就可以自然做出合乎道德的行为。

只有通过爱德,人才能达到最高的幸福和最高的德性。通过与天主的友谊爱德,人获得对神的亲见,分享天主对其自身的知识,从而获得永福;爱德也是最崇高的德性,它将所有其他德性引向至善天主,因而统摄一切神学德性和习得的德性。要理解爱德的友谊如何构成道德生活的拱顶,首先需要理清其与自然之爱的关系。

第一节　爱德与自然之爱:两大路径的交汇

阿奎那认为人类行为的规则有两类:一类是理性,另一类是超越并涵盖理性的神。它们是西方哲学自诞生之初就存在的问题,涉及获得真理的不同方式。阿奎那认为理性来自神,正确运用理性让人获得真正的知识(广义的哲学);关于神的知识(神学)超越理性,它一方面揭示理性无法企及的启示的真理,另一方面也揭示一些理性可以达到但却容易产生谬误或较难获得的真理。天主赋予人理性思维的能力,就是为其启示的真理做准备;同样,理性获得的知识也为神学的真理做准备。简而言之,理性与启示、哲学与神学的关系是部分交汇而不冲突,理性与哲学导向启示与神学,启示与神学则以理性与哲学为基础,两者共同指导人的理论与实践活动(其具体关系如图)。

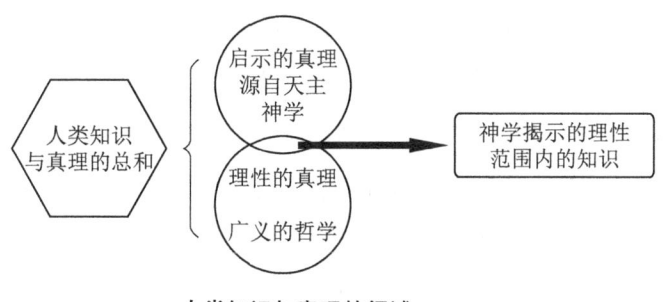

人类知识与真理的领域

阿奎那友谊理论的核心"爱德"属于纯粹神学的领域，其根源在于天主，只有通过福音与恩宠，人才能获得与神的友谊——爱德；而其自然神学中关于爱的理论则属于理性范围内的知识，尽管其中的某些内容也可能为神学所揭示。爱德属于神学的范畴是毫无疑问的，但是何以自然神学中的爱主要属于理性的范畴呢？它不也强调爱神在一切之上吗？事实上，自然神学的路径如果推到极致，也的确是爱神在万有之上，但是这里的神并非是《圣经》中那个与人面对面的存在者。自然神学中的神是否爱人，是否以人为朋友并不重要，人对神的爱是因为他是善的整体。亚里士多德那里作为第一原则的神也具有这些特质，因此这个神可能是大多数目的论者内心共有的，他可以是基督教的上帝，甚至可以是任何时空中某种哲学或宗教认可的最圣善的存在者，因此不应当把自然神学仅仅归于基督教的神学或启示。总而言之，爱德与自然之爱的知识属于上图不同范畴的真理，它们之间既有差异，也有深刻的联系，接下来将系统论述这两大路径的关系，它们的相似、差异、共同的旨归，及其交汇。

爱德与自然之爱有很多相似之处，它们都关乎人类爱的活动，自然神学讨论的爱广义上包括各种嗜欲，但是其完善形式是意志的爱。就定义而言，意志之爱与爱德没有差别，它们都是为了他人本身而爱他人，都基于善愿与交往，也都具有意志之爱的结构——友谊之爱与欲望之爱。爱德作为神示范的爱是自然之爱的顶点，也是理性主导下爱的最完善形式。如果以现代哲学的方式来表达,爱德与自然之爱可以被表达为两个基本愿望,一是愿意他人获得各种善(得福),二是愿意与此人结合。前者表达了对他人的爱是以他人自身为目的,第二个愿望则说明自身愿意在与他人的交往中帮助他人得福,那种对他人的泛泛的情感不会让人产生与之结合的愿望,因为真正的爱是现实的与深刻的,而非肤浅的人道主义教条。①

爱德与爱之间的差异非常微妙,主要表现在以下几个方面。第一,两个概念的侧重不同。爱(amor)主要是一种嗜欲(拉丁文的 appetitus,英文的 appetite)及其产生的行为,而爱德(caritas)主要是一种习性。广义的爱包括各种层面的嗜欲和行动,是描述性的中性词汇,而完善的爱则只是符合正当理性的意志层面的爱及其行动,因此自然之爱针对的是单个的嗜欲与行为。爱德虽然也涉及爱的行为,而且必然导向完善的爱(amor),但是爱德本身首先是一种品质,是稳定的心智的好习惯,因此一个具有爱德的人的所欲所行一般都是完善的爱,但是也可能偶然做出与爱相悖的行为,换言之如果偶然在小事上违背自然神学对完善之爱的要求,也不失为一个具有爱德的人。

第二,两个概念与友谊关联的方式不同。自然神学中对爱的讨论不直接构成友谊,但是爱德本身就是友谊。完善的自然之爱具有友谊之爱与欲望之爱的双重结构,尽管友谊之爱是主导,但是它必须与欲望之爱一同才能构成一个完善的爱的活动。而且友谊之爱也不是友谊,而是借鉴了友谊的本质——为他人自身而爱他人的方面。然而,爱德就是友谊,作为一种品质,它之所以能成为以相互性为特质的友谊,是因为天主首先就给予人这种友谊,所以只要人具有爱德,就与天主建立了相互的爱,也能在与天主的友谊中爱任何人,哪怕对方不愿意接受,也不会削弱他与神之间的友谊。

第三,自然神学中完善的爱凭借理性获得,爱德则来自天主。前一章的第一节详细论述的两种路径的不同正是关于这点,虽然就定义而言,爱德与

① 下一章将对这两对愿望做出更为详尽的分析。

自然之爱中爱的嗜欲与行动都由那两个基本的愿望构成，爱德却还在人的意志之爱的自然能力之外，多出一种形式，那就是通过神的恩宠分有天主的爱的形式。

虽然爱德与自然之爱的直接来源不同，完善程度也有差别，但是却有共同的旨归，那就是过一种道德的生活。道德的生活是基于正确知见之上，对真正的善的欲求。理性告诉人正确的知见，矫正人不正当的欲求，让人的欲望与行动趋向整体的善，而非狭隘的短暂的善；而恩宠则提神人的自然能力。一方面，神恩让人获得超越人类理解力的知识，让人信仰神对人的无条件的友谊，另一方面，神恩矫正并提升人的情感，柔软其内心，清洁其欲念，将爱德灌注到人的心灵。爱德与自然之爱都将人推向幸福，只是爱德作为人与神的友谊，是人与永福自身的结合；而自然之爱则需要通过总体的善作为中介，而且更难获得。因为即使把神当作超越所有个别的善的善本身，这样的神仍旧不是一个第二人称的存在者，人需要更完善的内心与更强大的动力才能以正确的方式与强度来爱神。

由此，爱德与自然之爱交汇于对神的爱本身。自然之爱赋予人追求善的自然能力，让人具有基本的识别善恶是非、矫正自身好恶的能力，并将人引导至至善的存在者本身。爱德则是终极的善以人格存在者的方式与人交往，它赋予人外来的恩宠，灌输给人圣神七恩①，也灌输给人爱德与其他的德性，提升人的心灵，使人善听神的教诲。

第二节　作为德性之母的"爱德"

阿奎那认为爱德直接以天主为对象，它是人与天主结合的动力。与天

---

① 具体有智慧、明达、聪敏、超见、刚毅、孝爱与敬畏，见上一章的第三节。

主结合的愿望让人逐步超越旧我,变得与天主相似,因此爱德能带来道德的完善,是一种重要的德性。爱德不仅仅自身是与至善天主的结合,也将人的所有德性导向其自身的目的,从而整个重塑了德性理论。

一、爱德是一种怎样的德性?

爱德是一种独一无二的德性。根据阿奎那的逻辑,由于德性和行为都是按照对象的善区分的,爱德的对象是天主,天主的善是独一无二的,没有哪个天主以外的东西具有天主的善,所以爱德也是独一无二的。亚里士多德的友谊可以根据目的和共有关系的不同被分为三种,但是爱德却不能如此分类,因为它的目的是唯一的,与邻人的友谊也以天主为主要对象,因为爱邻人就是爱他们分有的天主的至善,因此由于天主的缘故与邻人的友谊成为了爱德的一部分。同样,共享真福的共同关系也只有一种,不可被分类,它发生在人与天主之间,也发生在任何与天主具有友谊关系的人之间。

爱德是一种神学德性(virtus theologica),也是灌输的德性(virtus infusa)。由于爱德以天主为其直接对象,因此不是普通的道德德性,而是神学德性;爱德的获取不仅需要依靠人的自然能力,也需要依靠圣神的灌输,它因此是一种灌输的德性。对于阿奎那,神学德性就是灌输的德性,两者是一回事,因为神学德性的内涵就是通过天主的灌输获取的德性。它不是纯粹依靠后天的努力就能获得的"习得的德性"(virtus acquisita),后者属于亚里士多德的德性论。阿奎那如是写道:

> 爱德是人对天主的一种友谊,以同享真福的共同关系为基础,如同前面所讲过的(第二十三题第一节)。可是,这种共同关系与自然的天赋无关,而是根据无偿的恩赐,如同在《罗马书》第六章二十三节里所说的:"天主的恩赐是永生。"所以,爱德本身就超越我们自然的能力。可

是，凡是超越自然能力的，不可能是自然的，也不可能由自然的能力得到；因为一个自然的效果，不能超出它的原因。所以，我们的爱德，不是我们自然就有的，也不是靠自然的能力所能得来的，而是靠圣神的赐予或灌输，圣神是天主父及子的爱，我们若是分有他，就是受造的爱德。①

虽然爱德是天主灌输的而非习得的德性，但是这并不是说爱德的行为是和人无关的行为，本书曾经给出了一个这样的公式：爱德＝意志之爱的自然能力＋分有天主的爱的形式。后者需要依赖圣神的灌输，让人有可能分有天主和基督的爱，但是圣神灌输的爱德也需要人的意志加以首肯，并用这一德性来指导行动，否则人完全可能做出相悖爱德的事情。这好比一些人生来具有音乐的天赋，但是他们未必都能实现这一天赋，如果不经过后天的刻苦练习，他们的造诣可能还不及一些音乐天赋较弱却刻苦勤练的人。因此，爱德的行为虽然基于天主灌输的恩宠，但是却属于每个具体的行动者。人刚开始按照灌输的德性行动时很难觉得愉悦，但是如果坚持操练德性，感官的"情"会得到转变，人的欲望会渐渐赞同德性，并从中获得愉悦。无论是神学德性，还是后天习得的德性，它们都需要人不断操练，使得德性在人身上稳固，两者的差别仅仅在于人无法凭借自己的能力拥有神学德性，因为其对象是人的自然能力之上的天主。

爱德要成为人的德性，必须通过天主的恩赐和人的努力。人的努力是否能让爱德增长呢？阿奎那认为答案是肯定的，爱德在现世可以无限增长，甚至达到某种完善。一个形式的增长终点是由三种方式决定的：有限度的形式自身；主动者的能力范围小于或等于在主体内的形式增长；主体不可能再往前进。这三种方式都不能为现世爱德的增长设置终点，爱德就其本身而言，对其增长并没有设置限制，因为人的爱德所分有的是无限的天主。在

---

① *ST* IIaIIae. 24.2.

爱德的主体方面也没有增长的限度,因为爱德增长的时候,人接受它的能力也随之增长。①

爱德若是不断增长,在此世能够达到某种相对的完善。被造物对天主的爱总是有局限的,无论如何都无法与天主的无限的善相匹配,但是只要尽其所能地爱天主,爱德就可能达到某种相对的完善。可以通过三种方式达到相对的完善:第一种是完全贯注于天主,这在此世是不可能的;第二种是尽其最大努力为天主和天主的事使用时间,轻视其他事物,只是为了生存的必需要求才从事它们,阿奎那认为这在此世是可能的,但是在具有爱德的人中,只有少数人才能做到;第三种方式是习惯性地将心思放在天主上,尽量不去想也不愿意得到背离天主的事物。阿奎那主张有爱德的人必须具有最后一种相对的完善。②用日常语言来说,具有爱德这一德性的人不做违背至善天主的事情,也试图让自己不去欲求不善的事物,这就是有德之人的最好表现。第二种爱德的范围看似很窄,实则取决于对什么是"天主的事"的理解,如果认为只有祈祷、沉思、阅读圣经才是天主的事,那么它的范围自然很窄,似乎只有过隐修生活的修道士才符合第二种爱德。如果为了至善天主从事社会服务,进行科学、哲学与神学的研究,也可以被看作为天主的事而努力。如此,一些科学家,譬如中世纪晚期的伽利略、布鲁诺等人,他们努力探究神所写的另一本书——"自然"来达到对天主本身的理解,也可能拥有爱德的第二种方式。由于自然科学的探究在阿奎那的时代还没有得到普遍的关注,但是阿奎那所属的道明修会同时重视沉思和践行,阿奎那也竭力为之辩护,可见其视野不可能局限于沉思天主之类的灵修活动,下一节将继续深入该话题。

爱德为何能够增长? 它以什么方式增长呢? 首先,爱德会增长,因为人的心灵可以和天主不断靠近。爱德的对象是至极的善,但是并非每种爱德

---

① *ST* IIaIIae. 24.7.

② *ST* IIaIIae. 24.8.

都是至极的,爱德的增长就是在分有它的个体内不断深入,这意味着拥有爱德的主体更完善地分有爱德,日益把爱德付诸行动。其次,由于爱德是依附主体而存在的单纯的形式,它不可能因为添加而增长。可以从种类与数目的区别两个方面加以解释。形式彼此间的区别只有种类区别和数目区别两种,种类的区别由于对象的不同而产生,数目的区别由于主体的不同而产生。对于种类的区别,一种习性可能因为扩展到以前未曾涉及的对象而增长,比如一个人对物理学的知识,因为学到了新的定律而增长,但是爱德不能如此,因为即使是最小的爱德,也扩及人应该用爱德去爱的一切对象,或者说也包含了爱德的本质。由于主体不同而产生数目上的区别也不适合爱德,就好比白色加上白色,面积扩大了,但是不会更白。由于爱德的主体是理性的灵魂,爱德在主体方面的增长,只有把两个理性的灵魂相加才有可能,但是这无法实现。因此,爱德只能因为加强而增长,无法因为叠加不同灵魂中的分量而增长。①

　　爱德的增长基本上有三个等级。在初级阶段,主要是避免罪恶,拒绝那些引诱人们反对爱德的感官层面的欲望,在初级阶段的爱德需要培育才能避免损坏。在进步阶段的目标是努力增长和坚强爱德;最后的阶段是完善的爱德,目的在于与天主结合。爱德能够增长,也在某种程度上能够消减,但是总体而言,它比后天习得的德性牢固。

　　爱德可能在不断增长中获得相对的完善,但是爱德本身不仅会增长,也可能会消减甚至丧失。那么爱德是如何消减乃至丧失的? 就与对象天主的关系而言,爱德不能消减,这是因为爱德是天主给予的,只要天主不收回恩宠,爱德就不会消减。一般而言,天主不会因为小罪(peccatum veniale)收回恩宠。因为就成效而言,爱德导向最后的目的,小罪是那些导向这个目的的失序,一个人对最后目的怀有的爱不会因此而减少;此外就效应而言,小

① *ST* IIaIIae. 24.5, 6, 7.

罪也不堪得减少爱德的惩罚。但是就与主体自身的关系而言,爱德可能因为罪恶而间接地消减。所以如果谈论直接原因,爱德不可能因为小罪而减少,但是间接的,爱德可能因为小罪的累积或停止爱德的行为而减少。①

死罪(peccatum mortale)②会导致丧失爱德。死罪之所以成为死罪,因为它在本质上与爱德相反,它是会让人丧失永生的罪。爱德是对至善天主的爱,死罪则是做出与人的本性相反的穷凶极恶的事,根本上破坏对天主的爱。阿奎那认为一个这样的行为就足以丧失爱德。这是因为德性若是习得的,不会因为一个相反的行为而丧失,因为与行为直接相反的是行为,而非习性,但是爱德不是习得的习性,而是由天主灌输的习性,如同太阳的光照受到障碍就被隔绝,对天主在灵魂上倾注爱德的行动加以阻碍的话,爱德也会立刻消失。如果一个人一旦犯下了诸如杀人、通奸这样极大的罪行,违背了天主的诫命,他是否还可能重新获得爱德呢? 阿奎那认为人若是因为欲情和愤情的驱使犯下死罪,之后又及时反省的话,可以重新获得爱德,这就好比移掉阻碍阳光的障碍物就能重新享受阳光那样。③对于那些始终认为杀人或者其他罪行不是罪恶,甚至死不悔改的人才会永远丧失爱德,因为他们永久弃绝了与至善的任何关系,也就弃绝了与天主的友谊。

二、爱德与各种德性的关系

爱德是重要的德性,它是所有德性之母,也是最崇高的德性,通过将一切德性导向其自身的目的——对至善天主的友谊,爱德提升德性,甚至整个改变德性。人类的德性有很多名目,但是阿奎那认为归根到底有三种神学德性和四种基本的德性(Virtus Cardinalis),其他的德性都以某种方式同这七种中的某种相关,比如怜悯与爱德相关,洁德(chastity)则属于节制的德

---

① *ST* IIaIIae. 24.10.
② 关于死罪与小罪(Peccatum Veniale)的区分,详见 *ST* IaIIae. 88。
③ *ST* IIaIIae. 24.11—12.

性(temperance)。三种神学德性信德、望德和爱德都直接以天主为对象,四种基本的德性则间接以天主为对象,它们需要通过以其他的善为对象导向终极善天主。

说爱德是德性之母,因为它命令一切德性以自身为目的,换言之,与至善天主的结合成为德性的终极导向。爱德把所有德性都导向最终的目的天主,因而将其形式赋予一切德性的实现活动。阿奎那是这样表述的:"爱德之被人称为其他德性的目的,因为爱德把所有其他一切的德性,都导向它自己的目的。既然一位母亲因她的孩子而怀孕在身,所以爱德之被称为诸德之母,也是因为它愿意达到最后目的,命令着其他的德性行为,而孕育它们。"①爱德孕育各种德性,它将自身的形式赋予所有道德德性,让它们都以爱德的目的为目的。

由于爱德,四种基本的德性——智德(prudence)、义德(justice)、勇德(fortitude)和节德(temperance)——也拥有了灌输的形式。以勇德为例,勇敢自古以来就是一种不惧死亡的品质。在亚里士多德的德性名录中,勇德是武士阶层的德性,以不畏牺牲、奋勇杀敌的战士为典型,其本质上是一种"大胆的勇气"。然而,在阿奎那那里,勇德尽管仍然是不惧死亡的品质,却被赋予更深刻的内涵,成为一种"坚忍不拔的勇气",它是人为了坚持对神的爱不畏长期忍受痛苦的品质,其典型形象也从原来的武士,转变为基督教的殉道者。这样的勇德无疑是一种神学德性,因为爱德将其自身的形式——"与天主的友谊"——赋予勇德。可以说没有圣神灌输的爱德,人也不可能有坚忍的勇德。新的勇德超越原先作为习得的德性的勇德,让勇德成为基督教徒真正的德性。从阿奎那的角度来看,习得的勇德未必是一种真正的德性,因为勇敢的行为如果不能导向真正的善,那么勇敢就不是一种德性。例如,那些以自杀式的方式杀害平民的恐怖分子,他们尽管也不畏死亡,但

---

① *ST* IIaIIae. 23.8.

是其行为与爱德截然对立,甚至构成对至善天主的极大侮辱,在基督教的视野中这类人绝对不可能具有真正的德性。

那么,对于德性,爱德是否是必要条件?这需要从两个方面来回答。由于德性的目的是善,导向目的的东西有最后目的和作为手段的目的,善也有终极的善和个别的善。终极的善是享见天主,次要的和个别的善有两种:可以导向终极的善的真正的善,和使人远离最后目的的表面的善。就第一个方面而言,在直接的意义上,只有有了爱德,才会有真正的德性,因为只有爱德能让德性直接以终极善天主为目标,在这种意义上,没有爱德就没有德性。但是从第二个方面来看,在间接的意义上,如果视德性为导向某个个别的善的品质,那么没有爱德也可能有德性。存在三种情况,第一,如果这一个别的善只是外表的善,那导向这个善的德性就不是真正的德性;第二,如果这个别的善与真正的善相一致,这就是一个真正的德性。譬如,为了保卫祖国和同胞而战斗是勇德的行为,尽管战斗的目的可能不是直接为了天主,但是却与终极的善相一致;第三,如果这个个别的善与最后的善无关,那它只是不完美的德性。譬如,战士奋勇杀敌是出于一种自私却合乎情理的愿望,诸如早日结束战争,过上安逸的生活,他就不真正具备勇德。所以绝对而言,没有爱德就不能有真正纯全的德性;但是相对而言,在没有爱德的情况下,也可能存在某些德性①,不过,这些德性只具有习得的形式,而不具备灌输的形式,是纯粹亚里士多德式的德性。

爱德是最崇高的德性。首先,爱德作为一种神学德性高于四种基本的德性。德性符合两大规则,即天主或理性,天主高于理性并且规范理性,因此以天主为直接对象的神学德性比依据理性以各种具体的善为对象的基本的德性优越,爱德因此比所有基本的德性优越。其次,爱德也是三个神学德性中最崇高的。因为爱德能凭借自己达到天主,而信德和望德则需要凭借

———————

① *ST* IIaIIae. 23.7.

真理和美善的中介达到天主。

人们或许会产生这样的疑问:既然爱德是最崇高的德性,阿奎那为什么把它列在三个神学德性的最后呢? 从表面上看,阿奎那尊崇传统,把爱德放在神学德性的最后,事实上,这背后有深刻的理论依据。按照天主给人灌输神学德性的顺序而言,爱德在逻辑上是最后一个。信德(faith)是理智的行动,理智的行为先于意志的行为,因为人总需要先对对象有所了解,才可能意欲或者爱它,没有人会去爱完全不知道的对象,所以信德在逻辑上先于爱德。

然而,从另一个角度而言,爱德先于信德。尽管理智是比意志更高级的能力,但是理智运作的优劣是按照理智的标准衡量的,意志完成的优劣则要根据意志的对象即天主来衡量的。这是因为理解的对象在理智中,而欲望的对象则在被欲望者自己身上。在这里,人所欲望和理解的对象是远远超越人的认知能力的天主,人难以真正理解他,因此爱他趋向他比认识他更高贵。而且信德通过真理追求的对象正是爱德直接具有的,所以爱德也赋予信德以自身的形式。可以这样总结两者的作用:信德解释超自然的目的,而爱德则把德性导向这一超自然目的。①

爱德也先于望德(hope)。和爱德一样,望德也以意志为主体,其对象则比爱德多一层含义,望德不仅以至善为对象,而且这种善是难以得到的善。所以望德和爱德都是意志与天主的结合,望德表示与天主还有距离,而爱德则已经是与天主在某种程度上的结合,爱德因此比望德更加完善。因为爱德高于信德和望德,也高于四种基本的德性,因此是阿奎那德性名目中最完善的德性。

爱德也统一一切德性。爱德将所有的德性导向终极的善——天主,各种德性因此统一于爱德。在亚里士多德那里,我们看到所有的道德德性都

---

① *ST* IaIIae. 65.3.

统一于智德，阿奎那继承了这一做法，只是他的目的不仅仅在于亚里士多德式的沉思的幸福，更在于永恒的真福，即对天主的知识和爱，所以在统一四个基本的德性的智德之外，他将爱德作为一个更高的统一——切德性的根基和原则，塑造其他德性和它们的行动。

综上所述，在阿奎那的德性论中，爱德具有至高的位置，但是光有爱德是不够的，它也需要其他德性才能实现道德的活动。爱德将德性的行动导向最终的目的至善，如何实现目的则需要各种德性的协助。例如，人对天主的爱可以通过陪伴遇到挫折的朋友来实现，也可以通过对天主的沉思来实现，在什么样的情况下以何种方式去实现爱德，这需要智德进行判断，如果我们在朋友有重大需要的时候闭门沉思，难道不违背爱德吗？服务于善的事业可能遇到巨大的挑战，这时需要勇德才能让我们坚持下来，渡过难关；为公民和他人的利益服务，光有爱心还不够，也需要义德让我们做出公道的判断。如果没有其他德性，良好的愿望未必能够最终化为现实，爱德也只能停留在善愿的层面，而无行动的力量。

第三节　爱德与幸福的实现

爱德不仅仅是德性之首，它也与伦理学的终极目的幸福紧密相关。在阿奎那那里人对幸福的自然之爱是意志的自然倾向，它存在于所有人当中。"幸福"是伦理学用来描述人类终极目的的一般术语，但是阿奎那赋予幸福以神学意义。他以真福表达完善的幸福，真福就是天主，获得天主对于自身的知识，人就分有了天主的真福。人需要通过与天主的友谊爱德，才能获得关于他自身的知识。在此世因为爱德无法达到完善，人难以完全认识天主，只能获得不完善的真福；在来世人对天主的认识表现为面对面的"对神的亲见"（divine vision），这是完善的真福。阿奎那认为爱德能真正实现人对幸福的追求，但是需要通过作为真福本身的天主来获得。他用拉丁文 beati-tudo（英文 beatitude）表示神学的幸福观念"真福"，而用 felicitas（英文 felicity 或 happiness）表示一般意义上的幸福。

尽管阿奎那的神学幸福观受到亚里士多德极大的影响，却避免了亚里士多德幸福观中的张力。亚里士多德认为幸福是合德性的活动，但是对于什么才是合德性的活动历来存在两种不同的意见，一些学者认为这里的德性是支配性的，因此幸福主要在于理智德性的活动"沉思"，这一立场很难解释亚里士多德对人的基本判断——人是社会性的动物；另一些学者认为这里的德性是包含性的，包含所有的道德德性与诸多外在的善，但是他们面临难以解释《尼各马可伦理学》第十卷对沉思与幸福的自足性的强调。阿奎那的神学幸福观中虽然也出现了沉思和道德德性两个维度，但是却并不存在矛盾或者张力，相反它们成为彼此促进的力量，携同促成真福。

一、沉思与爱天主——实现真福的活动

爱德与真福息息相关，那么具体而言，人如何依靠与神的友谊爱德获得幸福呢？从终极而言，阿奎那认为人只有与天主发生某种联系才能获得幸福，因为天主是真福本身。如同亚里士多德一样，阿奎那主张只有纯粹的现实才是完美的，潜能是尚待实现的现实，因此不是完善的，世间万物都不断处于潜能与现实的转换之中，因而不可能是最完美的。例如一个卓越的钢琴家在不弹琴的时候其技艺就处于潜能中，他也不可能永远处于弹琴的状态。只有天主无所谓潜能，永远处于现实中，因此只有天主才堪称真福。

就天主本身谈论幸福，属于幸福的"体"（finis cuius），是本体论层面的幸福。人的幸福的实现属于幸福的"用"（finis quo），是外在的幸福在人身上的实现。阿奎那对包括幸福在内的所有目的都做出了 finis cuius 与 finis quo 的区分，前者是善或具有善的东西，后者则是取得善所凭借的东西。对人而言获得幸福所凭借的条件（"用"）不同于其他的被造物，非理性的存在

物因为与天主具有某些相似，例如具有生命，而分有天主的真福，人获得幸福需要通过灵魂的运作，即以认识和爱天主的双重方式达到天主。①

由于天主是真福本身，要获得幸福就必须与天主结合，需要通过两个途径来实现：一是理论理性的活动"沉思天主"，二是意志的活动"爱天主"。阿奎那在《神学大全》的第二集，即伦理部分的开首就提到了沉思对于幸福的重要性，沉思在阿奎那那里不是一种德性，却在论述德性的部分被赋予如此重要的地位，确实有些出人意料。他甚至认为本质上幸福在于理智的行动而非意志的活动，其理由完全来自亚里士多德。首先，若人的幸福是实现活动，那么应当是人的最好部分理智的实现活动，也应当是关于最好的对象天主的，因此沉思天主就是人的幸福的实现活动；其次，幸福的活动是最为自足的。沉思活动的目的在于自身，而实践理性的目的是为了行动，因此沉思天主比爱天主更为自足；最后，沉思活动帮人达到比自己更卓越的天主，而实践活动是人和动物都有的。基于这些理由，阿奎那认为获得真福首先在于沉思。②

阿奎那的观点让不少神学家与哲学家为之惊奇。根据阿奎那之前的神学传统，人与神结合的方式主要仰赖对天主的爱，通过对神的爱，人才可能获得属于真理的对神的亲见（divine vision），《圣经》也从未如此强烈地表达过"沉思"对于获得幸福的重要性。事实上，阿奎那更清楚地看到真理与爱、理智与意志之间的互动关系，才会吸纳亚里士多德的幸福观念，提高沉思对于实现亲见神的重要性。

如果说沉思天主与爱天主是获得幸福的途径，那么这两者之间究竟是什么关系呢？哪一个更加关键呢？对此，不少学者根据阿奎那文本的表面意思进行解读，认为沉思天主比爱天主更为关键，例如胡格（Hughes）；另一些学者强调对于幸福，实践和沉思具有同样的重要性，比如迪旸（Rebecca

---

① *ST* IaIIae. 1.8.
② *ST* IaIIae. 3.5.

DeYoung)。①但是在我看来,由于沉思的对象是具有人格的存在者,是一个不断回应人的活动的天主,它根本上不同于亚里士多德式的沉思。可以说,沉思天主与爱天主互为前提,在逻辑上两者是循环互动的,从发生学的角度而言,两者又是同时推进的,很难说哪个在先,哪个在后。

具体而言,爱德作为与天主共享真福的共同关系是沉思的基础,沉思也完善对天主的爱,但是幸福的达成则在于在爱德的推动下,获得天主本身。阿奎那的确认为幸福的本质在于沉思活动,不过这只是因为意志的活动"爱"只能趋向目的,而无法达到目的。阿奎那写道:

> 幸福在于最后目的之达成。目的之达成不在于意志活动。意志在愿望目的时,是指向那不在的;在安息于目的时,其所享受的是已存在的。显然目的之愿望不是目的之达成,而是朝向目的之运动。意志之有快感,是因为目的已经实现,而不是因为意志先有快感,继而使目的实现。所以,为使目的出现在意志面前,需要意志活动以外的东西。这在感官性目的方面很容易看出。倘若是由于意志的运作获致钱财,在享有钱财之始,已应获得了钱财。但在开始意志没有钱财,而是因为手去拿钱或类似之事意志才得到钱财,然后它因得到钱财而感到愉悦。②

从这段文字不难看到,幸福是意志活动还是理智活动的关键在于阿奎那对"爱"的分析。根据前文对"情"的讨论,人对于善的欲求总体而言是"爱",如果还未获得就是"愿望",如果已经获得就是"乐"或"喜悦"。对善的爱与愿望让人趋向天主,但是获得天主则需要依靠理智的活动,因为天主是

---

① 对于前一种观点,参见 Hughes, L. M., "Charity as Friendship in the Theology of Saint Thomas", *Angelicum* 52(1975), p.170;后一种观点参见 DeYoung, R., McCluskey, C., and Van Dyke, C., *Aquinas's Ethics*: *Metaphysical Foundations*, *Moral Theory*, *and Theological Context*, University of Notre Dame, 2009, p.147。

② *ST* IaIIae. 3.4.

非物质的存在，只有理智活动才能达到。在这样的意义上，爱作为意志的活动，由理智的活动来实现。意志与理智在哲学上似乎是不同种类的活动，但是由于基督教的天主是具有人格的非物质的存在，它既是意志的对象，也是理智的对象，因此对天主的沉思完全不同于哲学的沉思。

阿奎那指出了"另一种沉思"的可能：这不是与情感无关的、完全自足的沉思，而是一种基于人神第二人称的友谊关系的沉思，这是能实现人对天主之爱的沉思。由此，基督教的灵修活动，祈祷、冥想、阅读圣经，它们都属于理智的活动，但是却从对天主的爱中产生，也加深人与天主的友谊。在亚里士多德那里，沉思几乎成了幸福自身，因为它是人的最好能力的实现活动，沉思或知识对于亚里士多德而言是目的本身，但是对于阿奎那，沉思只是获得幸福的途径。沉思天主的活动由于人与天主的友谊而开始，它以与天主的结合带来的情感的喜悦为终点。在这样的意义上，真福的实现依赖沉思和爱的相互作用，没有对天主的爱，人就不可能沉思天主，而如果不通过对天主的沉思，人也无法完全获得爱的对象——同天主的结合。因此，爱和沉思同时构成了真福与爱德的两面。爱德虽然主要是关于爱的活动，也需要通过理智活动来实现。可以用世俗的例子说明这点，对朋友的爱不仅要求我们做对他好的事情，也要求我们了解他这个人，即获得关于朋友本身的知识，这样才能在情感上与朋友结合，只对朋友有善意而不了解朋友的人很难实现对朋友的爱，也无法获得与朋友真正的结合。人与天主的友谊也是如此，在对天主的爱中，人需要获得关于天主自身的知识，来达到爱的对象；而部分达到天主的人将获得更完善的关于天主的知识，从而更好地爱其对象，如此彼此推进，将人不断推向与天主的更紧密的结合，即更完善的爱德，直到来世实现对天主的亲见与完全的结合。

二、双重真福论

因为人的真福是在与神的结合中亲见其本质，所以爱德作为人与神的友谊是获得真福的条件。不过真福在此世与来世的表现有所不同，如同爱德在此世与来世的完善程度不同。爱德有三个等级，只有完善的爱德才关乎与天主的结合，初级的和进步阶段的爱德还是在通往与天主结合的旅途之中。最完善的爱德要人完全贯注于天主，这在此世几乎是不可能的，因为人在此世不得不为了生计关注各种外在的善，而且人也容易为各种感官的对象分心。同样的，在此世人也难以获得完全的真福，因为即使在恩宠的提升下，人在此世的沉思仍然需要通过感官来获得真理，无法完全达到天主的本质；此外，完美的真福满足人的一切愿望，也排除任何欲望恶与行恶事的可能，这在此世也是不可能的。所以，人在此世只能通过分有完美的真福享有不完美的真福，此世不完美的真福与来世完美的真福就是阿奎那的双重真福的理论。在来世，人通过见到天主的本质与天主合一，能够获得完美的真福。如同《圣经》所叙述的："我们如今仿佛对着镜子观看，模糊不清，到那时，就要面对面了。我如今所知道的有限，到那时就全知道，如同主知道我一样。"（《哥林多前书》13:12）

阿奎那反对此世的幸福是完善的，但是却看到不完善的幸福与完善的幸福之间具有连贯性，此世的幸福是开端，也分有终极的幸福，只有在此世配得不完善的真福的人，在来世才可能得到完善的真福。所以获得最高的真福虽然是在来世，但是却需要人在此世做出努力。获得幸福需要沉思天主和爱天主，那么什么样的努力使人能更好地获得对天主的知识和爱呢？这需要正直的意志。如果没有正直的意志，人容易被感官的爱误导，无法以爱德要求的次序爱天主在万有之上，也很难让沉思的活动不被欲望扭曲。阿奎那认为在获得真福之前和获取真福的过程中，都需要正直意志。在达到目的之前，正直意志是达到目的前的适当准备；在获得目的时，如果幸福是来世完善的真福，人已经见到天主本身，那么人无论爱什么都导向对天主的爱；在此世没有见到天主本质的人，则无论爱什么都按照善的普遍之理。①

---

① *ST* IaIIae. 4.4.

意志的正直让人能够配得真福,正直意志本身则需要通过操练德性来获得和巩固。操练神学德性让人能以天主为行动的规范,操练习得的德性则让人以普遍的理性为行动的规范,这两者都有助于意志的正直。爱德作为德性之母在其中起到了关键的作用,它通过将所有行动都导向终极至善,让人的意志保持在最正直的状态。

此外,如同亚里士多德认为的那样,此世的幸福还需要很多条件。它首先关乎自身的善,譬如健全的身体,因为理智活动在此世不能脱离感官,病痛会让人无法专注于对真理的沉思;此外身体不健全也会阻碍实践德性,例如有些人的脑部受伤之后,无法做出恰当的判断。现世的幸福也需要外在的善来辅助,尽管它们无关幸福的本质——与天主的结合。人在现实生活中有很多需要,这些身外物能维持生命和必要的活动。但是在来世,人摆脱了物质性的肉体,获得精神性的肉体,任何诸如金钱这样的身外之物都变得毫无作用。

如同爱德在此世能够得而复失一样,此世不完善的真福也可能丧失,但是来世完善的真福却不会丧失。因为与天主的完美结合能排斥一切恶,满足人的一切欲望。真福能给人的心灵带来喜悦与和平(拉丁文 pax,英文 peace)。拥有喜悦与和平的心境,人不会再欲望其他东西,阿奎那因此声称没有任何其他力量能破坏一个与天主完全结合的心灵。因此,在来世若能与天主完全结合,就不会再犯罪,人就不会与天主即真福本身相分离。而在现世,人会因为种种感官嗜欲而无法专注于对天主的沉思,同时也感到实践德性与爱天主的困难,由于两者在此世常常伴随阻力,人无法获得欲望彻底满足的喜悦。所以,阿奎那认为为了获得此世不完善的真福,需要热爱至善和至真,并努力为之实践德性,沉思天主。任何人做了极端违背天主的恶事,就可能丧失他的友谊,也丧失此世的幸福。

可见,无论来世还是此世的真福都需要建立在人与天主的友谊之上。真福虽然是关于天主本质的知识,但是这种知识不是亚里士多德式的非人的冷冰冰的知识，而是建立在人与天主的互爱之上的。阿奎那通过凸显基督教幸福的第二人称特质，也改变了沉思的特质。沉思实现爱的目的，完善人与天主的友谊，同对天主的爱一起促成人获得幸福。

三、爱德和真福给灵魂带来的益处

喜悦（gaudium/delectatio）与和平（pax）是爱德的效果，爱者因为与天主的友谊获得心灵的愉悦及和平。喜悦之情是达到"爱"之情的对象后在主体中产生的效果，在与天主的友谊中，人通过对天主的爱和沉思活动分享天主自身，这给人带来莫大的喜悦。人能分享天主的真福，因为"爱"让爱者和被爱者彼此容纳[1]，爱者停留在被爱者内，被爱者也停留在爱者内。人出神地离开自己进入天主内部，天主的美善因此留存在人中。人与天主的这一结合让人产生圆满的喜悦，因为虽然就天主具有无限的善而言，只有天主在自身内的喜悦才与之相称，才能达到圆满无缺；但是从人的角度也能获得圆满的喜悦，因为天主的真福超过人可能愿望的一切，因此一经分享了完善的真福，人的各种欲求就能得到平息。正如愿望是对尚未获得的善的爱[2]，当人获得真福而不再有任何值得追求的东西时，愿望就得到了止息。

爱德与真福也产生和平。和平不仅仅指身体的安全，更确切地说是内心的和平。正如世俗的友谊使得爱者与被爱者好恶相近，爱德同样让人的欲望都归于天主，以天主为目的。因为爱不但基于相似，也产生相似。人的感觉欲望和理智欲望若都归于天主，就能具有心灵的和平，就符合亚里士多德意义上真正的自爱。完善的爱德也让人以友谊之爱爱朋友，从而在情感和好恶上与朋友结合，这样就产生了与他人的意见一致，意见一致便没有分歧，没有分歧就是和平。

当然这里所说的都是在理想的爱德之下的状况，人在现世不可能只凭

---

① 关于爱是如何产生"彼此容纳"，见本书第二章第五节。
② 关于愿望这一种自然之"情"，参考本书第二章第一节。

借爱德生活,即使具有爱德的人也会有跟天主无关但也不冲突的欲望,比如一个人喜欢弹琴,另一个人喜欢唱歌,这些个人的好恶不与爱德冲突,但与爱德无关。某些个人好恶也可能与爱德相悖,例如不太强烈的虚荣心,偶然因为自己的荣誉而放弃考虑朋友的需要,等等。所以在此世,天主的朋友都拥有有限的喜悦与和平。除非彻底背离爱德,犯了极大的罪,才会丧失爱德,也丧失最真诚的喜悦与和平。

四、他人的角色

阿奎那的幸福理论与爱德的理论一样,都建立在人和天主的第二人称的友谊关系上,那么他人在人对幸福的追求中扮演怎样的角色呢? 阿奎那认为与邻人的友谊关系不但存在于此世,也在来世共享天主的真福中存在。与天主的结合也包含了同与天主结合的其他所有人的结合,因为他们同样分享天主的真福。通过共享真福的共同关系,阿奎那给人与人之间加上了无法消解的联系,他不认为全人类耗尽毕生追求的幸福会是孤独的事业和努力。

作为道明会会士的阿奎那也用行动实践了他的理论。在阿奎那的时代,道明会刚成立不久,当时许多天主教修会要么注重沉思的灵修传统,要么注重践行,道明会同时注重两者,遭到了这些修会的诟病。阿奎那极力为道明会辩驳,他认为任何天主教的修会都是为了爱德即与天主的结合而创立的,爱德包含爱天主和爱邻人,重视沉思的修会实现前者,重视实践的修会则实现后者,但是最好的生活应该同时包含两者,他说,"正如独自发光不如彼此照亮,将沉思的果实与他人分享比在孤独中沉思更好"①。

阿奎那的一生正体现了爱天主的沉思生活与爱邻人的实践生活的结合,作为一名教师,他的幸福感不仅来自沉思天主带来的满足,也在于将其

---

① *ST* IIaIIae. 188.6.

深思所得传授给他人，这是他对邻人之爱的体现。阿奎那热衷于教学，在教学中沉思和行动得到完美的结合。他将大量的时间投入到孤独宁静的学习和祷告中，善于在沉思中思考，常常因为沉思而陷入出神的状态。有一次在宴会上，阿奎那坐在国王路易九世身旁，但是他完全陷入沉思当中，突然拍打桌子，高呼道，"这解决了摩尼教，雷吉纳（Reginald 是阿奎那的主要助手），过来！记下！"似乎丝毫都没有意识到国王的存在。阿奎那以极大的专注力投入到对神哲学的沉思当中，但是对他而言，掌握理智的知识不仅是为了自己，也为了将知识传授给他人。后世的哲学家如此评价道："他（阿奎那）能够进入初学者首次接触到一个问题时候的心理状态，去感受他们的困惑，记起自己首次学习一个问题时候的惊奇、害怕、疑惑和畏惧。"①总而言之，爱德不仅培育人的德性，也让人提升灵魂，矫正不良的品性。对真理的沉思反过来又提升爱德，让人的理智与欲望在至善者中安定，人也因此达到道德与幸福的拱顶。

---

① 该段的引文和资料，见 Wadell, Paul J., *The Primacy of Love：An Introduction to the Ethics of Thomas Aquinas* New York/Mahwah：Paulist Press，1992，pp.11—14.

第五章
托马斯主义的友谊模式

　　随着德性伦理学的复兴，近几十年来，友谊问题成为中西方学术界的热门话题，许多著名学者纷纷著述。在西方学界，有两种讨论友谊的方式，一种是从伦理与道德哲学的角度切入，其发端主要在英美学界，影响遍及全球，本书对友谊的讨论与这种方式较为接近；另一种是从政治哲学的考量论述友谊，一些相关著作尽管影响不小①，但是其学术背景与问题意识与本书交集较少。本章探讨阿奎那的理论对于一般的"友谊"理论的影响，尽管这样的考察对这两种探讨友谊的方式均有意义，从更为严格的意义上说，本章对伦理学的探讨更有助益，因为它能直接参与对友谊问题的研究，直面其困境与缺陷，并尝试给出解决的方案。

　　当代国际伦理学界将亚里士多德的友谊理论奉为最重要的经典，甚至是唯一重要的范本，这是因为在西方思想界，友谊理论经过亚里士多德的阐释基本定型，在之后的古典与中世纪时代，大多数哲学家都以亚里士多德的理论为摹本论述友谊，没有实质性的突破。文艺复兴以降，德性伦理学式微，伦理学的重心转向义务论与功利主义，关注爱与友谊的哲学家越来越少，更难有真正的突破。然而，阿奎那却是亚里士多德之后西方友谊理论的重要贡献者，他扬弃了亚里士多德的友谊论，从根本上融合了古希腊哲学与

---

① 譬如德里达的名作《友谊政治学》。

中世纪神学的资源,借助基督教的爱德创造出新的友谊理论,在哲学层面将基督教的爱德解读为人的一般交往方式。但是后世学界很少留意到阿奎那的这一思想突破。这部分是由于阿奎那的著作多是为了满足中世纪教学与辩论的需要所作,并不突出自身的观点,他常常通过重新诠释或补充说明的方式,委婉地表达自己的新观点。这就让崇尚表达自身立场的现当代学界低估阿奎那的原创性。

阿奎那创造性地提出以爱德为根基的友谊模式(简称"爱德的友谊"),作为一种包容希腊式的世俗友谊的一般友谊。爱德的友谊模式看似与日常生活中的友谊属于不同的种类,却能够支撑起一切友谊与爱的行为,并赋予其更普遍的意义,所以说以爱德为根基的友谊是一种一般的友谊。如果说同事之间的友谊基于共同的事业,父母与子女的友谊基于血缘关系,那么以人神友谊为范本的"爱德"又当如何引领与支撑这些世俗的友谊与爱的活动呢? 对于该问题,阿奎那并没有集中论述,不妨在其文本的基础上,以现代哲学的话语诠释之,使其理论能直接应对学界对友谊的探讨。

第一节　爱德的特殊性和普遍性[①]

为了更好说明就其概念而言爱德这种神学友谊何以能成为一般的友谊,本节用"特殊的友谊"这一概念指称基于各种具体环境或人际关系产生的友谊,也就是一般意义上的世俗的友谊,譬如共同玩耍的玩伴在玩乐中形成的友谊,同事之间在共事的过程中培育的友谊,家庭成员基于血缘与更紧密的共同生活形成的友谊。爱德是人与人交往中最基础和最普遍的友谊。首先,它是最基础的友谊,因为它符合人性中的意志之爱,和人性最为贴近,

---

① 本节修改自作者的论文,赵琦:《阿奎那友谊理论的新解读——以仁爱为根基的友谊模式》,载《复旦学报(社会科学版)》2015 年第 2 期,第 77—86 页。

同时爱德的次序也来自人的本性；其次，它也是最普遍的友谊，因为爱德不限于某种特定的环境，而是人与人的一般交往关系，因而才可能支撑各种特殊的友谊。鉴于议题的需要，这里重点关注爱德的普遍性。

在论述爱德的普遍性之前，需要回应一种流行的看法。这种看法认为既然爱德(希腊文的 *agape*)是人与神之间的爱与友谊，它也是一种特殊的友谊——与世俗友谊不同的神圣的友谊。这一立场得到不少哲学家与神学家的赞赏，也是大多数人心目中的常识。然而，根据阿奎那，这种看法只道出了部分的真相，他认为爱德既是特殊的，也是普遍的。特殊的爱德是人神之间的友谊，它表现为两个基本愿望：一是愿意对方获得各种善(得福)，二是愿意与对方结合。①对特殊的爱德而言这是二而一的过程，因为神是被当作真福，与神的结合就是获得善。但是两者的侧重各不相同。第一个愿望侧重于人分有善，第二个愿望强调人获得各种善之后的灵魂状况——意愿的善化。通过狭义的爱德，人的意愿与至善者的意愿同化，从而实现自身的完善。②

然而，爱德也是普遍的友谊。在阿奎那里，爱德的对象被推广到所有人格的存在者，他们可以是亲人、朋友、恋人、陌生人，甚至是仇人，也可以是异教徒与无神论者。尽管就来源而言，爱德是一种特殊的爱，但是一旦获得爱德，他就以爱德的要求准备好爱所有人格的存在者，即对他人具有上述两个愿望。从心理学的角度描述，当人获得爱德时，其整个精神世界得到改造，对任何人的爱都具有爱德的特质。以奥古斯丁为例，早先他学习拉丁文是为了名誉，这出于一种自私的爱，之后他使用拉丁文撰写《上帝之城》是为了

① 本章与上一章第二节讨论爱的结构时，已经表达了爱应当具有的这两层含义，此处进一步归纳。第一个愿望主要受益于亚里士多德，第二个愿望来自阿奎那对新柏拉图主义的吸收。参考 Stump, E., *Wandering in Darkness: Narrative and the Problem of Suffering*, p.90。

② 同大多数中世纪思想家一样，阿奎那认为人神之间的完善的结合在此世不太可能获得，在此世出于现实的需要，大多数人会时不时因为"现实的逼迫"而中断对神的无私的爱，甚至会做与爱德相反的事情，例如为了生存做伤害他人的事情。

规正教徒的信仰,是出于对神与他人的无私的爱。换言之,对于一个具有爱德的人来说,爱德是人际交往与日常行为的一般方式,一些学者虽然看到爱德也可以用于人与人的关系,却只把它看作爱德在特殊性方面的延伸,没能认识到爱德的普遍性能够成为各种友谊的基础,从而低估了阿奎那爱德友谊观的价值。

第二节 全新的友谊:以爱德为根基的友谊模式①

说爱德是友谊的根基,有两方面的意思:第一,爱德是友谊产生和存在的"根"。友谊建立在爱德之上,爱德是友谊的必要条件,有友谊必定有爱德;第二,爱德决定友谊的特质,爱德的力量与效用会传递给友谊。例如,爱德是对他人的无私的爱,那么友谊也具有无私的特质。爱德作为一种友谊,其模式究竟是怎样的? 第四章已经详细论述了相关背景,为了让读者更好地把握其内涵,可以通过对两个善愿的分析,以分析哲学的方式精简之。如前所述,阿奎那的爱德表达了两个基本的愿望,一是愿意对方得福(获得各种善),二是愿意与对方结合。

首先,就第一个愿望"愿意对方得福"而言,爱德是完善的爱,只有那种具有善愿的爱,即愿意一个人得福而爱他才符合爱德。②它揭示了友谊的本质。正如当代学者普遍认同的,真正的友谊必定出于对对方自身的喜爱,而且对朋友自身的爱必定要落实为第二个愿望"愿意与他人结合"。第二个愿望是必需的,因为光有善愿不足以构成完善的爱,善愿只是爱德的开端,而完善的爱不会停留于他人得福的愿望。一个人如果真的爱对方,必定会愿

---

① 本节修改自作者的论文,赵琦:《论友谊的"正当性"》,载《哲学分析》2014 年第 5 期,第 101—112 页。

② *ST* IIaIIae. 27.2.

意以某种方式与对方结合,因为毫无交集的人不可能让对方分享自己的善,也无法在相处中增进彼此的结合。与被爱者结合的愿望伴随爱德的整个过程,因为爱的本质就是情感与意愿的结合;①爱者也会愿望与被爱者实际上结合,即想方设法与对方在一起,并在这一过程中让对方分享自身具有的诸种善,以此帮助对方得福。试想,大学生小李看到其同学小王为高等数学考试而烦恼,如果他只是礼貌地说"祝你好运",然后就忙自己的事去了,那么小李就不是以爱德关爱小王。根据爱德的本意,小李会为其担忧,并盼望以自己的能力帮助小王通过考试,小李帮助小王复习的过程是某种现实的结合,小李对小王的担忧与小王对小李的感激是他们两人情感的结合。同样如果一个人以我们的朋友自居,却在我们陷入困境时不闻不问,对我们的求助置若罔闻,那他不是真的把我们当作朋友。②

可以这样说,如果友谊活动的目的是朋友自身及其福祉,那么友谊活动的第二个方面"愿意与对方结合"就是友谊的实现。"结合",用直白的话说就是"在一起",愿望并寻求朋友的福祉需要在相互了解、相互交往中,即"在一起"中才可能实现。对"结合"的强调说明友谊不是两个个体单方面选择的活动,而是彼此协调、相互适应的活动。根据阿奎那,结合的活动需要满足两个条件。

第一,朋友之间的结合与对方的内在特征(诸如性格、喜好等)相关。③忽略对方的内在特征,友谊难以建立,已经建立的友谊也可能受到威胁。以喜好为例,假设我约朋友叙旧,尽管朋友不喜欢足球,我却把相处的大半时间用于谈论足球,那样我们之间的友谊活动(叙旧)没有实现"结合",事实上在我的"独白"中我们之间的"结合"只是坐在一起,如果邻桌也同样听到我

---

① 见 *ST* IaIIae. 28.1.,阿奎那认为即使没有得到被爱者的爱,爱者与被爱者也具有情感的结合,因为爱者试图留在被爱者内,设法探究其内情,与其同喜同悲。见 *ST* IaIIae. 28.2。
② 这里需要排除朋友出于某些原因,尽管愿意却无法帮助我们的情况。
③ *ST* IaIIae. 27.3.

的足球评论,仅就我的足球独白而言,我与朋友之间的结合不比同邻桌的陌生人更紧密。如果我和朋友之间的接触大多以我的足球独白为内容,朋友可能会认为我不再关心她(他)而不愿和我见面叙旧,彼此越来越疏远,直至友谊的结合不复存在。因此,不关心朋友的内在特征,或者虽然知道其好恶却不放在心上,就是破坏彼此的友谊。对于性格也是如此,如果一个朋友为人正直,喜好直言不讳,想要维持这段友谊就要尽量包容他的性格特征,不然友谊会很难维持。

第二,朋友之间的结合即交往方式受到彼此关系的制约与影响。[①]根据阿奎那对人际关系的重视,不难推出只有合乎彼此关系的结合,才符合友谊。青年与长辈为友,同与平辈之间的交往方式应当有所不同。对长辈应该更为尊重、顺从,对平辈可以更加随意、亲切。又譬如,结交不久的新朋友想跟我们分享自己的隐私,很多时候会让我们退缩,因为彼此之间的关系并没有如此深入。当然,人与人的关系可能发生变化,交往不多的朋友可以愿望和对方具有更亲密的关系,成为挚友;恋人也可以盼望和对方成为夫妻,建立家庭。只是关系的改变必须符合道德,关系一经改变,朋友之间的结合方式也随之改变。[②]此外,有些朋友之间可能具有几重关系,阿奎那认为要根据不同情况,让友谊受限于不同的关系,这有助于排除某些道德隐患。[③]例如,尽管基于血缘的友谊应当是所有友谊中最坚固与紧密的,但是如果涉及国家的公共事务,就应当重视公民的友谊胜过亲属之间的友谊。总而言之,以"愿意并寻求对方的善","愿意并现实地与对方结合"概述友谊活动,使得"友谊"在以朋友为目的的同时,既将对方自身的特征,也将朋友之间的互动关系纳入到对友谊活动的阐释中。

阿奎那的友谊观以爱德为根基,这是一种全新的友谊模式,它在根本上

---

① *ST* IIaIIae. 26.

② 现实中,关系的改变往往是逐渐实现,而非突然发生。

③ 详见本章最后一节。

不同于以往的友谊观。在这种友谊模式中，朋友的结合主要不是出于对他人的特殊价值或善的欲求，而是出于对他人本身的爱。亚里士多德那里好人之间的友谊尽管也以朋友自身为目的，但是这类友谊产生的前提是对方的德性，而不是其存在本身。因此，亚里士多德式的友谊不可能在一个好人与一个坏人之间存在；进一步而言，如果他人没有我们所欲求的某种善，友谊就没有产生的可能。然而，阿奎那的友谊模式不在乎对方的价值，而是欲求在对方身上创造价值，因此他人是否具有某种价值或善对友谊没有决定性的影响。基于这种根本的差异，有些学者质疑：这个新的友谊模式真的是友谊吗？它是否会瓦解日常认可的交友方式？如果这种友谊理论本身无法成立，那么即使阿奎那的确主张这种新的友谊模式，也没有多少意义。

第三节　对亚里士多德友谊模式的扬弃①

要证明以爱德为根基的友谊模式能够成立，需要解决一直以来困扰学界的疑惑。现代学者大多赞同亚里士多德对朋友之间亲密关系的论述。亚里士多德认为真正的友谊必然是少数人之间的亲密关系，这主要有两方面的原因。一方面，如果友谊基于价值，人们需要有足够多的时间来相互了解，确认对方具有自己重视的价值，从而决定是否与对方为友。②另一方面，就完善的友谊而言，一个人不可能与许多人相爱。亚里士多德说："正如一个人不能同时与许多人相爱，因为爱是一种感情上的过度，由于其本性，它只能为一个人所享有。"③而且，每个人的时间有限，如果将爱分给过多的

---

① 这部分修改自从作者的论文，赵琦：《仁爱的友谊观——论阿奎那对亚里士多德世俗友谊观的扬弃》，载《现代哲学》2015 年第 3 期，第 83—90 页。
② *EN* 1171a1-10, *EN* 1158a12-14.
③ *EN* 1158a9-12.

人,会减少与每个人的交往时间,与他人的亲密友谊难以维持。与此相对,新的友谊模式以爱德为根基,爱德的泛爱特质必定会成为友谊的特质,如果新的模式无法解释朋友之间亲密的结合,它就无法成立。

事实上,新的友谊模式不会取消或削弱各种特殊的友谊,相反它会提升或完善人们日常生活中的交友活动。持有怀疑观点的学者,恰恰是没有把握阿奎那的本意。爱德的确是面向所有人的爱,但是这只关乎爱的广度,亲密的结合关乎爱的深度,两者描述爱德的不同方面。此外,就其内涵具体分析,爱德的两个愿望都不排斥亲密的结合。"愿意对方得福"表达了爱德的目的在于对方的善;"愿意与对方结合"则是爱的本质,爱者必然在情感上向被爱者靠拢,并要尽可能在实际上与被爱者结合,让他分享自己的善。

在爱德的深度方面,阿奎那明确表示爱德是有亲疏之别的,需要考虑被爱者与爱者的具体关系。①他重新解释了奥古斯丁的命题"应当同样地爱所有的人"。他说这句话常被别人误解为爱的强度方面的相等。然而,爱德的"一视同仁"应当从其内涵的两个愿望上来理解,即无论对象的差异,都施以爱德。如果只愿意一部分人得善,不愿意另外一些人得善,就违反爱德;只愿意与一些人结合,对其他人没有结合的愿望,也违反爱德。但是,爱德并不要求与他人结合的紧密程度一模一样,这在理论和现实两个层面都不可能实现。就纯理论而言,中世纪的神哲学传统早就承认神对人的爱德不是均等的,某些人更能得到神的喜爱。神作为爱德的来源和范本,尚有亲疏之别,自然不会要求人以均等的爱爱所有人。就现实层面而言,神与人的友谊在结合的深度上不是等同的,那些更有德性并且更爱神的人与神的结合更紧密;人之间的友谊也是如此,即便以爱德爱所有人,由于人各自的差异,共同相处的时间有别等因素,朋友之间的结合也必定存在亲疏之别。

进一步而言,爱德不仅有亲疏之别,其内涵就规定了某些结合应当更为

———————————

① 参照第三章的第五节,对爱德次序的讨论。

亲密。爱德的友谊表达的第二个愿望关乎双方的结合，所有的结合都涉及爱者与被爱者的关系，由于爱德是善的，结合的愿望也不能违背善，因此与被爱者结合的愿望必须遵循人与人之间某些先天的关系。阿奎那说：

> 爱德的强度来自爱者与被爱者的联系。所以应该按照不同种类的联系，去衡量不同的人的爱；这样才能使每一个人，如果因为有某种特殊的联系而为人所爱，在有关那特殊联系的事情上，也更为人所爱。此外，也应该根据一种联系与另一种联系的比较，来作爱与爱的［强度］比较。①

在比较了爱者与被爱者的各种联系之后，阿奎那认为自然的，由于出生而来的联系先于其他各种联系。因此，儿子意欲"与父亲结合"的紧密程度应当远远超过"与同事结合"的愿望。一般而言，儿子应该爱自己的父亲远胜于同事，一个人如果只想以和同事交往的亲密程度与父亲结合，就违背了父子之间先天的紧密关系，不是真的具有与父亲结合的愿望。例如，对于普通同事，过年过节时问候一下，偶然登门拜访，或许足以维持与同事的友谊。但是如果子女也以同样的方式对待父亲，在阿奎那看来，这些子女不希望让父亲分享他们的善，他们对父亲没有真正的爱，因为他们不愿意达到子女与父亲的结合应该达到的亲密程度。可见，爱德不但不排斥亲密的结合，反而规定了某些结合必须更为亲密。

所以，就理论层面而言，爱德与亲密的结合毫无矛盾。阿奎那虽然没有考察在所有关系中，人应当以怎样的亲密程度与被爱者结合，但是他给出了原则性的建议——除了遵循先天的关系之外，人可以因为其他各种理由，诸如欣赏被爱者的品质或才能愿意与其更紧密地结合。然而，就事实层面而

---

① *ST* IIaIIae. 26.8.

言，反对阿奎那的友谊模式的学者似乎仍然具有充分的理由。他们说，如果一个人对所有人具有爱德，想要在结合中帮助他们获得善，他不会有足够的时间与几个人亲密相处，而亲密的友谊需要通过长时间的相处才能获得，也需要长久的相处才能维持。这导致爱德在事实上妨碍友谊的深入，让友谊不得不停留在泛泛之交的程度。这些学者的担忧有一定的道理，但是在实际上却很难对亲密的友谊造成多大伤害。爱德作为一种爱，主要是一种"意愿"。在现实的生活中，人不可能认识所有人，更不用说现实地帮助他们得福；即使在我们认识的人当中，也只可能与一小部分人产生交集，或许因为对方不喜欢我们，或许因为客观原因无法继续相处，这种种情况都使我们不可能与许多人成为朋友。

此外，阿奎那的友谊模式还规定了在某些人之间不应该具有结合的愿望，否则就会违背爱德的次序。譬如《安娜·卡列尼娜》中的青年军官渥伦斯基不应该欲望与女主人公安娜有任何结合，无论是作为恋人，还是作为友人。因为只要渥伦斯基出现在安娜面前，就会动摇安娜与丈夫卡列宁的结合。夫妻之间的结合符合爱德对亲密结合的规定，夫妻之间的特殊关系使得两者的结合相对于普通的友谊具有优先性，因此，破坏夫妻结合的朋友关系违反爱德，不可能成为真正的友谊。在这个事例中，渥伦斯基如果想与安娜成为朋友，必须首先明确彼此对对方没有非分之想，只有这样才不违背爱德的次序，也不违背爱德的第一个愿望——愿意对方的善，这样的友谊才是真正的友谊。在生活中，类似的例子并不少见，能让我们以符合道德的方式深入交往的人本就不多，即使在这些人中，由于成长环境、兴趣、性情、才能的差异，即使主观上愿意与他们成为亲近的朋友，也未必能够实现。因此，无论就理论而言，还是就现实而言，新的友谊模式都不排斥亲密的友谊，相反它指导人以正确的方式对待他人，让人的友谊符合道德。

亲密的友谊是可遇而不可求的，比起这些学者的担忧，更需要留意的是在遇到适合的对象时让自己不错过获得密友的机会。在崇尚个人主义的现代社会，人们为了自我的生存与发展奔波劳累，人与人之间的关系常常被看作是一种竞争关系，真正的友谊成为奢侈，亲密的友谊更是稀缺。如果人们自觉或不自觉的以自我为交往的中心，以自己的需要为交友的基础，那么即使遇到难能可贵的对象，也可能失之交臂。如果以阿奎那的友谊模式作为基本的交友方式，以正确的方式去爱每个遇到的人，更有可能获得真正的友谊。

第四节　友谊的"正当性"：当代学界的争论①

友谊的正当性问题(Justification Problem)是当代英美道德哲学领域关乎友谊的根本哲学问题，也体现了现代人交友中的普遍困惑。它主要解答人类从事友谊活动的动机，为友谊存在的合理性加以辩护。按照中文的表达习惯，可以说这是友谊的"正名"②问题。在现代社会，生活节奏加快，竞争激烈，人与人之间的深入交往日益减少；加之现代人流动频繁，朋友之间的关系更难维持，人们不禁要问，友谊的存在还有必要吗？为何要在他人而不是自己身上投入宝贵的时间呢？即使要交友，为什么要选择这个人而非那个人？当代英美学界围绕该问题展开激烈的辩驳，却陷入了进退维谷的局面。作为一种新的友谊模式，爱德的友谊完善并提升各种特殊的交往关系，让友谊真正成其为友谊，这一新的友谊模式也有助于解决困扰不少学者的"正当性"问题。

---

① 本节修改自作者的论文，参见，赵琦：《论友谊的"正当性"》，载《哲学分析》2014 年第 5 期，第 101—112 页。

② 友谊的"正当性"问题是人们对为何要从事友谊活动的理由进行的探讨，该探讨有助于阐明友谊的内涵。在古代儒家与墨家的思想中有"正名"的思想，其含义是"澄清内涵"使得"名实相符"，汉语学界也用英语的"正当性"(justification)翻译"正名"。

一、"友谊价值论"的悖论

在对友谊的探讨中,当代学界达成一个基本共识,那就是虽然"友谊"能被用于很多场合,但是只有以对方自身为目的的才是真正的友谊,这是友谊的本质,不可动摇,任何讨论都以此为前提。对友谊的正当性问题,当代学界的主流看法可以归纳为"价值论",这种立场认为友谊的正当性来自朋友的价值或善,对朋友价值或善的喜爱是友谊发生的主要动因。因此,与某人交友是有正当理由的,这个理由就是我们看重或喜爱他们具有的某些价值或善,诸如美貌、财富、勇敢、诙谐、知识广博、具有各种技能等优点。①友谊不仅仅具有现实的功用性,即给人提供帮助或让人愉悦,它也有更深层的意义。艾尼斯(Annis)提出朋友对我们的喜爱与信任可以培养我们的自尊,"友谊的核心要素——喜爱、共享、利他的关怀和信任——这些都培养自尊"②,他甚至说"如果没有友谊,人的幸福生活会受到巨大的损害"③。特尔弗(Telfer)说,"友谊提升生命,它让我们具有更充实的人生"④,他认为与一个好的朋友交往,能提高情感和行为能力;与一个博闻的朋友交往,能丰富我们的知识和体验。⑤友谊也对某个团体或社会具有价值,一个社会应该鼓励人们交友,因为社会成员之间若能互相关心帮助,对提高社会的团结与整体道德有益。⑥

这些对友谊价值的描述,无论表层还是深层,都从自利的角度赋予友谊

---

① 有些学者认为某些吸引人的特征也可能是中性的,譬如喜欢音乐,但是如果人们喜爱它们,也可以说至少在这些人的眼中,这些特征具有正面价值。

② Annis, D. B., "The Meaning, Value, and Duties of Friendship", *American Philosophical Quarterly* 24(4), (1987), p.350.

③ Ibid., p.351.

④ Telfer, E., "Friendship", *Proceedings of the Aristotelian Society*, Vol.71, 1970—1971, p.239.

⑤ Ibid., pp.223—241.

⑥ 相关讨论,参考 Blum, L. A., *Friendship, Altruism, and Morality*, London: Routledge & Kegan Paul, 1980。

正当性,它们看似很有说服力,但是大多数学者认为它会让友谊不成其为友谊。①以自利为动机,朋友的价值主要是工具性的,这违背了当代学者认可的友谊的本质——因朋友自身之故爱朋友。而且以自身利益为首要动机,很难与他人建立深厚的友谊,因而不容易获得只有真正的友谊才可能获得的某些价值。特尔弗自己也认识到这点,他说,"过多强调价值是危险的,人只有不考虑友谊的价值,而是关注朋友自身的时候,才能获得这些价值"。②

为了避免瓦解友谊,一些学者主张友谊的主要动机必须是非功利的,他们认为对朋友价值的关注必须是以对方本身为目的,也就是说,主要不是出于自我的需要,而是出于对朋友自身价值的欣赏,与之交友。③譬如,喜欢善良的人会挑选善良的人作朋友,这看似合情合理,但是这真的是对朋友本人的爱吗? 如果说 A 与 B 交友的主要理由是因为 B 具有 x、y、z 这三种特征,而 A 喜爱这三种特征;当 A 遇到 C,而 C 在 x、y、z 方面均超过 B,假设 A 只能在 B 与 C 两个人中选择一个作为自己的朋友,那么 A 应该以 C 代替 B。设想,A 与 B 绝交时这样告诉 B,"我和你交友,是因为你本身;不过 C 在三个价值上都超过你,我无法同时与你们两个做朋友,那么我只能选择 C"。这个说法不是自相矛盾吗? 可见,非功利的动机也无法解决价值论与友谊本质的冲突。对此,英美学界有所反省,有学者认为应当以"不可替代性"为准绳,检验是否以朋友自身为目的。④然而,对朋友价值的爱如何可能是不可替代的呢? 换言之,如果友谊的正当性在于价值,那么如何让对价值的爱与对人本身的爱相一致呢? 当代道德哲学家们提出三种不同的解决方案。

---

① 功利主义的动机为何与友谊不相容,其详尽论述见 Badhwar, N.K., "Why It Is Wrong to Be Always Guided by the Best: Consequentialism and Friendship", *Ethics* 101(3)(1991), 483—504。

② Telfer, E., "Friendship", *Proceedings of the Aristotelian Society*, Vol.71, 1970—1971, p.241.

③④ 见 Velleman, J.D., "Love as a Moral Emotion", *Ethics* 109(1999), pp.338—374。对于这种可能性,有些学者表达出一种悲观的看法,见 Badhwar, N.K., "Friends as Ends in Themselves", *Philosophy & Phenomenological Research*, 48(1987), pp.1—23。

第一种方案是以友谊的偶然性回避不可替代性的问题。人的确可能爱任何具有价值 x、y、z 的人，但是在现实中，由于接触到的人有限、个人认识的局限等原因，人们能够确认符合这些价值的人很少，因此在现实中，人们很少遇到必须在 B 与 C 两者中选择一个的情况。①第二种方案是把对价值的爱看作对他人的本质特征的喜爱。学者们认为如果人们喜爱的价值属于朋友的本质特征，就是对其本人的爱。这两个方案都无法根本解决友谊的不可替代性的问题。②

第一种方案没有解决不可替代性其背后的本质问题。符合我们重视价值的候选者少，并不能让我们对价值的爱转移到拥有者本人，价值所有者或许会"物以稀为贵"，但是对其重视仅仅因为其价值，而不是"因其自身之故"。如果 B 与 C 只能选择一人，如果我们重视的首要是价值，那么很可能为了 C 放弃 B。第二种方案也一样无法让对价值的爱成为对朋友自身的爱。如果 x、y、z 是 B 的价值，x 代表诚实，y 代表聪慧，z 代表勤奋，根据当代学界的一般看法，这些特征都属于一个人的本质特征，但是在理论上完全可能找到许多在这个三个方面都胜出的 C、D、E，因此对本质特征的爱不等于对他人自身的爱。

第三种方案试图从根本上解决"价值论"的弊病，但是它却走向"价值论"的反面。这种方案认为价值或善并不是与人无关的（agent-neutral），而是与其所有者相关的价值（agent-relative）③。这主要不是从本体的角度肯定人作为价值载体的意义，而是肯定我们所爱的对象是一个个独特的个体，其具体善或价值（包括道德、理智、美学特质、其世界观，等等）通过其独特的人格（personality）表现出来，每个价值又浸润在作为独特人格的整体当中，个别价值无法独立于人格的整体性被独自抽离出来。④因此，A 爱 B，并不是

---

① Whiting, Jennifer E., "Impersonal Friends", *Monist* 74(1991), 3—29.

② 这一观点可以追溯到亚里士多德，当代研究亚里士多德友谊理论的学者大多在这个观点上有所回应，例如 Badhwar, 1987。

③ Hurka, T., "Value and Friendship: A More Subtle View", *Utilitas* 18(2006), 232—243.

④ Landrum, T., "Persons as Objects of Love", *The Journal of Moral Philosophy* 6(2009), 417—439.

因为他具有 x 诚实,y 聪慧,z 勤奋,而是因为这些价值在 B 身上的独特表现。如果 A 是一个价值论者,B 问 A,为什么要与她交友? A 的回答不是"因为你具有 x、y、z",而是"因为你独特的人格所表达的 x、y、z"。因此 B 对于 A 是无可替代的朋友。

这个方案以对他人的独特人格的爱赋予友谊正当性,它让友谊以朋友自身为目的,但是在其中,价值的首要地位被人的整体人格所取代。A 爱 B,因为"B 的独特的人格所表达的 x、y、z 这三个价值",其实质是"因为是 B,而不是别的什么人",因为任何价值,只要离开 B,就将以不同的方式呈现,那么真正占据决定性的并不是价值 x、y、z,而是"具有价值 x、y、z 的 B 自身"。这让"价值论"走向了其反面,即忽视价值而重视对人本身的爱。如果价值论者一开始就能满足于对他人自身的爱——这一友谊的本质规定,那么他们也无需继续追问这种爱的正当性。因此,价值论的第三种方案既动摇自身的基本立场,也否认价值论得以立论的根本。

所以,可以断言,在友谊的本质"对他人自身的爱"与价值论的基本立场"因为他人的价值爱他人"两者之间,价值论无法同时保全两者,如果坚持价值论就会瓦解友谊,而如果试图捍卫友谊的本质,就只能放弃价值的决定性地位。少数学者试图寻求其他解释友谊正当性的途径。例如,舒曼(Shoeman)认为友谊是人的社会本性使然,人们选择与这个人而非另外一个人成为朋友,其正当性只能在历史情景和朋友的互动关系中呈现①,正如他说什么才是朋友的价值并为了朋友自身而关注这些价值,这些随着友谊的参与者自身的改变而改变。②也有学者认为友谊常常不是理性谋划的结果,长期共同相处、"无理由"的喜爱都能促成友谊。然而,总体而言,能与占据主导的价值论抗衡的学术文献过少,论述也不够系统详细,这使得对友谊的正当

---

① Schoeman, F., "Aristotle on the Good of Friendship", *Australasian Journal of Philosophy* 63 (1985), 269—282.

② Ibid., p.281.

性的研究至今没有大的进展。

二、友谊的正当性:一个托马斯主义的回答

《斯坦福哲学百科全书》在对"友谊"的名词解释中提到,解决该问题需要"克服正当性这一先入之见,然而至今没有学者进行这项工作"。[1]尽管阿奎那本人没有试图为友谊正名[2],后人却可能站在阿奎那的立场上,对该问题给出一个符合阿奎那理论精神的托马斯主义[3]的解释,从而转变现代学者处理该问题的思路。根据阿奎那的友谊理论,友谊活动本身是对其正当性的最完美诠释,不需要在友谊活动之外寻找正当性。朋友的价值,其不可替代性,朋友之间的互动关系这些当代哲学关注的问题,都能在其中得到解答。

友谊的正当性来自友谊活动本身的道德性。可以从三个方面加以阐释。第一,为他人谋求善的活动本身就是至高的道德行为。根据阿奎那友谊模式的第一个愿望,交友活动的本质不是计算对方的价值,而是为对方谋求善。这样的友谊关系是一种至高的德性,因为它让人放下对自我利益的偏执,从事利他的活动。朋友的不可替代性,这类常识认可的友谊的特点也能够得到解释。友谊活动既然主要是为朋友谋求其善,那么任何朋友都是不可替代的,因为他们的幸福是其他人所不能替代的。无论在价值方面,B 不如 C,还是胜过 C,对 A 而言,作为 B 的朋友,为 B 寻求善的活动无法由为 C 寻求善而替代。A 与 B 的友谊活动因此不会受到 C 的影响。

---

① "友谊"的条目撰写于 2005 年,最近一次修订于 2021 年。参考 http://plato.stanford.edu/entries/friendship/。

② 阿奎那不需要为友谊正名,在他的道德哲学中,友谊作为一个道德活动,如同其他道德活动一样,可以为其自身正名。当然,从形而上学的角度而言,证明人的本性是求善(不同于"人性本善"),支撑了阿奎那的整个道德哲学。

③ 西方学界一般把符合阿奎那本人观点,及其追随者称为托马斯主义。这个用法同亚里士多德主义、康德主义的用法类似。

第二,友谊的道德性也来自为朋友寻求的善的客观性。阿奎那认为我们为朋友谋求的善必须真的能够促成其幸福,也就是说它必须与善本身一致。譬如,去边疆工作是 B 的梦想,A 认为支援边疆过于辛苦,A 出于爱护朋友的动机想方设法阻止 B 去边疆。A 的做法尽管出于好意,却违背了 B 的幸福。因为根据托马斯主义的道德立场,与轻松享受生活相比,服务他人、实现崇高的人生志向是更高的善。A 的行为阻碍 B 获得更高的善,不利于其实现幸福。当然,由于不同道德体系对善与幸福的看法不同,对朋友行为的评判也会有差别,但是这里只需要理解为朋友寻求的善必须真的能促进其完善。

第三,友谊活动的道德性还来自对双方关系的适应和推进。朋友的结合需要与彼此的关系相适应,由于人际关系本身规定了道德义务和道德禁忌,受其制约的友谊因此也具有道德性。某些人际关系规定其友谊不能越雷池半步,譬如对待普通的异性朋友,如果与同恋人结合的方式与他们交往,不适当地关怀他们,恐怕会把对方吓跑,更严重的则构成骚扰,甚至破坏对方的家庭或恋情。就道德义务而言,朋友关系也可能推进双方的特殊交往。如果朋友彼此也是商业上的合作伙伴,双方更应当遵守商业道德,而且当朋友之间具有这些特殊交往时,友谊活动就能够推进彼此的特殊交往,更好地实现其责任与义务。就父母与子女的关系而言,在某些文化中,成年子女与父母的关系疏远,子女们偶然看望父母只是出于责任,很少与父母有深入交流。如果能把父母看作自己的朋友,时常去看望他们,与他们分享自己生活中的趣事,那么子女同父母的关系可能会更加温馨,子女也能更好地对父母尽孝。

以托马斯主义为立场,友谊的活动不仅是道德的活动,而且它是"创造价值"的活动。这一立场不同于价值论对价值的理解,而是认为价值必须建立在友谊的道德性之上,没有道德性作为支撑,友谊的价值亦无从谈起。友谊至少在三个方面创造价值。首先,友谊为朋友与社会创造价值。如果我们与朋友的交往在道德上是善的，即以朋友自身为目的，我们就有可能为朋友创造各种价值。如果个人拥有更多善，社会也会更加完善。友谊若以互帮互助为其实现，能让社会更加和谐、稳定；通过实践合乎道德的友谊，人们也能获得道德上的成长，从而提高整个社会的道德水平与精神素养。

其次，即使从自利的角度而言，友谊也能创造价值。正如弗里德曼（Friedman）等当代学者看到的那样，友谊越是无私，就越能提高自我的道德素养。①现代可见的伦理范式大多把精神的完善列在物质利益之前。义务论者认为道德自律是人本身的实现，具有至高的价值；德性论者认为个人品质的卓越是构成幸福的最重要的组成部分，远远高于物质利益；即使对于功利主义者而言，也鲜有学者把利益等同于经济或物质利益。如果认定自利是获得自我的精神完善，那么友谊的活动因其是对道德的某种实践，能为自我创造精神方面的巨大价值。

最后，友谊也能创造包括财富、实物等在内的物质方面的价值，并且创造的价值在"量"上未必比自利者逊色。一个唯利是图的人很难维持友谊，他至少不得不装出为了朋友自身考虑，以骗取更多的物质利益。但是这种伪装一遇到考验就容易暴露，最终他如果还能有朋友，那么多半是和他一样为了从对方那里获取利益的"生意伙伴"，而非真正的朋友。换言之，为了物质利益交友，最终的结果是鲜有友谊。然而一个托马斯主义者，他能够在不过分损害自己物质利益的前提下尽可能帮助别人。②这样的人一定朋友众多，朋友会更乐意为他的福祉考虑，不仅因为他更愿意回报他人，也因为他会因为爱朋友自身而乐于让他们获得更多的福祉。如果他是商界人士，他很可能比大多数自利者获得更多的商业信息，获得更多的合作伙伴。就长

---

① 弗里德曼曾经提到友谊对自我道德提升的作用，不过其论述不如阿奎那系统。见，Friedman, M. A., "Friendship and Moral Growth", *Journal of Value Inquiry* 23(1989), 3—13。

② 在不过分损害自身利益的前提下尽可能帮助别人，这个尺度，因人因事而不同，无法一概而论，需要具体情况具体分析。本书篇幅所限，不再赘述。

远而言,在运气与个人能力差距不大的前提下,他不太可能比唯利是图者获得更少的利益。

三、价值论的根本问题与托马斯主义的合理性

无论在理论还是实践层面,托马斯主义的解答都比当代英美学界的"友谊价值论"具有更强的说服力。就理论而言,价值论者无法自圆其说,其根本原因是其哲学预设存在问题。首先,价值论者认为,人的价值是其具体特征的价值的累加,而且价值是让人爱他人的真正动力,因此他们千方百计把对朋友自身的爱与朋友的具体价值即其优点等同,这造成对朋友优点的喜爱与友谊的本质之间的龃龉。价值论者没有看到个人是完整与独立的存在,他具有独特的价值,其价值很难量化,无法用对优点的罗列与评估一较高下。如果问一个深爱妻子的孝子:他的妻子和母亲,哪个具有更高的价值?这个男子很可能会觉得难以回答,因为对于他而言,母亲和妻子是完全不同的存在,他虽然同时深爱两者,却很难拿她们比较。

其次,价值论误认为对价值的评价是纯粹的,没有考虑到与价值无关的其他因素对于价值认知的影响。同一个人,在不同人的眼中具有不同的价值,其高下也不同,一般而言父母自然会比陌生人对自己的孩子评价更高,因为在这里,占据主导的不是对价值的客观认知,而是他们对子女的爱。朋友之间也是如此。对于我们的密友,我们往往会比他人更能看到其优点。因此,用喜爱朋友的具体价值来理解人们对友谊的付出违反人的存在本质,也忽略了价值判断本身会被其他因素主导。

再次,价值论者认为友谊的动机只取决于对方的价值,忽略友谊关系中人的互动性与创造力。即使在大多数人看来,就 A 所重视并欣赏的三个价值 x、y、z 而言,C 比 B 更好,但是很有可能 A 与 B 在一起更能激发彼此的潜力,与 C 在一起,A 无法感到与 B 在一起这样自在舒心,也无法彼此促进。如果 A 能尊重 B 的内在特质与彼此的关系,那么他们可能从交往中得到

更多。

就友谊的实践而言，价值论违反人们的交友经验，可行性较低。即使 A 是一个价值论者，经过理性的反思他认为 x、y、z 这三个价值对他最重要，C 在这三方面比 B 优越，A 也未必能控制自己的内心，让自己更喜欢在价值上胜出的 C。而且在友谊的实践中，很少有人按照对价值的评价来考虑与谁交友更加正当。事实上，朋友的具体价值并不是友谊的充分条件。人们很多时候对他人的价值或善没有清晰的认识，就因为某些偶然事件成为他们的朋友。对于那些根据价值给每个遇到的人打分，然后确定要跟谁交往的人，人们嘲笑他们是"呆子"，认为他们具有社交障碍，很难获得好的友谊。我们也可能很喜欢一个朋友，却无法回答他究竟好在哪里。那他究竟好在哪里呢？即使我们迫使自己列出几条优点，但是仍然感到与他本人相比，这些条目都黯然失色，我们无法用价值来解释我们对朋友的喜爱。

以友谊活动本身的道德性为友谊正名，比"友谊价值论"具有更高的合理性，主要有两个方面的理由。第一，就理论而言，托马斯主义的解答能够自洽，与当代道德哲学家普遍认同的友谊的本质相一致。友谊的本质是"利他"的动机和行为，鉴于利他是一种道德的"善"[①]，那么以道德性为友谊正名符合友谊的本质。既然友谊行为是一种道德上善的行为，其正当性也是道德行为本身的正当性。大多数道德哲学家都不怀疑道德本身的正当性。如果道德行为自身具有正当性，那么友谊，作为实践道德的活动，其自身也具有正当性。如果认同拯救落水儿童、为灾区捐款这些道德行为本身就是正当的，那么也无需继续追问友谊的正当性。如果质疑者认为舍己为人，无私奉献等道德行为本身无法为自身正名，那么恐怕人类行为只有诉诸自我利益才能获得正当性，如此无法讨论真正的友谊，更谈不上友谊的正当性。

第二，以友谊活动的道德性为友谊正名，也符合人们对友谊的日常经

---

① 具体论证，详见第三部分。

验。在生活中，无论朋友表现得如何彼此关心，如果人们知道他们的动机主要是自利，而不是道德的"利他"行为，人们一般不会认为他们具有友谊，也不会期待他们在对方丧失利用价值后，继续关心对方；更不会期待在彼此利益冲突的时候，他们能像朋友那样为对方着想。人们说，这种人是"可用"，而"不可信"，即使他们以朋友相称，也只是为了从对方那里获得更多利益。尽管现实的友谊往往掺杂利他（道德的）与利己的双重动机，在不同的时期，不同的事件中，其呈现的比例也有差异。但是无论友谊如何变化，人们通常认为朋友的真心是最重要的。即使对方总体而言不如我们，在我们重视的价值上毫不突出，很多时候人们也不介意多一个关爱自己的人。对于一个大多数方面远不如 A，却真心对待 A 的 B，A 往往也会乐意与 B 建立友谊。

如果 B 问 A，为什么要与她交友？当代价值论者的回答是，"因为你具有价值 x、y、z"；而托马斯主义的回答是，"因为我喜欢你，希望你幸福，而且喜欢你帮助你的行为是好的"，接着托马斯主义者可以继续赞扬对方的具体优点，回顾两人交往的历史，叙述彼此如何提升对方的善与价值，从而表明这段友谊对自己何等重要。相信大多数人更能接受托马斯主义的回答。出于以上种种理由，我认为托马斯主义以道德性为友谊正名的做法是合理的，它不失为走出当代学界陷入的友谊正当性困境的一条可行之路。

四、公平问题与结论

对于托马斯主义的解答，价值论者可能会提出的最重要的反驳来自偏私的问题（impartiality）。反驳者或许会认为诉诸价值是保障公平的最好方式，而阿奎那的友谊理论有可能导致偏私。[1]试想，如果 A 是公司的人事经理，他需要雇佣销售代表，B 是他的朋友，C 是陌生人，在业务能力和经验方面 C 都胜出，A 是否应该偏袒 B 呢？按照托马斯主义的友谊理论，A 作为 B

---

[1] 当代对这个问题的讨论与反驳，参见 Bernstein, M., "Friends without Favoritism", *Journal of Value Inquiry* 41(2007)，59—76。

的朋友,更关心 B 的福祉,似乎 A 应该帮助 B 获得这份工作。但是,按照友谊价值论,价值是衡量的标准,A 会选择在价值上胜出的 C。他们会说,在公平问题上,价值论比托马斯主义更完善;而且,托马斯主义一旦陷入"偏私",就会削弱友谊活动本身的道德性,那么以道德性为友谊正名的做法也会变得无力。

这个质疑来自对阿奎那友谊理论的误解。托马斯主义的解答不仅不会导致偏私,还能防止偏私。的确,根据友谊的本质,朋友更爱彼此,也会更多帮助对方,但是这不是无条件的。阿奎那友谊理论的第二个方面是"愿意与对方结合",并且规定了与朋友的结合要考虑彼此的关系才符合道德,而友谊关系也不是无限制地帮助对方。阿奎那说:"每一种友谊,主要着眼于那首先具备其共同关系所根据的善"①。如果 A 与 B 的友谊属于私人关系,譬如 B 是 A 的亲戚或同龄伙伴,那么他们之间的友谊所依据的善是"关爱"。如果 A 与 B 在职场相遇,就应该推崇职场的道德,诸如"公平竞争""能者优先",把私人友谊所依据的"善"带到公共领域超越了私人友谊的限度。

从人与人关系的多重性也能理解这个问题。阿奎那说,"亲戚之间的友谊,是依据他们由自然出生而来的联系;在一国公民之间的友谊,则是依据他们公民之间的共同关系;在那些并肩作战者之间的友谊,则依据战地伙伴的关系。所以,在有关本性的事情上,我们应该更爱我们的亲戚;在有关国民的事情上,我们应该先爱自己祖国的同胞;而在战场上,则应该先爱我们的战友"。②同一个人,可能同时是亲戚、同胞,那么应该怎么做呢? 托马斯主义的回答是应当根据当下从事的活动,确立一种主导关系并遵从该关系的道德义务。在私人领域,A 与 B 是朋友,但是在职场,A 与 B 的关系主要是面试者与求职者,在面试的活动中友谊关系退居二线,在不违反其职业道德的情况下,A 可以帮助 B,例如给予他一些面试建议,但是 A 对 B 的关爱

---

① *ST* IIaIIae. 26.2。

② *ST* IIaIIae. 26.8。

不能超越他们此时的主导关系，即不可违背公平与公正的录取原则。

　　总而言之，托马斯主义对友谊的诠释为友谊设定界限，让友谊成为一种道德的实践活动。因此在道德的界限之内，应该如何平衡对朋友的爱与对他人的义务之间的关系，是一个不同道德义务之间的关系，而不是道德与反道德之间的关系。阿奎那的友谊理论既揭示了友谊的本质，也兼顾朋友的内在价值与友谊关系的创造性，能够帮助主体权衡不同道德义务的轻重缓急，做出更好的选择。所以，作为对道德的实践，友谊能够为其自身正名。

　　托马斯主义的友谊观不仅为学界研究友谊的基本问题提供一种新的径路，它也为更根本的哲学问题与更重要的现代性困境提供可能的出路。这就是本书开首提出的"交往困境"。该问题的解决不仅需要实践的考量，也需要一种深刻的理论加以支撑。对此，托马斯主义的友谊观是否还有价值？若有价值，它又能发挥多大的理论力量呢？让我们进入最后一章的话题。

第六章
回归本真的交往方式
——阿奎那的贡献及启发

　　托马斯主义的友谊理论主张的是一种普遍的与基础的友谊，它不只适用于友谊，也适用于一般的交往。在西方哲学史上，一种友谊理论可以用于一般的交往几乎可以说是前无古人后无来者。无论柏拉图、亚里士多德、西塞罗，还是现代的思想家，大多都将友谊放在有限的范围内讨论。例如，柏拉图以"爱欲"（eros）探讨人和人之间的理想关系，尽管它可能导向对普遍真理即"美的理念"的追求，但是由于这种关系产生于匮乏并可能伴随情欲，极大限制了它的适用范围。亚里士多德心目中的理想友谊只能发生在有德性的好人之间，很难推广到更大的范围而不丧失其核心主张。西塞罗的友谊理论主要是品质高尚的公民之间的关系，也无法推广为一种普遍的交往模式。而在前基督教的古代社会，所有人之间的友谊即使在理论上都是无法想象的，法律与社会结构决定了公民同奴隶、外邦人以及野蛮人之间没有友谊的基础。中世纪的神学家们虽然经常论及普世之爱的观念，例如奥古斯丁和伪狄奥尼修，可惜它们停留在信仰内部，没有发展成一种基于互爱的普遍的友谊观念。[①]在近现代，友谊的问题几乎退出了哲学家的视野，人与人的关系或者以理性为主导，例如康德伦理学倡导的那样，或者以情感的好

---

① 详见本书第三章第二节的讨论。

恶为主导，例如休谟主张的那样，它们都以不同方式给人与人的一般交往造成困难。当代的道德哲学家大多都把友谊看作少数人之间的特殊关系，其理论与一般的交往没有多少交集。

与理论匮乏相对应的是现实的困境。现代人的交往面临自我封闭、冷漠与被动等问题，由于市场经济、社会流动、个人主义的意识形态以及网络发达等因素，现代人的交往困境呈现出前所未有的严重性与普遍性。在托马斯主义友谊模式的启发下，本章提出本真的交往方式，本真的交往是一种以人的超越小我的情感为基础的普遍的交往模式，它能够对治近现代主流伦理范式中产生的问题，也能用于解决现实的交往困境。本真的交往是一种理论范本，它告诉人们应该以怎样的态度与人相处，以及为何这种方式在道德上更为完善。如同所有的伦理范式一样，本真的交往是理想的交往方式，并不是轻易能够达到的。但是人的"实然"状态并不能否认其"应然"，只要这一交往范本在理论上具有更强的说服力，它就对我们的实践活动具有意义。至于个人是否能达到某些具体的伦理要求，或者他是否愿意为之努力，这本就不是理论自身就能完成的。因此，此处只是将本真的交往方式呈现出来，以期获得观念或理论上的成功。

根据阿奎那的思想，爱德能成为一种交往典范，不仅在于它的普遍性和基础性，也在于它的优越性。就对象而言，爱德无私地以人本身为目的，且潜在地向所有人开放；就爱者而言，无私的爱德让爱者提升自身道德，促成个人幸福。这样的交往不仅成就他人，也在成就他人中成就自己。这一交往典范如果能实现，无疑能促进社会和谐，增进人的幸福感。不妨结合上一章的内容以图表的形式表示以爱德为主导的交往方式。从下至上，从右至左来看此图，爱德扎根于人的本性，并让人趋向至善天主。一方面，爱德引导各种特殊的友谊关系，让它们趋向至善天主；另一方面，爱德也作用于人的本性，协调血缘亲情之间的关系。

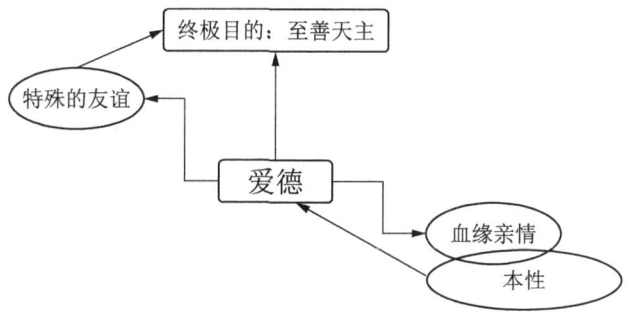

第一节　爱德交往方式及其对现代道德哲学的贡献

在近现代道德哲学中,有两种伦理范式占据主流地位。它们是康德主义的动机论伦理学与功利主义的目的论伦理学。这两种截然不同的伦理范式产生了两种不同类型的交往问题,它们也是现代人的交往困境的写照。此处尝试以阿奎那的友谊理论为资源,解答康德和功利主义伦理学产生的交往难题。

一、康德主义

康德在理性的基础上建构人与人的交往,他认为符合道德的交往方式必须以责任和义务关系为基础。人只有出于责任做事,才可能是善的,以个人情感或偏爱为基础的交往方式不具有道德价值。他认为情感本身瞬息万变,无法成为人与人交往的可靠指南。此外,个人的情感和偏好是由欲望规定的,欲望经常带有自利的动机,还可能挑战道德律,摧毁责任的基础。因此,康德认为以责任和义务为主导的交往方式是人与人交往的最好方式。

必须承认,康德正确地看到基于个人好恶的情感不足以作为交往的道德基础。在必须与众多陌生人打交道的现代社会,人们需要一种平等和公正的人际交往方式,如果以个人的好恶作为交往的依据,必然无法公正地对待所有人。但是康德主要将道德建立在纯粹理性的基础上,轻视人与人之间最本真的情感交流,忽略实践道德行为的对象差异,致使道德活动违背人之间本真的交往。根据康德对于善良意志的阐述,对他人的爱如果不是出于责任就没有多少道德价值;但是若是出于责任做某事,即使心里充满不情愿,也符合道德。他主张人应该以他人为目的,但只是因为他人同我一样也是理性的存在者。如果人们主要以道德律为人际交往的方式,即使能克制自利的欲望遵守"以他人为目的"的绝对命令,也可能让交往陷入机械与冷漠。

托马斯主义的友谊范式提供一种更好的交往方式。爱德的友谊存在于人的意志当中,是一种符合正当理性的情感。一方面,爱德的友谊符合理性,这意味着它超出个人好恶与感官欲望的直接性,能够根据此情此景判断与他人的关系,并以适合情境与彼此关系的方式表达对他人的爱。另一方面,友谊的内涵归根结底是一种"爱"的关系,一种愿意将整个生命都投入他人之中的情感。因为出于爱,其行为必然不会冷漠。对他人的爱也激励人以符合理性的方式与之交往,即更好地理解他人的需要、其行为与思维的特点,而非只凭借一腔热情。作为符合理性的情感,爱德的友谊没有理性的冷漠,也没有情感的无常,它不会对他人的困难无动于衷,而是把他人的困难当作自己的困难,想方设法为他人解决,即使面对一个没有交情的陌生人,他也会主动察觉他人的需要,为之排忧解难。

不妨以《圣经》中颇为费解的一段文字为例。在《马可福音》第三章中有这样一幕,有人告诉基督他的母亲和弟兄在找他。基督却回答说:"谁是我的母亲? 谁是我的弟兄?"他看着周围坐着的人,说:"看呢,我的母亲,我的弟兄! ……凡遵行神旨意的人,就是我的弟兄姐妹和母亲了。"(《马可福音》3:31—35)这段文字常常被解读为基督提倡为了圣道而放弃血缘亲情,这种解读突出了基督的神性,却忽略了其人性。但是如果以托马斯主义的立场解读这段话,就不难看到交往的两面性——情感性与公正性。一方面,托马斯主义者会认为这里提倡的是一种符合理性的情感,因为爱只有出自理性的欲望而非嗜欲才可能不顾亲疏远近,将陌生人当作兄弟姐妹和母亲那样对待。因此,它表达了一种爱陌生人如亲人的情感立场,但是另一方面,它也表明了一种公正的交往态度。这里的"公正"不是永远毫无差别地对待所有人,而是给予他人所应得的。在这段文字中基督的身份是一个传达圣意的中间者,其目的是传道,他与其余诸人的关系是传道者与聆听者的关系。而在传道的场景中,他要给予所有人应得的——平等地聆听圣道与获得救赎的权利。也为了达到传道的目的,他才将追随者都称为"我的弟兄姐妹和母亲"。但是这并不排斥在私下的场合基督主张给予亲人更多。可见,阿奎那的"友谊"是一种既有爱也有实践智慧的交往模式,与纯粹出于理性的义务相比,它更为完善。

就交往对象的感受而言,出于义务帮助他人固然是好事,但是以爱德的方式对待他人却是一种比责任更好的方式,它让被帮助的人不仅领受了一份现实的帮助,也让人真正感到被关怀。在这样的体验中,或许他人对人的交往方式就被改变了,他或许将这份爱德传递给他人,他人再传递给他人,人与人的交往就可能更多地被爱充满。在生活中,我们都有这样的体会,有些人的确帮助了我们,但是他们的冷漠、不情愿甚至不耐烦,让我们感到难受。以后若非必要,我们不愿意再请求他们的帮助。因此,如果人与人的交往以理性的正确性为准绳,的确能够给予他人必要的帮助,但是却无法像爱德那样,让人在与他人的交往中感受到与另一个生命相遇的温暖。

我自己就曾有这样的体验。多年前在我还是学生的时候,第一次去美国访问学习,在芝加哥转机的途中遇上当地常见的暴风雨,下一班飞机无法按时起飞。我在机场焦急等待,过了好几个小时,快到晚上 11 点,仍然电闪雷鸣,暴风雨毫无停顿的迹象。各种担忧涌上心头,暴风雨如果老是不停怎么办? 我到底能不能在第二天早上到达大学? 在最后一站接我的人是不是

已经到了？如果他等得不耐烦，不管我了，我该怎么办？焦虑夹杂着第一次
远离祖国的愁楚，人来人往的机场，都是陌生的面孔，让我感到特别无助。
当时我想到最好的办法就是尽快给美国的导师打电话，让他转告接机人我
这边的情况，希望能给人家少添些麻烦。看着机场的投币电话，我才想到身
边没有硬币，我只能厚着脸皮向一个同在等待下一班飞机的中年男子借手
机。他看着焦急的我，微笑着，把手机递给我，我紧张地拨通了导师的号码，
用颤抖的声音跟导师报告了情况。打完电话，我看到那个中年男子还在看
着我，眼中一直充满着笑意，他开始与我攀谈，问我是不是第一次来美国，去
哪里之类的问题。具体的细节我早已记不清楚，只记得他温暖的笑容和眼
神，末了还塞给我一颗糖，我当时有点诧异，后来才明白原来飞机起飞时吃
糖，可以让耳朵好受些。

在我的人生中，还有很多陌生人帮助过我，但是很少让我记忆如此深
刻。我能感受到这个中年人一定不是因为康德式的责任才把手机借给我这
个漂流异国的中国女孩，他的心里一定对我充满了关爱，才会同我聊天，排
解我的担忧与紧张。看到我傻乎乎地在上飞机前就把糖塞到了嘴里，他还
笑着告诉我那应该在飞机起飞的时候吃。他充满善意和温暖的眼神，让我
久久不能忘怀，也让我提醒自己在他人需要的时候，不仅仅给予他人帮助，
也给予他人关爱。

二、功利主义

功利主义的鼻祖边沁将善描述为最大多数人的最大幸福，但是却以"个
人"对快乐和痛苦的感受定义幸福。功利主义著名的倡导者穆勒把趋乐避
苦当作道德的原则，但是他声明功利主义不是为利己主义辩护，并且主张行
为的正确性和其提升最大多数人的幸福成正比。他说："形成功利主义关于
行为对错标准的幸福，并不是指当事人的幸福，而是指一切相关人的幸福。
在自己的幸福和他人的幸福之间，功利主义要求当事人严格公正地成为一

个无私的、仁慈的旁观者。"①穆勒如此论证功利主义的原则,他首先承认在严格的意义上,我们无法证明人的终极目的,但是我们可以通过人们欲求某个事物来证明这个事物是值得欲求的,因为人人都欲求快乐,所以快乐是普遍值得欲求的。因此大多数人的幸福,就是他们的快乐。如何从我的快乐过渡到大多数人的快乐?穆勒不认为这是一个问题,他断言他人的快乐自然也是我的快乐,虽然这需要通过教育与废除人与人的不平等才能达到。

尽管并非出于本愿,但是功利主义却可能导致了两个恶果。第一,倡导道德的行为是能促进最大多数人的幸福的行为,但是它却将个人的感受当作幸福的标准,这使得功利主义追求的道德目的沦为个人趋乐避苦的欲望。19世纪末功利主义者西季威克(Herry Sidgwick)承认功利主义声称我们有理由为最大多数人谋取最大的幸福,但是我们实际却在追逐自己的个人幸福。

第二,功利主义的另一个致命弱点在于出于整体幸福的原则,人可以做出任何行为,即使这些行为可能颠覆公正或者违反人的基本尊严。例如我们是不是可以为了大多数人的幸福而杀死一个无辜的人?穆勒也意识到这个问题,他认为诸如公正这样的原则代表更高的社会功利范畴,因而是更加重要的道德义务,他将人类普遍承认的原则建立在功利的基本原则之上。问题是既然幸福由个人情感的好恶决定,我们很难判断什么样的行为更能促进大多数人的幸福。"不应该撒谎"的原则是人类普遍承认的原则,但是在某些情况下功利主义的幸福观要求我们撒谎,例如为了挽救一群逃亡的无辜者必须对追捕他们的人撒谎。由于功利主义的标准具有很大的弹性,所以一些哲学家认为它在客观上造成了无视人类基本价值的集权主义,自由和平等在以功利为原则的社会中难以得到保障。如果行为的准则是多数人的利益至上,我们怎么可能把所有人本身当作目的来爱呢?

总而言之,功利主义的道德哲学会导致一种交往困境——他人的丧失。

---

① 穆勒:《功利主义》,刘富胜译,光明日报出版社 2007 年版,第 26 页。

他人沦为达到个人或者集体目的的工具，如此人与人的交往本身也蜕变为工具性的存在。托马斯主义的交往方式与之截然相反，它要求人以友谊之爱爱他人，以他人为交往的目的本身，这可以从几个方面去理解。首先，他人作为一个活生生的存在，具有不可还原性。在托马斯主义的观念中，基督代表了他人的形象——一个有血有肉，为了人的罪业痛心，为人的不幸动容，也为了人的正直喜悦的人。无奈、哀伤、喜悦，各种情感充斥了他的一生。基督的形象是一个无法被还原为工具的活生生的存在，也是他人的范本。托马斯主义的交往方式要求人不断出离自己，看到真实的他人。笛卡尔从窗口望去，看到一些在帽子和大衣下行走的路人，他怀疑那些人只是依靠弹簧行走的幽灵。①但是如果我们真的用心注视他人，他人的"脸"就宣告了他的不可还原性。当我们认真凝视他人的时候，我们看到只属于他这个人的笑容、眨眼、皱眉，他人的脸的每一个表情都宣告了一个同我一样具有丰富情感，却又极具个人特色的真实的存在。

其次，他人本身具有不可被物化的价值。他人不是物体，而是和我一样具有理智和情感，能够与我成为朋友的人。人的存在具有不可磨灭的尊严，因为人的存在就是最高的价值，即使是一个从过去到现在对任何人都没有多大帮助的人，也不能轻视他。现代西方社会有一种看法，认为理性是衡量人之为人的标准，因此理性尚不健全的儿童，不是完全意义上的人，人们可以用"它"（it）称呼小孩。基督却不这么看，当人带着小孩子去见基督，让他给孩子按手祷告，门徒就责备那些人，但是基督却说，"让小孩子到我这里来，不要禁止他们，因为在天国的，正是这样的人。"（《马太福音》19：14）基督之所以能一视同仁地对待所有人，就是看到人之为人本身的尊严，即使对待小孩子也不例外。因为无论人的理智能力有多么欠缺，都不能否认其存在的独特性。根据阿奎那的友谊理论，人的尊严和价值不完全在于理性，而在于人之为人

① 笛卡尔：《第一哲学沉思集》，宫维明译，北京出版社 2008 年版，第 13 页。

的存在本身，即使是理性尚不健全的孩子，也配得到他人的爱与尊重。

第三，阿奎那的交往理论最好地说明了他人对"我"的真实和重要。爱德本身就是一种人与人的友谊关系，只有通过友谊和爱，人才能被救赎。一个不以爱德对待他人的人，也无法以爱德对待天主；而爱天主，本身就意味着以他爱人的方式爱他人。①"爱人"是《新约》对信徒的主要教导。在基督被逮捕前的最后的晚餐中，基督为每一个门徒洗脚，并说"我是你们的主，你们的夫子，尚且洗你们的脚，你们也当彼此洗脚"（《约翰福音》13：14），如此《新约》的撰写者示范了如何爱人。

他人的真实性在世俗的层面，表现在"我"自身之中。可以说是他人造就了我，任何人都可能改变"我"，成为我自身的一部分。回想我的形成不难发现"自我"的许多特征都是在他人的影响下形成的。譬如，一个人节俭的品质是在父母的言传身教下培养起来的，而其对学习的热爱是受到了许多老师的影响，甚至陌生人也改变了"我"，譬如那个在芝加哥机场帮助我的中年男子也是我的老师，他让我领悟到我不仅仅应该帮助他人，也应该在帮助他人的时候给予他人关爱。②每个人都能在自己身上找到他人的影响，如果他人只是工具，又怎么可能塑造我们？以友谊的方式同人交往，就是要看到他人的闪光点，积极应对被他人改变的过程，让自己更多汲取他人的长处，从而塑造一个更完善的自我，他人在这个意义上成为了人的"另一个自我"。

第二节 走出"自我"的牢笼
——对现代人交往问题的贡献

《导言》部分提到现代人的交往主要面临三种困境——冷漠、自我封闭

---

① 详细参见本书第三章的讨论。
② 见本节的第一部分。

和被动。在这里以阿奎那的友谊理论为背景,为每种交往困境提供出路。现代人的交往困境是在个人主义的原则下产生的。无论把个人当作没有内容的原子个人,或是把个人主义当作以我为中心的价值原则,抑或是以个人为借口拒斥与他人的关系,都导致人与人无法良好地交往。托马斯主义的友谊观提倡一种"本真"的交往方式,它是一种互相成就与创造的交往方式,它要求人回到与他人的关系中,并在他人那里获得自我的成长。

第一,冷漠是现代社会人与人交往的主要困境。在现代社会,人与人之间的隔阂日益加深,网络技术的发展让人将自己寄托在虚幻的时空中,宅男宅女成为这个时代的独特产物。也有些人迷信个人主义,为了所谓的自我实现不顾一切,以工具理性的方式对待他人,沦为极端的自利主义者,在此笔者尝试以托马斯主义的理论为资源,提出一种让现代人走出人情冷漠的方法。

如果人与人的交往永远是顺利而愉快的,我想很少有人会拒绝这份愉悦,而选择冷漠待人。现实中,我们可能都曾遇到不愉快的交往经历,使我们害怕付出自己的情感,而选择冷淡对待他人,保护自己不会受到伤害。托马斯主义的立场承认所有人际交往中的挫折,却仍然要求人们在认清现实的情况下成为他人的礼物,并以自己的付出邀请他人成为我们的朋友。我曾听一个朋友说过自己的一段经历。她说她曾经很讨厌自己的室友,觉得她的生活习惯差,性格和自己格格不入,很难相处,她们俩虽然同处一室,但每日的交流只限于打个招呼而已。直到后来的某一天她决心改变这个状况,开始主动每天和室友谈论当天的见闻、自己的感受,而她的室友只是应和一下而已,她于是决心加大力度,在心里把对方当作自己的好朋友,以对待好朋友的方式对待她,之后没想到她们真的成了非常要好的朋友。在这个例子中,室友是自己生活中的一部分,我的朋友通过自己的努力让原本必须承受的冷眼相对变成了和睦快乐的朝夕相处,普通人只要用心都可以做到。但是还存在更高尚的形象,那就是明知他人对自己不利,仍然对他人充满了爱与慈悲。《悲惨世界》中的米里哀主教就是这样的。他把被人唾弃的主人公冉·阿让带到家中给他食物和过夜，冉·阿让却恩将仇报，把米里哀唯一值钱的银器偷走了，之后被警察抓了回来，米里哀却为他辩护说这是自己的赠予。米里哀主教的爱与慈悲改变了主人公的一生，冉·阿让从此痛改前非，成为一个正直的人。

这些例子说明爱德的交往方式可能融化他人的冷漠。要化解他人的冷漠，只有不计回报地对待他人，才有可能使他人也这样对待我们。没有什么比爱和付出更能够消除冷漠。如果我们想要开始一段真正的交往，最好的做法就是让自己首先成为他人的礼物，不计回报地爱他人，那么我们的付出可能会有收获，因为很少有人能够拒绝近乎无条件的爱。当然在与他人的交往中，有的时候会遇到各种挫折。譬如，对方是一个极为自利的人，我们的付出和忍让没有带来预料的结果，他人并没有因为我们的爱而改变。那个时候我们应该怎么办？要求人尊重他人，按照学者麦当格（McDonagh）的解释，西文尊重的字面意思就是"再看一眼"（re-spect：take another look），就是要我们耐心对待他人，看到他人的长处，哪怕只是潜质。①在很多时候，因为我们过早的放弃，而使得某段交往只能以冷漠收场。或许再多付出一点，我们就能化解冷漠，与他人建立友谊的关系。问题是应该等多久？付出多少才足够呢？托马斯主义的大原则是不伤害我们已经建立的关系，与不影响自己在这些关系中扮演的角色。

第二，再来看自我封闭的问题。现代社会是价值多元的社会，它赋予每个人自由选择价值观念权利的同时也容易导致相对主义的危机。在现代多元社会，只要不触犯法律的底线，似乎所有价值观念都是中性的，这就容易让持有某种观念的人故步自封。这可能有两种表现形式：一种以自我的价值观念为中心，试图在交往中说服他人，改变他人的看法；另一种是把他

---

① McDonagh, Enda, *Gift and Call*, Saint Meinrad, Ind.: Abbey Press, 1975, p.30.

人的想法当作与"我"无关的一种意见,不仔细深入地考察。这两者都是人际交往中自我封闭的表现。自我封闭是一种轻松但是无益的交往方式。在和他人的交往中,固守自我固然不会给我们带来任何思想和情感上的痛苦,但是这与其说是交往,还不如说是独白,人无法从与他人的思想碰撞中受益。

本真的交往方式使人去除自我中心的思维模式,让我们向他人敞开。人如果对他人本身具有无私的爱就无法紧闭心灵,如同我们不得不对好友敞开内心那样。他人是另一个世界,一个与我不同的世界,这个世界挑战我们对自己的独裁,让我们看到自我价值的缺点、暴露出我们的偏见、让我们惊觉自己的自以为是。对他人敞开,意味着自我觉醒的可能,也意味着新生的开始。这正是本真的人际交往的开端。

托马斯主义的交往理论不仅要我们向他人敞开,也要人深入他人内心的旅程,理解并评估他人的价值观念和情感。它让我们把对自我的关注移向他人,它把我们拽出对自我的执着,拖入他人的世界,倾听来自他人内心的声音。在那里我们将经历一场冒险,发掘出太多的宝藏,也发现暗礁和沙漠。他人的世界丰富了我们的世界,让我们看到从未见过的奇景,感到从所未有的喜悦,也看到我们自己可能跌入的深渊。任何人都曾经有过这样的探险,在对他人内心的探索中,我们的世界变得更加开阔。

对他人思想的探究,促使我们对自己的价值与观念进行更公正的审查。他人因此是我们的一面镜子,让我们从更多的角度看待自我。他人也为我们提供改善的途径。我们或许多少都有这样的经历,我们的某些价值和观念在自己看来完善无缺,但是他人的想法让我们惊觉自己视野的盲区。此外,由于人只能从某个角度或几个角度去看待世界,盲人摸象是人类思维难以超越的基本事实,他人的角度和视野能开阔我们的思想,让我们看到更丰富更真实的世界,帮助我们思考一些光靠自己不可能理解的事情。这当然不是要求我们去理解所有遇到的人,而是要准备好对一个可靠的对象敞开内心，如果他人也愿意向我们敞开，我们就有可能进入他人的世界。

第三，现代人的交往困境还有一种关于交往的态度，那就是被动。这种交往态度源自对自我实现与人际关系的误解。现代人追求自由，重视个人成就，并以此为自我实现的标志，他们认为与人建立关系耗费时间和精力，而且容易被关系"套牢"，无法更好地关注自我成就。因此一些人的交往态度被动，如果可以他们尽量不与人打交道，即使不得不与人交往，也是敷衍了事。

陷入被动的交往方式的人否认了一个基本事实，那就是自我是在与他人的关系中建构的，自我的形成无法脱离交往。现代人需要考虑什么是真正的自我成就。每天多看几页书，多干一点活能实现自我的价值么？多挣钱，多旅游是实现自我吗？什么是自我呢？如果我们观察人的一生，每个人的相貌都在变化，身体的细胞无时不在变化当中，我们的思想与情感更是处在无常之中。是什么建构了我们此时此刻的自我呢？自我绝对不是独自获得的，这点在孩子身上特别显著。根据现代心理学家的调查，孩子必须在父母的教导下才能学会说话，如果把他们放在电视机前，他们永远无法学会说话。儿童的人格成熟也需要在周围人的影响下形成，如果一个儿童每次说实话都被家长斥责，那么他就很难养成诚实的品质。成年人也是如此，以金钱和名望作为自我实现的标志，未必完全来自自我的真正渴望，许多时候可能是为了获得他人的承认和赞赏。

个体生命的存活都无法脱离他人，鲁滨逊在孤岛虽然独自生活了 24 年，但是他从搁浅的船上得到了人类文明的财富——劳动工具、枪支，等等。他即使独自一人，也仍然要依赖他人生存。萨特晚年的思想发生巨大的转变，他意识到其早年对他人的看法（"他人就是地狱"）是片面的。他认为即使独自一人在房间里，房间中的某个物件，一盏灯、一封信、一幅画都暗示着他人的存在。他说："他人总是在那里，他者是我的条件——我的回应，也不仅仅是我的回应，而是从我诞生那一刻起就以他人为条件的，这就是一种伦理本质。"①

自我完善也需要依靠他人。固守自我，就好比被困于牢笼当中，牢笼虽然有大小之分，却一定是有限的。在自己有限的世界中翻腾终究不是自由，以托马斯主义的交往方式来看，真正的自由是从自我的牢笼中解放出来，让自己的生命情感变得广博。这个观点对于阿奎那而言，是理所当然的，因为自我有限的生命若是归于天主，就能归于无限，获得永生，爱德正是让人的生命获得无限的德性。但是如果不从信仰的角度考虑，他人也能在有限的程度上扩展我们的生命，让我们更加完善。以爱德的方式和人交往，让我们在他人那里看到一个又一个不同的"自我"，从而发现事情的真相——人们执着的"自我"其实是多么有限的小我，宇宙的大千世界本来不以任何人为中心。这样的领悟或许会让人进入一种超越的境界，使得我们的整个生命情感变得极为宽广，这类似于古人说的"心怀天地"的大度和坦然。

在各个具体的方面，我们也需要他人达到自我完善。在道德方面，与他人交往能暴露我们一些最隐蔽的情感，让我们发现自己的自私之心；他人有时能看到我们自己看不到的缺点，并促使我们改正；他人或许还能发现并激发我们最好的自我，并引导我们实现真正的自我。许多大学生都有这样的体会，大学的学习与思维方式和高中非常不同，高考过后的学生容易进入迷茫期，从为了高考拼搏的确定性突然掉入各种不确定之中。我也曾经有过那样的迷茫期，不知道自己应该做什么才能实现人生的价值与意义，是几位老师以他们的人生体会引导我，激发我对哲学与宗教的兴趣，让我找到了实现自身价值的途径。

总结本节的内容，本节提倡的交往方式归根结底是一种无条件的友谊模式。本真的交往方式开始于将自我投入他人的生命和情感中，放弃自我

---

① Jean-Paul Satre, *Hope Now: The 1980 Interviews*, trans. Adrian ven den Hoven, The University of Chicago Press, 1996, p.69—70.转引自孙向晨:《面对他者:莱维纳斯哲学研究》,上海三联书店 2008 年版,第 296 页。

中心，为他人服务。下一节将根据现代社会的实际情况，以托马斯主义的友谊观为养料，提出一种新的交往理论。

第三节　适合现代中国社会的交往方式及其基础

上一章以两个善愿的形式将阿奎那的友谊理论用于一般或世俗的友谊关系，本节针对其理论背后的支撑——人如何走出自私的爱——入手，综合阿奎那的友谊理论中所有让人走出"自爱"的方式，考察每种方式在现代社会是否可行。这一考察给我的启发是：现代人需要一种超越自我的情感，帮助我们实现与他人的平等与公正的交往，而传统熟人社会的做法很难作为现代社会人际交往的一般方式。相对而言，如果我们从超越自我的情感出发，更易于在关怀他人的基础上以公正和平等的方式对待他人。究竟什么是人的超越的情感呢？它可以是各种各样的，中国古人对"天道"的敬畏、对大同世界的向往、"天下兴亡、匹夫有责"的博大胸襟，人对"至善"的渴望，人类对自然万物本身以及祖国同胞的情感等等都是超越自我的情感。总之，它是一种人切实体会到的超越功利心与利己之心的感受。在此基础上，本章的最后一节根据现代社会的实际状况，提出一种以"认可""欣赏"和"彼此创造"为三个主要阶段的理想的交往理论。

一、何以走出自爱？

在阿奎那的友谊理论中能够找到几种突破爱己之心，从"自爱"走向"爱他人"的途径。第一，阿奎那采纳亚里士多德的看法，认为人可以通过两种方式将对自己的爱推广到他人。第一种是把他人看作自己的一部分，父母对于子女的情感属于这类；第二种是通过相似，相似又分为自然产生的和选择产生的，前者主要存在于具有血缘关系的兄弟之间，后者则存在于非血缘的同龄人之间。阿奎那将亚里士多德的基于相似的友谊推广到极致，以人性作为所有人之间最基本的相似之处。基于共同的人性，人应该像爱自己那样以他人本身为目的。

第二，阿奎那也从理智的角度解释个人必须通过爱他人扩大自己的善。由于真正的自爱不是获得更多外在的善以满足感官的嗜欲，而是满足理智的欲望，获得沉思的真理，让自己变得更加高尚。所以自爱不具有排他性，因为只有物质的享受才会让人排斥潜在的竞争者，真正的自爱相反需要依赖对他人的爱来实现。这是因为一方面无私的爱及其行为本身就是至高的善与德性，另一方面只有将他人当作另一个自我，以友谊之爱爱他人，人才可能更好地分享他人的善，以欲望之爱爱他人，只能从他人那里获得有限的利益。

第三，在自然神学的部分，阿奎那认为人按其完善的本性应该能够爱他人。这一理路认定人生来就要追求善的东西，它以"善"为中介，并以对"善"的追求超越对自我的爱。它有两种实现的途径：一是人的本性中就存在爱整体胜过自己的能力，天主是宇宙的公共的善，人是这种善的一部分，所以按照完善的人性，人应当爱天主胜过自己，他人属于公共的善，所以人也应当爱他人；二是天主是人的善的来源和形式，人按其本性应该爱善的来源和形式胜过个体分有的善。天主是至善本身，人之所以能拥有各种具体的善和存在本身，是因为被天主以他的形象所造而分有了至善。天主的善是人分有的善的原因和本来形式。由于分有的形式无法和善的本来形式相比，所以人应该爱善的原因胜过自己分有的有限的善，人也应当爱他人，因为他人和我们一样，也分有了至善。对善的追求可以是理智的认同，也可以是"出神"，但是如果没有对善的欲求，任何一种都不会发生。

第四，人能够在爱德中爱他人，通过更好地实现对他人的爱，这一点实现并囊括了前三种路径。爱德让人超出对小我的爱，走向出神，在出神中融入天主内，与之结合。与天主的友谊让人爱天主超过爱自己，以天主的利益为自己的利益,为天主关爱他人,照料万物;与天主的友谊也要让人在与神的结合中被提升,能像天主爱人那样爱他人。爱德实现其他的途径。在爱德中,人能够实现第一种途径提倡的对同类的爱,也能够实现第二种途径——通过爱他人而扩大自己的善;当然,它也实现了人的自然能力要求的爱整体的善在自身之上。爱德也囊括了前三种路径,由于人的自然本性,阿奎那主张爱的强度有差异,人应该爱神超过自己,爱自己胜过爱亲人,爱与自己有血缘关系的人胜过陌生人,而在陌生人中,人也会自然爱那些与自己更为相近的人超过其他的陌生人。这一差异遵循的正是第一种与第二种路径的原理,从自我出发,就他人的远近亲疏决定结合的紧密程度即爱的强度。而人对神的爱胜过一切,以及人爱其他的存在者的能力则是以第三种路径为前提。

　　以上基本囊括了阿奎那的友谊理论中,人突破自爱走向爱他人的四种途径,可以说这四种途径也是西方神学与哲学采纳的一般途径。在阿奎那看来第四种最有效,第三种与第一种由于人天性的腐化其现实效用很弱,第二种方式也是从自利开始引导人,而其目的是对他人自身的爱,两者之间的鸿沟需要借助第三种或第四种路径方能跨过。但是在一些哲学家看来前两种或者前三种也同样可行,譬如亚里士多德就采纳了前两种方式。

　　让我们逐一考察这些途径对当代中国社会的有效性。第一种途径是在自我的基础上,通过他人与我的关联将爱推广到他人,它尤其强调自然关联诸如血缘关系的重要性。由于大多数人都经历过血缘亲情,这种途径在任何时代都具有一定的效用,无独有偶,东方先哲们也提出过类似的理论,譬如儒家崇尚的推己及人的观念与第一种途径具有相通之处。儒家推广仁爱的起点是我,从对“我”的爱扩展到“亲亲”,从“亲亲”再到“仁民”,即对所有人的爱。儒家学者与阿奎那都认为人应当将这样的爱推广到所有人,但是他们都意识到其困难。对此,在历史上儒家曾采取了一些措施,譬如汉代的名教与宋明的功夫论,它们以外在规范或内在修为的不同方式帮助人放下对小我的执着，将爱尽量推广出去。

就目前中国社会的情况而言，光靠推己及人的方式想从"亲亲"走向"仁民"委实不易。这种方式的基础是他人与我的亲密关系，他人或是我的亲人，或是我的挚友，或是与我相似而为我所欣赏的人，我才能以友谊之爱爱他们。如果他人是陌生人，甚至是我讨厌的人，这样的情感很难推广到他们身上。换言之，这种爱是自爱的变体，它通过将他人变成"自己人"达到对他人的爱。在现代社会这种方式不利于一般的交往，因为推己及人的模式意味着将道德从狭小的私德领域扩展到广阔的公德领域，其难度可想一般。

第二种途径将爱他人作为真正自爱的一部分，人若真正爱自己，必须要以友谊之爱爱他人。无论在亚里士多德，还是在阿奎那那里，这种途径都更多是从后果的角度阐发爱他人与自爱的关系，而不是从动机的角度解释爱他人如何可能。从行为的动机而言，主张"人要实现真正的自爱，必须要以友谊之爱爱他人"，这句话本身是一种颇为矛盾的表达，前半句以自我为目的，后半句却要求人以他人为目的，而两者事实上经常不相容，很难想象如果我的情感都贯注在他人的身上，还能同样关注自己。学者沃尔曼的看法不无道理，他认为从自爱出发，只能被锁在自爱当中，从自爱到爱他人的哥白尼式的革命不可能成功。[1]如果人只是出于自爱的动机而爱他人，又怎么可能真正把他人当作爱的目的呢？当然在现实中的确存在出于自爱与人交往，最终真的投入对他人本身的爱之中，但是让人爱他人本身的动机绝对不是自爱。

第三和第四种途径都通过超越自我的存在者达到对他人的爱。这两条路径提示我们，一种超越自我的情感对于人与人交往的重要性。第三种路径从善出发，把公共的善或善本身置于有限的自我之上，它认可在我之外还有比我远远重要的存在——至善，而他人正是至善的某种体现，从而破除对

---

[1] 见本书第二章第三节第二部分。

自我的执着而爱他人。第四种路径也同样要人走出自我的局限，在一个超越的存在者那里，发现自我的价值，但是它不同于第三种路径，它强调超越的存在的人格化，以神对人的无条件的爱促使人走出平面的自我，向顶点攀升，完成与超越者的结合，也让人在这一过程中自我超越，并在自我超越中爱他人。在这两条路径中，人都需要通过一个超越的存在的中介走出自爱。在此以图表简单表示在阿奎那那里，人从自爱走向爱他人的途径。

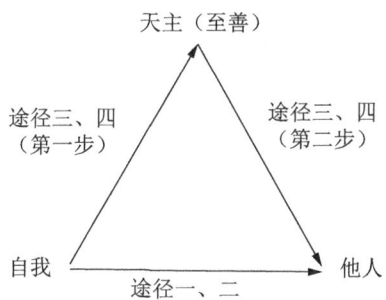

阿奎那从"自爱"到"爱他人"的模式

一个超越的存在，让自我与他人的世界不再是平面的关系，而具有向上的维度。如果人不得从自我出发，走向他人，一个超越者的中介能让人摆脱对自己的自私的情感。对超越者的爱意味着去除自我中心，将自我归于无限。经过超越的维度，自我走出个人的私欲与小我，以平等的爱对待他人。尽管由于世界观的差异，许多现代中国人不会将超越的存在落实到特定的神身上，但是人自古以来就具有超越自我的崇高情感，它让人走出对"自我"的自私的爱，以平等、博爱的方式对待他人。超越自我的崇高情感是当代中国人需要重新体会的。

二、超越"小我"的情感

"小我"不只是自己，也包括与自己关系密切的人，诸如亲人和朋友。对这些人的爱，就像是对属于自己的人的爱那样，可能出于自私的动机。人不仅仅具有对"小我"的情感,也具有能让人突破"小我"的情感,我称之为"超越小我的情感",这种情感是任何信仰①得以发生的人性基础,如果就这种情感本身而言,它可能使现代人突破私人的关系与对小我的执着,以公正和平等的方式与他人交往,同阿奎那的普遍的友谊观念达到相似的效果。超越"小我"的情感在现代中国社会尤其重要。

在历史上,有人曾经尝试将基督教的友谊观与中国的世俗社会相结合。利玛窦在《交友论》中就做出过这样的尝试,他试图融合中国传统的君子之交和基督教的友谊观。他汲取了奥古斯丁和阿奎那的友谊理论,提出"吾友非他,即我之半,乃第二我也,故当视友如己"。②利玛窦认为天主创造人,赋予人目、耳、手、足,就是为了让人互助,利玛窦还结合古人重视的"信"和"义"讨论朋友关系,可惜的是利玛窦身处的时代并不具有实现以天下苍生为友的社会基础。但是今天中国社会的情况变得非常不同,传统社会的等级观念和亲属结构已经无法适应公共交往的需要。以医疗为例,在中国古代社会,古人看病通常有某个固定的郎中,郎中与病人的关系除了医患关系之外,还常常是病人家庭的朋友,医生不仅出于职业道德也出于私交对病人负责,而病人及其家庭也可能在其他方面给予医生一定的关照。在现代中国的医疗制度中,病人与医生之间一般没有私交,医生凭借他的专业能力为陌生的病人看病,病人则根据其病情选择不同的科室就医。

医患之间的交往是现代社会人际交往的缩影,现代社会比任何社会都需要一种不基于私人情感的公正的交往模式。然而现实情况是不少人觉得找个熟人托一下关系,才能确保医生尽心尽力。这个现象与现阶段医疗的供需关系与医疗结构等因素不无关系,然而从病患的心理能够看到中国人的公共交往还具有传统熟人社会亲属结构的影子。有些人想要将公共交往

---

① 不一定是宗教信仰,对某种思想观念与主义的信仰,只要是能破除自私、为他人谋利,且深入人心的都属于信仰。

② 利玛窦:《交友论·利玛窦中文著译集》,朱维铮主编,复旦大学出版社 2001 年版,第 107 页。

私人化，通过与一个属于公共领域的陌生人建立起某种亲近的关系，让自己得到更大的利益，这客观上造成医患双方的困扰，不利于医疗事业的公平公正。

当代中国急需一套符合陌生人社会的交往方式。尽管有些人愿意为陌生人服务，在工作中遵守职业道德，对所有人一视同仁，在社会生活中尽好公民的义务，服务社会，但是一些人在心理的层面仍习惯以熟人社会的方式与人打交道。古代人扎根于土地，流动性很小，很少需要和陌生人交往，而现代人却需要经常与陌生人打交道，如何与人建立公正平等的交往关系，而且也不削弱对他人的爱呢？在托马斯主义友谊理论的基础上，笔者在此尝试以人的超越小我的情感为依托，重构以友谊为主导的交往理论。

超越小我的情感真的存在吗？在有限的篇幅内，只能通过举例说明这点。超越小我的情感在任何时代都存在。中国历代士大夫的君子风范和近现代以来革命者的无私奉献就是这种情感的体现。屈原的"路曼曼其修远兮，吾将上下而求索"，范仲淹的"先天下之忧而忧，后天下之乐而乐"，文天祥的"人生自古谁无死，留取丹心照汗青"，黄宗羲的"出仕为天下"，顾炎武的"天下兴亡匹夫有责"，革命者们的前仆后继、九死不悔的精神都是超越小我的情感与信念的明证。又譬如古人对"天"与"道"的敬畏也是一种超越小我的情感。道家认为"天"至公至正，博爱无私，不会偏袒任何人。老子说"天地不仁，以万物为刍狗"（《老子·第五章》），这不是说天地对待万物不仁慈，而是说天地对万物一视同仁，同等仁慈，反而无所谓仁或不仁。

如果现代人较难体会到对"天"或"道"的情感，也觉得"天下"的观念颇为陌生，或许我们能够体会到这样的情感。想象一下在仲夏的深夜，我们躺在航行的船上仰望繁星点点的天空，周围是一望无穷的大海，海天一色，时间仿佛凝固，我们感到自己与无限的宇宙融为一体，在苍穹的"逼视"下，自我的烦扰和私欲逃得无影无踪，连自己都好似不存在一般。这也是一种对于无限的体验，一种超出自我的真实的情感。在生命的某个时刻，我们或许都曾经有过类似的体验,在对无限与宇宙天地的向往中,我们的内心无比平静,似乎融入到天地自然中,忘却小我的私欲和执着。只是在很多时候,我们淡忘了这样的体验,回到狭隘的世俗欲望中。

超越自我的情感也可能是非常平实的,它在生活中时刻冒出头来,给予人的内心一丝清凉,一丝愉悦。相信几乎所有人都有切身体会,在生命的某些时刻我们突然对某些人或事具有与自身利益无关的爱。譬如,当我们看到电视上报道了灾难中的遇难者,在内心升起极大的同情,我们想主动给予他们一些帮助。此刻我们早已不自觉地把个人的得失抛在脑后。而且对他人的无私付出往往给我们带来很大的愉悦,即使获益的是我们完全不认识的陌生人。超越自我的情感甚至对动物都存在。我们看到受伤的小鸟,忍不住就有保护之心,怕它被野猫叼走;看到流浪的小狗,就希望它能找到一个温暖的家……人的超越"小我"的情感还表现在很多方面,我们有时候或许没有意识到在人的有限的存在中具有这样超越的维度,即使偶然有过这样的体验,也常常把它抛到脑后,没有意识到超越的情感对于扩展自我生命的价值。正是因为人具有超越"小我"的情感,我们才可能以本真的方式与人交往。如果有意识地加以肯定与培养,它可以让我们出离自私的欲望,以平等和友爱之心与他人交往。而且一个人越是意识到这一情感的存在,越是主动体验它,就越能超越自我的局限。那本真的交往方式具有怎样的形态呢? 在此不妨尝试以描述的方法构建人与人交往的理想模型。

第四节 本真的交往方式
——现代社会交往模式的构想

本真的交往方式具有托马斯主义的友谊观的诸多特点。首先,它以友谊之爱爱他人,以对他人的无私的爱邀人参与到彼此的交往中。其次,它是一种普遍和基础的友谊,它以超越"小我"的情感为基础。在超越的情感中,走出个体的私欲,以平等和公正的方式爱他人,并对所有交往的对象具有"爱的责任"。再次,本真的交往促成双方的幸福。它以他人的幸福为交往的目的,放弃自我中心,而以彼此的互动为交往的中心。在有限的他人那里,我们看到不断完善的可能,并且努力促成他人获得完善和幸福。通过让自己成为他人的礼物,我们看到了超越"自我"的可能性,体会到他人的长处,并且能欣赏他人,让他人成为自我完善的动力。

本真的交往可以被描述为三个阶段。第一个阶段是"认可",它产生对他人的"爱的责任"。我们和许多陌生人的交往只能停留在这个阶段,因为我们和他们的相处或许只有几分钟,甚至不会问对方的姓名,但是人的生活中却充满了这类交往,譬如,我们去银行办理业务,请服务员点菜,帮陌生人指路等都属于这类交往。这也是人与人最初的"相遇",是一切人与人交往的开始阶段,尽管不认识对方,尽管交往的时间可能只有短暂的几十秒或者几分钟,人与人的"相遇"已经向我们提出"爱的责任"。

当他人出现在我的视线中,就打破了自我的孤独状态。我意识到我不再是孤独的,因为他人不同于一个物,也不是抽象的理性单子,而是一个有着丰富情感和理智力量的完整的生命。他人的在场是一个活生生的生命对自我世界的撞击,让我不得不注意到他。他让我无法无动于衷,我开始"注视"他人,此刻我和他人的交往变成了一种"我与你"之间的交往,这是"认可"的开始,在其中我和他人的关系突破了亚里士多德所说的物质层面的共在,他人的在场让我走出封闭的自我,开始面对面交往的第一步。让我以现象学的方法拉长这一过程,以"我"叙事,呈现在本真的交往过程中,人应该如何与他人相遇。

我开始正视对方,这一注视让我意识到他人的"异己性"。我看到了他的脸,他的表情、眼神、脸,所有的一切都在宣告一个与我完全不同的存在。

莱维纳斯认为"脸"就是他人的显现,它向我们呈现了完全的"外在性",不可被占有的,不可被同化。①对"脸"这个外在物的注视,让我感受到一种不同于我的另一个世界。他人的"脸"超越了我的"自我",它表达了一个丰富的无法穷尽的意义系统。我可以用语言和形象完全描绘一样静物,但是却无法完全描绘一个人的"脸",它本身表达了一种无限的可能,一种超越我的能力范围的可能性。

从脸开始,他人作为整体进入了我的世界,让我产生一种独特的感受。我对他好奇起来,我开始揣测,在我见到的外表之下,隐藏着一个什么样的心灵?他正在经历着什么?是什么让他如此忧伤?又是什么让他如此快乐?他是一个孤身来大城市工作的年轻人?或者是一个在父母陪伴中快乐成长的孩子?我试图体会他人的内心,这拉近了我与对方的距离,我从对他人异己性的意识,走向对他人的异己性的"认可",在内心的层面渴望为他人服务。这种渴望就是"爱的责任"。在这个过程中,自我停留在对方的身上,对他充满了好奇与兴趣,我渴望能为他做点什么,在下意识中我已经准备好与他进一步交往,与他交谈或者为他提供力所能及的帮助。

从他人进入我的视线,直到我准备与之交谈或提供帮助,可能用不了几秒,这是人与人最初相遇的过程,在其中我感受到他人的"异己性",也因为我将意识与情感灌注在他人身上,我感受到对陌生人的"爱的责任",这种责任不因为对方的身份、地位而改变。对于任何陌生人,我们都应该这样对待他,因此这种爱的责任是公正而平等的。不妨以身边的事物为例,体会本真的交往方式。

在学校的食堂有一些为学生与教职工服务的工作人员,他们的一项工作是回收用餐的盘子。工作人员将盘子端过去,清理掉剩下的食物,然后叠放在一起。有一次我照常吃完饭向食堂收容盘子的地方走去,猛然看到一

---

① 关于莱维纳斯对"脸"的讨论,转引自孙向晨:《面对他者:莱维纳斯哲学研究》,第142页。

个白发苍苍的人正准备接我的盘子,他的脸上布满皱纹,面容带着疲倦。我心里顿时一阵难受,怎么这么大的年纪还得干这种又脏又累的活?或许他的年纪并不大,只是因为操劳显得衰老而已?心里还在转动着各种念头,我已经主动把盘子里的垃圾用筷子挪到了身旁的垃圾桶里,我再看了他一眼,不自觉地说了声"谢谢您",才把盘子递给他,他的脸上顿时洋溢出笑容。按照本真的交往方式,我们应该这样与陌生人打交道,即使与他们没有任何交情,我们和他人的相遇只是几秒,也应该"注视"他人、尊重并体谅他人,自觉为他人分忧。但是这个事例只能提示本真的交往方式,还不是其全部内容。在这个例子中,我因为对方的"白发"而开始注意到平时不大会留意的服务人员,但是本真的交往不论对象的差异,无论他是谁,我都应该注视对方,主动把盘子弄干净,减轻工作人员的负担,并对他们道谢。

再举一个学界的例子,记得有位年长的学者来我所在的单位做报告,报告厅是圆桌格局,在中央的圆桌外围绕着一排桌椅供学生就座,那位学者受到主持人的邀请刚刚坐下,发现自己背对着几名学生,于是马上站立起来走到了报告厅的最前端站着做完了两个多小时的报告。这位学者对学生的尊重让人感动,作为一个来访的学者,他不认识那些学生,与他们没有私交,但是他重视每个在场的人,真诚希望与他们互动。为了让所有人看到自己的脸和表情,也让自己能看到所有人的表情,这位年长的学者不顾辛劳,站着做完了报告。

本真的交往方式的第二个阶段,我称之为"欣赏"。这是在对对方的平等的"认可"和"爱的责任"的基础上,进一步发生在已经有所交往的人身上,在这个阶段,"我"在对方的身上看到不断完善的可能,也为对方而改变。在这个阶段我与对方有一些接触,开始比较深入地了解对方,发现他与我想象的并不相同。我再一次感受到他人的"异己性",这不同于第一个阶段他人的"异己性"。在上一个阶段,我感受到他人是一个不可被还原的活生生的存在,而在这里他人成为一个"谜",不断否定着我的自我,抗拒我对他的各种判断。了解他人的道路十分艰难。在某一个时刻，我认为已经了解了某个人，但是在另一个时刻他又让我惊异，否定了我之前的判断，他人的异己性有时会让我措手不及。

这是交往的危机时刻，与我交往的对象也常常和我有着同样的感受，他发现我或许不像最初表现的那样好相处，他发现了我的缺点，以及难以接受的相异之处，正如我也开始发现他人的短处和相异之处一样。这时对方比开始相遇的时候更难接近，社交的礼貌渐渐褪去，他向我展现出更自然和随意的一面，正如我也在不经意中向他人展现出这一面。在这个时刻，他人对我的挑战更加根本，那不是萨特式的他人的"注视"，而是对我整个存在方式的批判，他人的目光中表现出对我的怀疑、不屑、反对。如果在这个时候我给他人贴上标签，而拒绝深入交往，那我可能错失了一段真正的交往。

在这个时刻，我必须进一步去除自我中心，向他人敞开。我决定接受他对自我的冲撞，这并不意味着我要变成他能接受的那个样子，而是以对他的爱包容他对我的批判。对人的"爱的责任"支撑着我，让我希望自己能够深入他的内心，成为他的礼物。尽管如此，因为仍旧无法真正理解对方，彼此之间的交往或许还是充满着不确定性，但是它也激励我进一步探索对方生命的旅途。我逐渐进入对方的内心，发现对方更深的自我，发现他的崇高，也发现他的缺憾。

在他人的缺憾中，我看到了完善的可能。的确，他人都不是一个完满的"圆"，正如我也不是这样的完满的"圆"，但是在他人的长处中，我看到了"补缺"的可能，看到他的潜质，也感受到自己对其存在可能具有的意义。或许通过我，他能变得更加完善。看到他人具有完善的可能性，让我对他人的包容逐渐变为欣赏。在这个时刻，我开始享受与他的交往，与他的交往也成为改变我自己的动力。一方面我想要成为更好的自我，成为他人真正的礼物；另一方面，我的意识和情感不断在彼此之间来回，寻找一种让交往中的危机变成礼物的方式。

在这个阶段,超越自我的爱仍然是交往的前提,这种爱让我愿意在交往的坎坷中前进,容忍对方的缺陷,并努力成为他的礼物。在这个阶段我认可他人更根本的异己性,并且懂得如何欣赏它们。在这一阶段我的交往体会类似于父母的感受。在孩子的成长中,父母总是感到诧异,这个生命虽然来自他们,却与他们如此不同,他表现出同父母相异的个性与天赋,他有时在某一方面违背父母的期望,却在另一方面给父母惊喜。他有时调皮顽劣,不听教诲;有时却是那么的乖巧柔顺,懂事贴心。真正爱子女的父母应该懂得欣赏孩子的异己性,理解他们的内心,为了他们独特的个性调整自己与他们的交往方法,也因为他们改变自己,让自己成为孩子的骄傲。多年前的贺岁剧《天下无贼》的女主人公本来是个小偷,为了让尚未出生的孩子将来能生活在更健康的环境中,她选择改邪归正。与他人的本真的交往也是如此,尽管与他人的交往总是充满各种不确定性,我们需要在容忍中欣赏其优点,引导他们认识自己的缺憾,帮助他达到更完善的自我。也由于对他人的爱,我们愿意改变自己,努力成为更好的自己。尽管本真的交往方式对我们提出了颇高的要求,似乎需要我们付出很大的努力与时间才能达到,但是实际情况是具备实现欣赏这一交往阶段的人不会太多。他必须是我们定期交往的人,家人与密友属于这类人,此外,相处较多的同事与同学也可能成为这类人。不过要实现这类交往,不仅要我们努力成为他人的礼物,对方至少要在最低的限度上接受我们,如果他们很讨厌我们,或者由于某些原因例如竞争关系对我们存在戒心,那彼此的交往恐怕很难走到第二阶段。

本真的交往方式的最后一个阶段是"彼此创造",它仍然以超越自我的爱为前提。人与人的交往若是足够幸运,方有可能进入到最后的阶段。这是一个理想的阶段,交往双方即使曾经实现过彼此创造的交往,也未必能长期维持在这个阶段,但是仍旧可能部分具有这个交往阶段的特点。"彼此创造"需要交往双方之间具有更深厚的情感与更好的默契。经过第二个阶段的交往之后,我与对方更深地融入彼此的生命中,在对方那里我们看到彼此，达到"你中有我，我中有你"的交融。瓦德勒（Wadell）在《爱的首要性：托马斯·阿奎那伦理学导论》（*The Primacy of Love：An Introduction to the Ethics of Thomas Aquinas*）一书中，曾提到一对夫妻伊凡和卡洛琳的故事。卡洛琳有一次回忆她和伊凡在佛罗伦萨的共同时光，她想起米开朗基罗的雕塑"大卫"，那是一个藏在石头中的躯体，被艺术家凿掉多余的部分，削掉石头上的污点，直到显出光滑的肌肤、完美的骨骼和强健的肌肉……大卫的形体最终展现在她的眼前。她说自己和伊凡就是彼此的铁锤和凿子，创造了最好的对方。[①]本真的交往最高的阶段就是要让彼此成为对方的铁锤和凿子，塑造出最好的自我和他人。

彼此创造以最好的自我和对方为目的，它指向未来，指向完善。完善没有确定的标准，很难说什么是最好的"我"，什么是最好的"你"，在生活的点滴中，交往的双方不断推动着对方向更崇高的方向发展。或许最近五年，在对方的督促与建议下，我改掉了性格中的某个弱点，在未来，他将继续改变我。所以彼此创造的内涵在于不断超越自我，也在交往中，让对方不断超越其自身。

需要注意的是这种交往不同于从自爱出发，将他人当作自己的一部分的情感，从自爱出发的情感，无论多么深厚，都无法摆脱自私性。而在本真的交往方式中，我不是出于他人与我的亲密关系而爱他人，我对他人的爱是超越自我的爱，我也可以对陌生人或者不大熟悉的人具有这样的情感，也就是说从人与人的相遇开始，我对他人的爱就已经为最深的交往做好了准备，区别在于现实是否具有让交往深入的可能。古人说的君子之交淡如水就类似于这种关系，可能彼此之间没有太多接触，但是一开始就佩服对方的人品或学识，惺惺相惜，随时准备成为对方的礼物。

"彼此创造"和"欣赏"都是对自我与他人的超越。在上一个阶段，我在

[①] Wadell, Paul J., C.P., *The Primacy of Love：An Introduction to the Ethics of Thomas Aquinas*, p.70.

他人那里看到无限完善的可能，但是我还无法实现这个过程，我对他人的爱还停留在"欣赏"。在第三个阶段中，交往的双方能够更好地完善对方，通过彼此而变得更加高尚，成为更好的自己。对于我而言，他人是我的艺术家，看到我不曾看到的闪光之处，也知道如何使我发挥出最好的我，并且他能促使我达到自己独自无法企及的境界。我对他人也是如此，我能帮助他实现任何人都无法想到的更完善的自我。我们成为彼此不可或缺的灵魂伴侣。要遇到这样一个人，不仅需要自己的努力，也需要足够的运气，不过如果没有自我的准备，即使遇到一个潜在的对象，我们也可能无法达到对方灵魂的高度。

　　然而，即使这样深入的交往也不否认他人的"异己性"，他人的"异己性"在这个阶段不但仍然存在，而且更加触目。即使他人成为我们能在彼此的身上看到对方的另一个自我，他仍然根本不同于我们自身。他人是一个无法成为"自我"的另一个自我。如果我忘记了他人终究不是"自我"，即使彼此的交往已经如此深入，还是可能会导致关系的破裂。人们习惯将关系亲密的人看作是属于自己的，认为对方应该接受我的建议，因为我最了解对方，也最知道什么对对方最好。但是现实总是让我们惊诧，他人可能不接受我们的"最好建议"，而选择按照自己的方式行事。由于关系的亲密，他人的"异己性"变得更加难以容忍。按照本真的交往方式，我应该尊重他人的抉择。因为他人毕竟是我无法控制也不该试图去控制的另一个存在，或许他出离了原先的轨道，变得与以往不同，或许他正在朝坏的方向改变，我也只能努力寻找最好的方式警醒他，如果他不听从我的建议，我必须尊重其选择。生活中充满了这样的例子，一些原本关系亲密的人因为过多地干涉对方的抉择导致隔阂。当然，也存在各种可能性，他人可能在"试错"之后，走出了我不曾想到的道路；也可能他的试错成为其不可或缺的经验。无论是哪种结果，他人的存在对我而言永远都是"谜"，具有不可把握性。

　　无论交往如何深入，他人仍会突然呈现其异己性，让我们惊觉"原来我并不了解他"。这似乎又回到本真交往的第二个阶段。事实上三个交往阶段的区分只是一种描述上的权宜,或者说一种理想模式,在现实中它们常常交织在一起,有的时候即使我们与他人的交往只有短短的几个小时,却能极大地改变我们,本章之前提到的《悲惨世界》中主人公冉·阿让与米里哀主教的相遇就是如此。关键在于人与人的交往从"认可"与"爱的责任"开始,那就意味着对于任何人,我都准备成为他们的礼物,或许在短暂的相遇之后他人离开了我的世界,与他人的交往就停留在那一刻。但是即使交往无法进一步深入,都不会影响我努力去实现对他人的爱,因为在我与他人的交往中,我一直是一个"为他人的存在",我愿意为其幸福服务,无论对方和我的关系是否亲近。

总而言之,本真的交往方式以对他人的超越"小我"的爱为前提,也在每个阶段,在交往中体验到了不同类型的超越性。在第一个阶段,从他人的"脸"我感到无限丰富的意义,我无法以"自我"的理性、语言,甚至任何肖像穷尽他人的"脸"传递的意义,这是他人的"脸"对自我这一整体的超越。在第二个阶段,我从他人的缺憾中,看到完善的可能性,感受到自己对完善他人可能具有的作用,也因为他人改善自身。这个阶段让我体会到一个无限完善的可能性对于现有状态的超越。在第三个阶段,交往的双方进一步深入对方的内心,并让对方超越其现有的状态,不断走向完善,这是向至善与无限迈进的超越性,是在他人与自我有限的生命里实现无限的自我完善的超越性。

可见,本真的交往方式以托马斯主义的普遍的友谊为核心,足以承载各种特殊的友谊,而且它能造就更好的亲属、夫妻和朋友关系,让人与人的交往更加和谐。并且在根本上,它是一种公正和平等的交往方式,让我们能一视同仁地爱所有人,为所有人服务。本真的交往方式的基础是人本性中具有的超越性,纵观古今中西,有不少思想流派直接或间接地讨论人的超越性。儒家的天与神明、道家的道、各大一神教的神,以及各种民间信仰与人文思想都涉及人的超越性。然而,在现有的理论中,鲜有一种理论像阿奎那那样以超越性为基础建构人类的交往方式,并且明确界定交往的形态,详细论述交往的特征。鉴于此,阿奎那的友谊理论能够成为研究现代交往问题的重要思想资源。

作为中世纪集大成的神哲学家,阿奎那的理论无可避免带有时代的烙印,对于当代中国人而言,其中不乏令人费解的理论前提和异质的宗教信念。笔者的研究与撰写态度遵循本书提出的"本真的交往方式"——即深入阿奎那的文本,努力透过文字理解其内心的困惑与思考,并以哲学的方式尽力呈现一个最宽容、最现代的交往理论。对于阿奎那思想中颇有争议的矛盾之处或可能存在的论证缺陷,则尽量在还原其思想全貌的前提下,并不对其细节予以过多的讨论。希望本书的研究与写作能让每位读者走进阿奎那的伦理世界,一窥西方文明融合两希文明的思想历程。

参考文献

阿奎那的拉丁语著作

Sancti Thomae de Aquino Opera Onmia，Leonine edition，Rome，1882.(《阿奎那著作全集》)

《阿奎那著作全集》中本书参考的主要著作(按照首字母顺序排列)

1. *Expositio super Dionysium de Divinis Nominibus*(《伪狄奥尼修的〈神名论〉评注》)

2. *Expositio super Iob ad Literam*(《〈约伯记〉评注》)

3. *Quaestiones Disputatae de Caritate*(《论爱德》)

4. *Quaestiones Disputatae de Veritate*(《论真理》)

5. *Sententia Libri Ethicorum*(《〈尼各马可伦理学〉评注》)

6. *Summa Contra Gentiles*(《反异教大全》)

7. *Summa Theologiae*(Ia，IaIIae，IIaIIae，IIIa)(《神学大全》第一集、第二集的第一部、第二集的第二部，第三集)

古代和近代著作的各种外语译本

8. Aristotle，*The Nicomachean Ethics*，*David Ross*(trans.)，Oxford：Oxford

University Press，1980.

9. S. Tommaso D'Aquino, *La Somma Teologica*, Domenicani Italiani, testo latino dell'Edizione Leonina(trans.), Tipografia Giuntina, Firenze, 1982.

10. Aquinas，Thomas，*Summa Theologica*，Fathers of the English Dominican Province(trans.)，Christian Classics，1981.

11. Aquinas，Thomas，*Commentary on the Nicomachean Ethics*，C.I. Litzinger(trans.)，Indiana：Notre Dame，1964.

12. Aquinas，Thomas，*On Charity*，L. H. Kendzierski(trans.)，Milwaukee：Marquette，1960.

13. Aquinas，Thomas，*On Truth*，Mulligan-McGlynn-Schimidt(trans.)，Chicago：Regnery，1952—1954.

14. Hobbes，Thomas，*Leviathan*，Richard Tuck(ed.)，Cambridge University Press，1991.

15. Plato，*Plato Complete Works*，John Cooper(ed.)，Indianapolis/Cambridge：Hackett Publishing Company，1997.

古代和近代著作的中文译本

16. 圣多玛斯·阿奎那:《神学大全》周克勤等译,碧岳学社、高雄中华道明会2008 年版。

17. 亚里士多德:《尼各马可伦理学》,廖申白译注,商务印书馆 2003 年版。

18. 荷马:《伊利亚特》,罗念生、王焕生译,人民文学出版社 1994 年版。

19. 奥古斯丁:《上帝之城》,王晓朝译,人民出版社 2006 年版。

20. 奥古斯丁:《忏悔录》,周士良译,商务印书馆 1996 年版。

21. 柏拉图:《柏拉图全集》,王晓朝译,人民出版社 2002—2003 年版。

22. 柏拉图:《柏拉图对话集》,王太庆译,商务印书馆 2007 年版。

23. 西塞罗:《论友谊》,王焕生译,上海人民出版社 2011 年版。

24. 康德:《实践理性批判》,邓晓芒译,人民出版社 2003 年版。

25. 康德:《道德形而上学原理》,苗力田译,上海人民出版社 2002 年版。

26. 笛卡尔:《第一哲学沉思集》,宫维明译,北京出版社 2008 年版。

27. 托马斯·霍布斯:《利维坦》,黎思复、黎廷弼译,商务印书馆 1996 年版。

28. 约翰·斯图亚特·穆勒:《功利主义》,刘富胜译,光明日报出版社 2007 年版。

二十世纪后的现代作家

29. Abbà, G., *Ricerche di Filosofia Morale*, LAS, Febbraio, 1996.

30. Annis, D.B., "The Meaning, Value, and Duties of Friendship", *American Philosophical Quarterly* 24(4)(1987).

31. Aumann, J., "Thomistic Evaluation of Love and Charity", *Angelicum* 55 (1978), 534—556.

32. Ashmore, Robert B., "Friendship and the Problem of Egoism", *Thomist* 41 (1977), 105—130.

33. Badhwar, N.K., "Why It Is Wrong to Be Always Guided by the Best: Consequentialism and Friendship", *Ethics* 101(3)(1991), 483—504.

34. Badhwar, N.K., "Friends as Ends in Themselves", *Philosophy & Phenomenological Research* 48(1987).

35. Bejczy, Istvan P., *Virtue Ethics in the Middle Ages: Commentary on Aristotle's Nicomachean Ethics, 1200—1500*, Leiden/Boston: Brill, 2008.

36. Bernstein, M., "Friends without Favoritism", *Journal of Value Inquiry* 41(2007), 59—76.

37. Blum, L.A., *Friendship, Altruism, and Morality*, London: Routledge &

Kegan Paul, 1980.

38. Bobik, J., "Aquinas on *Communicatio*, the Foundation of Friendship and *Caritas*", *Modern Schoolman* 64(1986—87), 1—18.

39. Bobik, J., "Aquinas on Friendship with God", *New Scholasticism* 60 (1986), 257—271.

40. Bourke, Vernon J., "Recent Thomistic Ethics", *New Directions in Ethics*, New York: Routledge & Kegan paul, 1989.

41. Calhoun, David H., "Can Human Beings be Friends of God", *Modern Schoolman* 66(1988—89), 209—219.

42. Cates, D.F., *Choosing to Feel: Virtue, Friendship, and Compassion for Friends*, University of Notre Dame Press, 1997.

43. Celano, A.J., "Review on '*Aquinas's Philosophical Commentary on the Ethics: A Historical Perspective*'", *International Philosophical Quarterly* 42 (2002).

44. Cooper, J.M., "Aristotle on Friendship", *Essays in Aristotle's Ethics*, A.O. Rorty(ed.), Berkely and Los Angeles: University of California Press, 1980, 301—340.

45. Copleston, F., *Aquinas: An Introduction to the Life and Work of the Great Medieval Thinker*, Penguin Books, 1991.

46. Davies, Brian, *Aquinas: An Introduction*, Continuum International Publishing Group. Davies, Brian, 1993.

47. Davies, Brian, *The Thought of Thomas Aquinas*, Oxford University Press, 1993.

48. Davies, Brian & Stump, Eleonore, *The Oxford Handbook of Aquians*, Oxford University Press, 2012.

49. Descosimo, David, *Ethics as a Work of Charity: Thomas Aquinas and Pagan Virtue*, Standford University Press, 2014.

50. DeYoung, R., McCluskey, C., and Van Dyke, C., *Aquinas's Ethics: Metaphysical Foundations, Moral Theory, and Theological Context*, University of Notre Dame, 2009.

51. Doig, J.C., *Aquinas's Philosophical Commentary on the Ethics: A Historical Perspective*, Dordrecht/Boston/London: Kluwer Academic Publishers, 2001.

52. Eterovish, F.H., *Aristotle's Nichomachean Ethics: Commentary and Analysis*, Washington DC: University Press of America, Inc., 1980.

53. Francini, I., "'Vivere Insieme', Un Aspetto della 'Koinonia' Aristotelica nella Teologia della Carità secondo San Tommaso", *Ephemerides Carmeliticase* 25 (1974), 267—317.

54. Friedman, M.A., "Friendship and Moral Growth", *Journal of Value Inquiry* 23(1989), 3—13.

55. Geiger, L.-B. *Le Problème de l'Amour chez Saint Thomas d'Aquin*, Montreal: Institut d'Études Médiévales-Paris: J. Vrin, 1952.

56. Gallagher, David M., "Desire for Beatitude and Love of Friendship in Thomas Aquinas", *Mediaeval Studies* 58(1996), 1—47.

57. Gallagher, David M., "Thomas Aquinas on Self-love as the Basis for Love of Others", *Acta Philosophica* 8(1999), 1—47.

58. Gallagher, David M., "Person and Ethics in Thomas Aquinas", *Acta Philosophica* 4(1995), 51—57.

59. Gallagher, Daniel B., "Review on '*Aquinas on Friendship*'", *Philosophy in Review* 27(2007), 439—441.

60. Gilson, E., *History of Christian Philosophy in the Middle Ages*, New York: Randon House 1955.

61. Gilson, E., *The Spirit of Mediaeval Philosophy*, trans. A.H.C. Downes, Notre Dame: University of Notre Dame Press, 1991.

62. Gilson, E., *The Christian Philosophy of St. Thomas Aquinas*, trans. L.K.

Shook, London: Victor Collancz ltd., 1957.

63. Hibbes, T., "Interpretations of Aquinas's Ethics Since Vatican II", Stephen J. Pope (ed). *The Ethics of Aquinas*, Washington, D.C.: Georgetown University Press, 2002.

64. Hoffmann, Tobias, "Review on '*Aquinas's Philosophical Commentary on the Ethics: A Historical Perspective*'", *Thomist* 66(2002), 485—488.

65. Hoffmann, Perkams & Müller (eds), *Aquinas and the Nicomachean Ethics*, Cambridge University Press, 2013.

66. Hughes, L. M., "Charity as Friendship in the Theology of Saint Thomas", *Angelicum* 52(1975), 164—178.

67. Hurka, T., "Value and Friendship: A More Subtle View", *Utilitas* 18 (2006), 232—43.

68. Jones, L. Gregory, "The Theological Transformation of Aristotelian Friendship in the Thought of St. Thomas Aquinas", *New Scholasticism* 61(1987), 373—399.

69. Kaczor, C., "Review on '*Aquinas's Philosophical Commentary on the Ethics: A Historical Perspective*'", *American Catholic Philosophical Quarterly* 79 (2005), 505—507.

70. Kenny, A., "Aquinas on Aristotelian Happiness", *Aquinas's Moral Theory*, MacDonald S. and Stump E. (ed.), Ithaca & London: Cornell University Press, 1999, 15—27.

71. Knobel, Angela M., *Aquinas and the Infused Moral Virtues*, Notre Dame, Indiana: University of Notre Dame Press, 2021.

72. Kwasniewski, Peter A., "St. Thomas Aquinas, *Extasis*, and Union with the Beloved", *Thomist* 61(1997), 587—603.

73. Landrum, T., "Persons as Objects of Love", *The Journal of Moral Philosophy* 6(2009), 417—439.

74. MacIntyre, A., *After Virtue*, London: Duckworth, 1985.

75. MacIntyre, A., *A Short History of Ethics*, NY: Simon & Schuster, 1996.

76. McInerny, Ralph M., *Aquinas Against the Averroists: On There Being Only One Intellect*, Purdue University Press, 1993.

77. McInerny, D., "Review on '*Aquinas on Friendship*'", *Philosophical Review* 118(2009), 381—384.

78. McDonagh, E., *Gift and Call*, Saint Meinrad, Ind.: Abbey Press, 1975.

79. McEvoy, J., "Amitie, Attirance et Amour chez S. Thomas d'Aquin", *Revue Philosophique de Louvain* 91(1993), 383—408.

80. McEvoy, J., "Ultimate Goods: Happiness, Friendship, and Bliss", *The Cambridge Companion to Medieval Philosophy*, A.S. McGrade(ed.), Cambridge University Press, 2003, 254—275.

81. McEvoy, J., "The Other as Oneself: Friendship and Love in the Thought of St. Thomas Aquinas", *Thomas Aquinas: Approaches to Truth*, James Mcevoy and Michael Dunne(eds.), Dublin: Four Courts Press, 2002.

82. Nichols, A., *Discovering Aquinas: An Introduction to His Life, Work, and Influence*, Erdmans Publishing, 2003.

83. Nygren, A., *Agape and Eros*, trans. P.S. Watson, Philadelphia: Westminster Press, 1953.

84. Osborne, T.M., *Love of Self and Love of God in Thirteenth-Century Ethics*, Notre Dame, Indiana: University of Notre Dame Press, 2005.

85. Pangle, L.S., *Aristotle and the Philosophy of Friendship*, Cambridge: Cambridge University Press, 2003.

86. Pinsent, A., *The Second-Person Perspective in Aquinas's Ethics: Virtues and Gifts*, Routledge, 2013.

87. Porter, Jean., *The Recovery of Virtue: The Relevance of Aquinas for Christian Ethics*, Louisvell, Kentucky: Westminister/John Knox Press, 1990.

88. Ryan, T., "Aquinas on Compassion: Has He Something to Offer today?" *Irish Theological Quarterly* 75(2010), 157—174.

89. Rorty, A. O., "The Historicity of Psychological Attitudes: Love is Not Love Which Alters Not When It Alteration Finds", *Friendship: A Philosophical Reader* (ed.), Badhwar, Ithaca, NY: Cornell University Press, 1993.

90. Rovighi, S. V., *Storia della Filosofia Medivale: dalla Patristica al Secolo XIV*, Milano: Vuta e Pensiero – Largo A. Gemelli, 2006.

91. Schoeman, F., "Aristotle on the Good of Friendship", *Australasian Journal of Philosophy* 63(1985), 269—282.

92. Schwartz, D., *Aquinas on Friendship*, Oxford: Oxford University Press, 2007.

93. Sherwin, Michael S., *By Knowledge and By Love: Charity and Knowledge in the Moral Theology of St. Thomas Aquinas*, The Catholic University of America Press, 2005.

94. Stern-Gillet, S., *Aristotle's Philosophy of Friendship*, Albany, N. Y.: State University of New York Press, 1995.

95. Stevens, G., "The Disinterested Love of God according to St. Thomas and Some of His Modern Interpreters", *Thomist* 16(1953), 307—333.

96. Stump, E., *Aquinas*, Routledge, 2003.

97. Stump, E., *Cambridge Companion to Aquinas*, Cambridge University Press, 1993.

98. Stump, E., *Wandering in Darkness: Narrative and the Problem of Suffering*, New York: Oxford University Press, 2010.

99. Telfer, E., "Friendship", *Proceedings of the Aristotelian Society*, 1970—1971, Vol.71.

100. Torrell, J.-P., *Saint Thomas Aquinas: The Person and His Work*, R. Royal(trans.), Washington, D.C.: Catholic University of America Press, 1996.

101. Velleman, J.-D., "Love as a Moral Emotion", *Ethics* 109（1999），338—374.

102. Wadell, Paul J., *The Primacy of Love: An Introduction to the Ethics of Thomas Aquinas*, New York/Mahwah: Paulist Press，1992.

103. Wadell, Paul J., *Friends of God: Virtues and Gifts in Aquinas*, New York: Peter Lang, 1991.

104. Wadell，Paul J.，*Friendship and the Moral Life*，University of Notre Dame，1989.

105. Weed, Jennifer H., "Review on '*Aquinas on Friendship*'", *History of Philosophy* 47(2009)，136—137.

106. Weisheipl, James A., *Friar Thomas D'Aquino*, Washington, D.C.: the Catholic University of America Press, 1983.

107. Whiting, Jennifer E., "Impersonal Friends", *Monist* 74(1991)，3—29.

108. Wohlman, Avital, "Amour du bien Propre et Amour de soi dans la Doctrine Thomiste de l'Amour", *Revue Thomiste* 81(1981)，204—234.

109. Yearley, Lee H., *Mencius and Aquinas: Theories of Virtue and Conceptions of Courage*, State University of New York Press, 1990.

110. 利玛窦:《交友论·利玛窦中文著译集》,朱维铮主编,复旦大学出版社 2001 年版。

111. 麦金泰尔:《三种对立的道德探究观》,万俊人等译,中国社会科学出版社 1999 年版。

112. 麦金泰尔:《追寻德性》,宋继杰译,译林出版社 2002 年版。

113. 麦金泰尔:《伦理学简史》,龚群译,商务印书馆 2010 年版。

114. 查尔斯·泰勒:《现代性之隐忧》,程炼译,中央编译出版社 2001 年版。

115. 雅克·勒各夫:《中世纪知识分子》,张弘译,商务印书馆 1996 年版。

116. 安德鲁·德洛里奥:《道德自我性的基础:阿奎那论神圣的善及诸德性之间的关系》,刘玮译,中国社会科学出版社 2008 年版。

117. 邓安庆:《尼各马可伦理学注释导读本》,人民出版社 2010 年版。

118. 孙向晨:《面对他者:莱维纳斯哲学研究》,上海三联书店 2008 年版。

119. 潘小慧:《多玛斯伦理学的现代性》,至洁出版社 2018 年版。

120. 凯利·克拉克,安妮·包腾格:《伦理观的故事》,陈星宇译,世界知识出版社 2010 年版。

121. 凯利·克拉克,吴天岳、徐向东主编:《托马斯·阿奎那读本》,北京大学出版社 2011 年版。

122. 沈清松:《书评:圣多玛斯〈神学大全〉第六册中译本》,载《哲学与文化》2010 年第 438 期。

123. 赵琦:《仁爱的友谊观——论阿奎那对亚里士多德世俗友谊观的扬弃》,载《现代哲学》2015 年第 3 期,第 83—90 页。

124. 赵琦:《阿奎那友谊理论的新解读——以仁爱为根基的友谊模式》,载《复旦学报(社会科学版)》2015 年第 02 期,第 77—86 页。

125. 赵琦:《论友谊的"正当性"》,载《哲学分析》2014 年第 5 期,第 101—112 页。

126. 赵琦:《共同体、个体与友善——中西友善观念研究》,上海人民出版社 2023 年版。

127. 斯顿普:《阿奎那伦理学的非亚里士多德主义特质——阿奎那论感受》,载《基督教学术评论》(赵琦译),2014 年第 12 辑,第 1—18 页。

重要术语拉丁文、英文、中文对照表

拉丁文	英文翻译	中文释义
Actus Essendi	Act of Being，Act of Existence	是、存在
Amicitia	Friendship	友谊
Amor	Love	爱（名词）
Amor Concupiscentiae	Love of Concupiscence，Love of Desire	欲望之爱
Amor Amicitiae	Love of Friendship	友谊之爱
Affectus	Affection	情感（泛指感官以及理智的爱或欲望）
Appetitus	Appetite	欲望
Appetitus Concupiscibilis	Concupiscible Appetite	嗜欲的欲望
Appetitus Irascibilis	Irascible Appetite	激愤的欲望
Beatitudo	Beatitudine，Flourishing，Eternal Happines	真福、永福
Beneficentia	Beneficence(doing good to another)	恩惠
Benevolentia	Good-wishing(wishing another well, intending another's good)	善愿
Bonum	Goodness	善
Caritas	Charity	爱德
Communicatio	Communication	交往，传递（名词；含有柏拉图意义上的"分有"之义，至善者通过造物、圣言、恩赐等方式将善传递给人）

续　表

拉丁文	英文翻译	中文释义
Concupiscentia	Concupiscence	嗜欲
Delectatio/ Gaudium	Enjoyment，Joy，Delight	喜悦
Desiderium	Desire	愿望、渴望
Deus	God	天主、神、上帝
Dilectio	Love qua Act of the Will	钟爱（意志层面）
Extasis	Ecstasy	出神
Felix	Felicity，Happiness	幸福
Gaudium/ Delectatio	Enjoyment，Joy，Delight	喜悦
Mutua Inhaesio	Mutual Indwelling	彼此容纳
Intellectus	Intellect	理智或理性
Passio	Passion	情、感受（名词）
Malum	Evil	恶
Pax	Peace	和平
Peccatum Veniale	Venial Sin	小罪
Peccatum Mortale	Mortal Sin	死罪
Spes	Hope	希望、望德
Unio	Union	结合
Virtus	Virtue	德性
Virtus Acquisita	Acquired Virtue	习得的德性
Virtus Cardinalis	Cardinal Virtue	主德、基本的德性
Virtus Infusa	Infused Virtue	灌输的德性
Virtus Theologica	Theological Virtue	神学德性
Virtus Moralis	Moral Virtue	道德德性
Voluntas	Will	意志

附录：
阿奎那伦理学的非亚里士多德主义特质
——阿奎那论感受①

Eleonore Stump② 著　　赵　琦　译

　　讨论阿奎那伦理学的学者通常认为阿奎那的伦理学主要是亚里士多德式的，尽管由于不同的世界观，阿奎那和亚里士多德之间存在某些区别。在这篇论文中，我将反对这种观点。我将说明虽然阿奎那认可亚里士多德的德性，他并不认为它们是真正意义上的德性。相反，对于阿奎那而言，感受③（passion），即通过理智和意志恰当形成的感受的类似物，它们不仅仅是真正的伦理生活的基础，也是其最完善的果实。

─────────────

① 译者注：此译文曾发表于杂志《基督教学术评论》2014 年第 12 辑。本文的翻译获得作者和原出版社的授权。原文信息 Stump, Eleonore: "The Non-Aristotelian Character of Aquinas's Ethics: Aquinas on the Passions", *Faith and Philosophy: Journal of the Society of Christian Philosophers* 28.1(2011), 29—43。

② 译者注：Eleonore Stump 是当代最著名的哲学家之一，专攻形而上学、中世纪哲学和宗教哲学，Eleonore Stump 教授先后担任美国哲学学会（中部分会）会长、苏格兰爱伯丁大学 Gifford 学者、牛津大学 Wilder 学者、普林斯顿大学 Stewart 研究员。著有 *Aquinas*（Routledge, 2003），*The Cambridge Companion to Aquinas*（Cambridge Unviersity Press, 1993），*The Cambridge Companion to Augustine*（Cambridge Unviersity Press, 2001）等大量著作和论文。

③ 译者注：在阿奎那那里"感受"（拉丁文 passio，英文 passion）属于人的感官的爱的层面，它在日常语言中被翻译为"激情"，但是 *passio* 的内容其实是感官层面的各种感受，而非日常用语中的激情，所以我不追随现代日常用语的译法，而是根据碧岳学社和高雄中华道明会合作翻译的《神学大全》的译法，把 *passio* 翻译为"感受"，阿奎那认为它按其本意只属于感官，但是在类比的意义上也属于理性，理性的感受就是意志。在本文，还会涉及另外一个概念"情感"（拉丁文 affectus，英文 affection），在阿奎那那里 *affectus* 是一个泛称，既属于感官也属于理性。

一、导　言

　　从哲学的视角把阿奎那看作亚里士多德主义者早已是学界的老生常谈。①就阿奎那的伦理学而言,学界的看法尤其如此。讨论阿奎那伦理学的学者通常认为他的伦理学主要是亚里士多德式的,尽管由于世界观的差异,阿奎那和亚里士多德之间存在某些区别。例如埃尔文(T.I. Irwin)这样概述他对阿奎那道德德性的讨论:"阿奎那对道德德性的论述强调亚里士多德论述中联系德性和正确选择的方面。为了强调德性的这一特点,阿奎那不仅接受了亚里士多德的理由,而且也提出了自己的理由……阿奎那对行动和自由的论述与亚里士多德关于正确选择的论述是一致的,这是道德德性的标志。"②

　　麦金内(Ralph McInerny)认为《神学大全》中阿奎那的伦理学具有亚里士多德主义的色彩,他强调说:"在这些问题中主导的声音是亚里士多德的……公允地说若是没有亚里士多德的影响,尤其是其《尼各马可伦理学》的影响,这些讨论是无法想象的。"③

　　肯尼(Anthony Kenny)解释了阿奎那试图将至福(beatitudes)融入肯尼认为的根本上是亚里士多德式的伦理学。他说:"人们认为将福音派和《尼各马可伦理学》的文本放到一起的努力很难成功……值得注意的不是这项

①　历史上托马斯主义者对于亚里士多德和阿奎那的关系的争论,参考 Mark Jordan, "The Alleged Aristotelianism of Thomas Aquinas," in *The Gilson Lectures on Thomas Aquinas*, ed. James Reilly, Toronto: Pontifcal Institute of Mediaeval Studies, 2008, 73—106。

②　例如,参考埃尔文考察阿奎那的德性的著作。T.I. Irwin, *The Development of Ethics: A Historical and Critical Study*(Oxford: Oxford University Press, 2007), vol.1, 544,我在引文中省略了注释。

③　Ralph McInerny, *The Question of Christian Ethics*(Washington, D.C.: Catholic University of America Press, 1993), 25—26.

和解有多么成功,而是这项和解是否真的可能。此外,值得留意的是为了符合亚里士多德主义的语境,基督教的文本被歪曲,而不是为了适合基督教的语境歪曲亚里士多德的文本。"①

把阿奎那的伦理学当作根本上是亚里士多德主义的,这个观点至今是学界的教条,这是由某些原因造成的。阿奎那的伦理学是德性伦理学,它包括一系列德性,有些至少在表面上看来和亚里士多德的德性名目一致,诸如智慧、公正、勇敢和节制。

以亚里士多德的伦理学为依据,许多学者推测阿奎那的"道德德性"概念是一种后天习得的习惯,它使意志在不同环境下按照理性行动。考虑到德性和理性之间的紧密联系,感受最多只能是道德德性的助手,在最坏的情况下则会成为道德德性的障碍。埃尔文这样解释他以为的阿奎那的亚里士多德式的感受观,"感受服从理性并且为理性所驱动,如此它方是德性的组成部分。"②彼得·金(Peter King)持有相似的观点。他说:"阿奎那反对休谟,他认为理性统治感受,理性也应该这么做;既然感受能够被理性掌控,它们就应该被理性掌控……"③

对于那些把感受和情感等同的人而言④,伦理学中的亚里士多德主义似乎规定了情感的异化,而且将人的道德卓越独独建立在理性的基础上。由于他们如此理解亚里士多德主义,一些人被迫接受这种伦理学中反人性的部分;但是也有人做出截然相反的回应。一些当代思想家认为亚里士多

---

① Anthony Kenny, "Aquinas on Aristotelian Happiness," *Aquinas's Moral Theory*, ed. Scott MacDonald and Eleonore Stump(Ithaca, NY: Cornell University Press, 1999), 15—27.

② Irwin, *Development of Ethics*, 522.

③ Peter King, "Aquinas on the Passions," in *Aquinas's Moral Theory*, ed. Scott MacDonald and Eleonore Stump(Ithaca, NY: Cornell University Press, 1999), 126.

④ 如果按照最基础的含义理解"感受",有理由反对这个等同。当代对情感的讨论认为一种情感通常具有认知内容。我在下文即将解释,对阿奎那而言,当欲望仅仅回应感观的传递,一种感受在严格意义上是感觉欲望的活动。问题是如何具有这样的认知内容,需要理智的传递而非感观。在另一方面,"感受"在其广义或类比的意义上能够具有认知内容;对情感的描述如果恰当,广义的感受或许能够等同于情感。

德主义对理性的强调,以及与之相伴的对情感担当任何重要角色的否定,这是任何引导人类生活的伦理所必需的。因此,例如在最近的《纽约时报》①,一篇文章援引普林斯顿大学颇具影响力的学者乔治亚(Robert George)的观点,他赞扬阿奎那,将他的伦理学归为亚里士多德主义。乔治亚认为"道德哲学……是亚里士多德和大卫·休谟之间的争论"。②根据乔治亚的观点,一种以感受为中心的伦理学,诸如休谟的伦理学永远不能给我们提供一种客观的伦理。他认为阿奎那的亚里士多德主义的伦理学比休谟的更可取,因为阿奎那的亚里士多德主义的伦理学将德性,以及所有道德的卓越建立在理性的基础上。"在一个有秩序的灵魂中,"乔治亚说,"理性手中握着抽打感受的鞭子。"③

无论这种观点对亚里士多德本人的伦理学具有怎样的真理性,对于阿奎那的伦理学而言,它的核心判断无疑是错误的。一些学术著作已经表达了这样的反对。例如,波特(Jean Porter)说:"阿奎那学者中有一种趋势……误导人们而且影响广泛……他们这样理解阿奎那,似乎他不仅给亚里士多德施洗,而且他自己差不多就是领洗了的亚里士多德。"④

然而,我将继续强化这个观点。阿奎那承认亚里士多德的德性,但是他认为它们不是真正的德性。事实上,阿奎那认为感受——通过理智和意志恰当形成的感受的类似物⑤,它们不仅仅是真正的伦理生活的基础,也是其

---

① *The New York Times Magazine*,Dec.20,2009,24—29.

②③ Ibid.,27.

④ Jean Porter,"Right Reason and the Love of God:The Prameters of Aquinas' Moral Theology,"in *The Theology of Thomas Aquinas*,ed. Rik van Nieuwenhove and Joseph Wawrykow(Notre Dame,IN:University of Notre Dame Press,2005),167—191.另外见其论文"Virtues and Vices,"in *The Oxford Handbook of Aquinas*,ed. Brian Davies and Eleonore Stump(Oxford:Oxford University Press,2011).

⑤ 译者注:阿奎那认为"感受"(*passio*)按其本意属于感官欲望,例如感官对香味的反应,但是在类比或者泛指的意义上也属于理性,具有认知的内涵,例如闻到香味后识别来自某样食物并欲望得到这个食物,这样的欲望就是意志。

最完善的果实。①

二、阿奎那的伦理学不是亚里士多德式的德性伦理学

要理解阿奎那对感受以及它们在伦理生活中真正角色的看法，需要撇除一种观点，这种观点认为阿奎那具有亚里士多德式的德性伦理学。

正如阿奎那正确看到的，亚里士多德德性名目中的每一种品质——智慧、公正、勇敢和节制既是德性也是习得的特性。这就是说一个人通过实践，通过不断践行产生德性之品质的这类活动就能获得亚里士多德式的德性或道德卓越。此外，每一个亚里士多德的德性都是一种内在的特质，人可以通过自身努力获得和保持的特性。将阿奎那的伦理学当作亚里士多德主义的伦理学其问题在于，在亚里士多德德性名目中为真的项，没有一项被阿奎那看作是真正的德性。

对于阿奎那的德性理论，帕斯那（Pasnau）和薛尔兹（Shields）为阿奎那如此定义德性："德性是一种习惯（*habitus*）或特质，它如此规定由理性掌握的力量，以期完善后者。"②对于亚里士多德的德性，这或许是一种可以接受的定义，然而这不是阿奎那对德性的定义。

阿奎那肯定了奥古斯丁对德性的定义："德性是一种心灵的好品质，它

---

① 能彻底地和有说服力地证明阿奎那的伦理学不是亚里士多德主义的论证，事实上把第二人称当作伦理学的基础，见 Andrew Pinsent, "Gifts and Fruits," in *The Oxford Handbook of Aquinas*, ed. Brian Davies and Eleonore Stump(Oxford: Oxford University Press, 2011). See also his *Joint Attention and the Second-Personal Foundation of Aquinas's Virtue Ethics*, PhD Dissertation, St. Louis University, June 2009; and his review of Robert Miner's *Thomas Aquinas on the Passions*, Notre Dame Philosophical Reviews(February 2010).

② Robert Pasnau and Christopher Shields, *The Philosophy of Aquinas*(Boulder, CO: Westview Press, 2004), 229.

让人正直生活,没有人能以它作恶,天主在人内不依靠人造成。"①这无疑不是亚里士多德式的定义,因为人不可能通过实践获得天主在某个人中造成的品质②(虽然阿奎那认为这不会以任何方式消解此人的意志自由)③。阿奎那如此评价这个定义,他说:"这个定义完美地组成德性的所有形式。"④阿奎那承认因为最后一句话"天主在人内不依靠人造成",这个定义不符合亚里士多德式的德性,后者需要通过践行与某个德性相关的活动获得。他说:"习得的德性和灌输的德性(infused virtue)⑤不是同一类,这里的讨论不涉及前者。"⑥正如他所言,灌输的德性包含德性的所有形式,这是习得的德性无法做到的。

在阿奎那看来,任何源自人类理性而滋养亚里士多德的德性的东西都不符合真正的道德之善,而真正的道德之善的标准只能是神的律法。他说:"可由人的理性标准制约的向善的德性,可以由人的行为产生……使人指向由天主之法律支配的善之德性,不能是生于人的行动,因为人的行动的根本是理性,这种德性在我们内的产生只能来自天主。为此奥古斯丁在给这种德性下定义时说:'是天主不用我们而在我们内所造成的'"。⑦

---

① *ST* I-II q.55 a.4.在这篇论文中,除了少量改动外,我使用英国道明会士的翻译(Westminster, MD: Christian Classics, 1981),因为它是标准版本,也因为很少有地方需要我大幅度修改。在某些引文中,我对道明会士的翻译做出或大或小的修改;但是我基本没有做任何标记,这也给道明会士的译本更多的褒扬。(译者注:*ST* 是《神学大全》*Summa Theologica* 的缩写,q.代表问题,因为《神学大全》采用问答的模式,是以一个个问题展开的,每个问题下有不同节数的文章,以 a.表示。)

② 阿奎那对天主的这一做法的详细论述,见我的 *Aquinas*(London: Routledge, 2003)中的第十三章节,论恩典和自由意志。

③ 让这个论断变得一贯的方法,见 *Aquinas* 第十三章。

④ *ST* I-II q.55 a.4.

⑤ 译者注:灌输的德性是依靠神的力量注入人中的特质,光靠个人的努力无法获得,*ST* I-II q.63 a.4 s.c.; cf.另见 *Quaestiones disputatae de virtutibus in communiq. un. aa.*9—10 and *ST* I-II q.55 a.4.因此和亚里士多德式的德性(一般为实践获得)形成鲜明的对比。

⑥ *ST* I-II q.63 a.4 s.c.;另见 *Quaestiones disputatae de virtutibus in communi q.un. aa.*9—10 and *ST* I-II q.55 a.4。

⑦ *ST* I-II q.63 a.2.

在讨论德性的统一性时,阿奎那坚持它不适用于亚里士多德的德性,却可以用于灌输的德性。为了解释这个区别,他说:"道德德性有完美与不完美之别。不完美的道德德性,例如:节制与勇敢无非是我们内为做某善事的一种倾向,或来自天性,或来自习惯。按此意义,道德德性彼此没有联系……完美的道德德性,是使人善于行善的习惯。按此意义,道德德性彼此是有联系的。"①稍后,在同一个论题中,他说:"例如如果一个人注意忿怒,而不注意贪欲。他固然能有控制忿怒的习性,但这种习性不是完美的德性。"②最后,阿奎那强调没有灌输的德性"爱",根本不可能有任何道德德性。他说:"'那不爱的,就存在死亡内。'但是德性成全神性生活,因为按奥古斯丁在《论自由意志》卷二第十九章说的:'德性使人正直生活。'所以不能没有爱德。"③

他考虑了对自己观点的反驳:"道德德性可因人性行动而获得。但爱德只能由灌输而获得……所以,没有爱德也有其他德性。"④对这个观点的反驳,他仅仅回答:"这个论证以习得的德性理解道德德性"。⑤根据他的观点,即使没有灌输的德性也能具有习得的德性的论断无法反对他的论断——没有灌输的德性"爱"就无法拥有任何德性。后一个论断在他看来只有在一种情况下为可能真,那就是习得的德性根本不是真正的德性。

事实上,阿奎那认为人可能具有所有习得的德性,却仍然不是一个有道德的人。一个犯下致命大罪(mortal sin)的人处在非常糟糕的道德环境中,其灵魂处于危险中;然而,对阿奎那而言,一个人可能具有所有习得的德性却仍然犯下致命的大罪。因此,他说:"天主灌输的德性,特别是在完美状态时,与大罪不能相容……但是依靠人的力量习得的德性,能与罪相容,甚至

---

① *ST* I-II q.65 a.1.

② *ST* I-II q.65 a.1 ad 1.

③ *ST* I-II q.65 a.2 s.c.

④ *ST* I-II q.65 a.2 obj.2.

⑤ *ST* I-II q.65 a.2 ad 2.

能与大罪相容。"①考虑到阿奎那对于德性的统一性所持的立场,这个结论可以说是在意料之中。

在另一个问题②中,阿奎那问是否可能具有灌输的德性"爱",而不具备道德德性。他回答道:"一切道德德性,都与爱德一起灌输给人。"③考虑到阿奎那对于德性的统一性所持的立场,这个结论同样也在意料之中。阿奎那继续问道:如果这个回答是真的,为什么一些具有灌输德性"爱"的人在践行道德德性的时候仍然具有困难? 这不是和亚里士多德的论断——一个具有某种德性的人能轻松实践该德性的相关行动——相悖吗? 为了回答这些疑问,阿奎那解释道,对亚里士多德而言只有习得的德性,但是这些不是真正的德性。因此,虽然所有的道德德性随着"爱"一同被注入某人中,习得的德性并不是灌输的德性的一部分。亚里士多德关于与德性相关的行动的论断不能针对真正的道德德性;它只对习得的德性为真。④

我还可以援引很多其他阿奎那的文本,但是以上这些已经足以说明问题。在我看来,阿奎那对德性的描述不是亚里士多德式的。尽管阿奎那承认理性对于伦理生活的作用,他的伦理学赖以为基础的德性是天主灌输的德性。

三、阿奎那关于道德品质的三层理论

要理解阿奎那自己的伦理理论,重要的是要看到他承认这三类事物能被看作道德品质:亚里士多德式的即习得的德性,灌输的德性,以及圣灵的恩赐。⑤习得的品质包括亚里士多德的四个主要的德性:智慧、公正、勇敢和

---

① 例如 ST I-II q.63 a.2 ad 2。

② 译者注:阿奎那的《神学大全》以"问题"的形式展开,每个问题下都有质疑和解答。

③ ST I-II q.65 a.3.

④ ST I-II q.65 a.3 ad 2.

⑤ 圣灵的恩赐也因为圣餐而被中介,不过这是另一个话题,在本文的范围之外。

节制,它们都是要通过践行方能获得的品质。灌输的德性有些和习得的德性具有同样的名称,有些则不具有同样的名称,最著名的是神学德性"信德""望德""爱德"。尽管前两类(习得的德性和灌输的德性)和第三类圣灵的恩赐明显有重叠之处,圣灵的恩赐与习得的以及灌输的德性截然不同,因为根据阿奎那的看法,恩赐是人和三位一体中的第三个位格——圣灵不断关联的产物。圣灵具有七个恩赐①:虔爱(*pietas*)、刚毅或勇敢、敬畏天主、智慧、聪敏、超见和明达。②

正如我在前文竭力表明的那样,对于阿奎那而言,灌输的德性是真正的德性,并且对道德生活是必需的。然而,根据阿奎那的看法,道德生活的核心在于圣灵的恩赐。根据这个观点,若是没有圣灵住在人中,人的理智和意志的理性官能不可能处于良好的状态;当圣灵的确住在一个人中,这个人方具有圣灵带给他的伴随圣灵的恩赐。没有圣灵的恩赐,阿奎那认为不可能成就道德的人或者与完善的"善"天主相结合。③

对于这些恩赐的运作,阿奎那给出了一个相对清晰的解释。恩赐可以说是神学德性的酵素,尤其是伦理生活必不可缺的神学德性"爱"的酵素。一种酵素能够结合一种生化反应的活跃成分,而且因此其形式和作用也得到改变,酵素能和另一个成分相互作用,合成一种若是没有酵素就无法充分发生的反应。同样,对于阿奎那而言,圣灵的恩赐能将灌输的神学德性牢牢拴在人的灵魂上,并且让神学德性获得理想的效果。圣灵的恩赐使得灌输的德性与人的灵魂结合在一起。④

然而,即使如此清晰地澄清圣灵的恩赐的作用,阿奎那认为对于它们究

---

① 译者注:这又被称为圣神七恩。
② 译者注:它们在阿奎那那里的原文分别是 *pietas*,*fortitude*,*timor Dei*,*sapientia*,*intellectus*,*consilium*,*scientia*。作者使用的英文译名是:*pietas*,*courage*,*fear of the lord*,*wisdom*,*understanding*,*counsel*,*knowledge*。尽管这些词很难被翻译为英文,但是大多能在英文中找到某些词来对应,除了 *pietas*,这个源自罗马,后被基督教世界沿用的德性,作者使用了其拉丁原文。
③ *ST* I-II q.68 a.2.
④ *ST* I-II q.68 a.2 ad 2.

竟是什么这一问题,仍旧不是直接明了的。在这个关联中,值得注意的是尽管亚里士多德的四个主要的德性(即四个习得的习性)和灌输的德性具有相似性,每一个灌输的德性还与圣灵的恩赐关联。圣灵的恩赐包括勇敢和智慧,它们也是亚里士多德的习得的德性;其余的公正和节制也与圣灵的恩赐相关,尽管它们以不同的名目出现。当公正和节制成为天主的恩赐,节制就是对天主的敬畏,而公正则成了孝爱。①

为了使我们开始认识到圣灵的恩赐究竟是什么,以及阿奎那伦理理论的基础,需要以勇敢为例。根据阿奎那的理论,勇敢可以被看作是一种亚里士多德的德性,也能被看作是灌输的德性,同时也可以被看作圣灵的恩赐。勇敢作为亚里士多德的德性是主体凭借自身获得的一种品质,它帮助理性统治那个主体,以便他成为人类社群的好公民。②如此看来,勇敢无法成为一种道德品质,而且不道德的人也可能具有勇敢。勇敢作为灌输的德性是神灌输的品质,神使这个人适合天国的社群。③这样的勇敢才是真正的德性,但是它不是完善形式的勇敢。勇敢若要具有完善的形式,必须是圣灵的恩赐。然而,作为恩赐的勇敢和作为灌输德性的勇敢不同。作为恩赐的勇敢显示出坚持信念的品质,这种信念就是和神结合,在身后表现为与神在天国中结合。④

勇敢被当作一种恩赐,如同其他恩赐一样源自人和天主的关系,天主那住在人中的圣灵体现为人在爱中对天主的敞开。在人对天主的爱中,圣灵将愉悦注入人,阿奎那说,圣灵保护人不受两种恶的侵袭,否则人会向畏惧屈服:"它首先保护他们对抗扰乱和平的恶,因为和平会被逆境扰

---

① *ST* II-II q.19 and q.121 a.1.

② *ST* I-II q.63 a.4.

③ 对于一般的讨论,见 *Quaestiones disputatae de virtutibus in communi q. un. a. 9 and Quaestiones disputatae de virtutibus cardinalibus*, q.un. a.2. Cf. also *ST* II-II q.124 a.2 ad 1, and q.123 a.5, 6, and 7 and q.140 a.1。

④ *ST* II-II q.139 a.1.

乱。为了应对逆境,圣灵通过赐予人忍耐而完善人,这让我们能够忍耐地承受逆境……其次,它保护他们对抗那阻止愉悦的恶,即在等待中期望获得欲求的对象。为了对抗这样的恶,圣灵与长期的苦难抗争,这是等待无法对抗的。"①因此,在人面对困境的时候,作为恩赐的勇敢源自住在人中的圣灵。

四、阿奎那伦理学中的第二人称关联②

在做出以上澄清之后,我们更能理解恩赐的性质。对于阿奎那而言,从罪中获得救赎和取得道德上的卓越需要圣灵的恩赐。因此,他说:"在恩赐中最高者似乎是智慧,最低者是敬畏,二者为得救都是必要的……所以,其他恩赐为得救也是必要的。"③但是圣灵的恩赐不是完全内在于人的状态,用第一人称或第三人称的术语无法充分描述它们。相反,正如其名称暗示的,圣灵的恩赐的属性是第二人称的。

近来由于涌现出大量关于自闭症儿童的研究成果,人们开始重视第二人称,究其根本这种病症是第二人称沟通能力受到损害所致。这项研究让哲学家、心理学家以及神经科学家更深地理解到人是社会的动物,他们生来具有哲学家目前说的"心灵感知"(mind-reading)或"社会认知"的能力。我

---

① Aquinas, *In Gal* 5.6. 这部著作有英文译本:*Commentary on Saint Paul's Epistle to the Galatians by St. Thomas Aquinas*, trans. F. R. Larcher and Richard Murphy(Albany: Magi Books, 1966)。尽管我倾向于使用自己的翻译,这个翻译对我很有帮助,关于这部著作的引文有来自拉丁文也有来自这个英译本。关于这段文字,见 Larcher and Murphy, 180. Cf. also, *In Gal* 5.6(Larcher and Murphy, 179) and *In Heb* 12.2。

② 译者注:the second-personal,是指以"你"来称呼的对象,在本文中主要用于说明一种和第三人称关系即我和他(她)的关系不同的"我和你"的第二人称关联,是一种面对面感知对方心灵的关联。

③ *ST* I-II q.68 a.2 s.c.

们认为作为人的非命题性知识，心灵感知或社会认知是通过第二人称的经验获得的。①这样的知识是一系列认知能力共同运作的结果，它们与知觉具有许多同样的特点：它们都是直接的，不经中介，具有直觉性，而且基本上是可靠的。这些认知能力的释放让某个人例如罗哲姆理解另一个人保拉的心灵。特别而言，这些认知能力让罗哲姆以直接和直觉的方式知道保拉在干什么，保拉为什么要这么做，保拉以怎样的情绪在做这些事。②

对于阿奎那而言，任何一个人都与天主具有第二人称的关联；而且因为这样的关联，人和天主之间可能具有心灵感知或社会认知。一个人能够直接的以直觉的方式知道天主的存在，获悉天主的内心，在某种方面这就像人与人之间的心灵感知一样。③根据阿奎那的看法，"有一种天主存在于一切物内的一般方式，即借着本体、能力和在场，如同原因存在于分享其完善的效果内。可是在这一般方式之上，却还有另一种适于理性受造物的特殊方式，天主按照这种方式存在于理性受造物内，如同被认知者存在于认知者内，以及被爱者存在于爱者内……于是按照这种特殊方式，不仅说天主存在于理性受造物内，而且也说天主住在他们内"。④

根据阿奎那，圣灵的恩赐是人与天主之间具有第二人称关联的结果和明证。圣灵的每个恩赐都来自天主住在人中，除了它的其他作用之外，它让一个人关注天主而且追随天主对人的内在激励。对于这些恩赐，阿奎那说："这些完美的配备被称为恩赐，不只因为那是由天主灌输的，也是因为有了

---

① 关于不同人称的知识的讨论，见我的 *Wandering in Darkness：Narrative and the Problem of Suffering*（Oxford：Oxford University Press，2010），第四章。
② 对于理解第二人称的互动，这个主题和其重要性在研究方面的概述，见我的 *Wandering in Darkness：Narrative and the Problem of Suffering*，op. cit. 第四章。
③ 详细的论证，见"Eternity，Simplicity，and Presence，" in *The Science of Being as Being：Metaphysical Investigations*，ed. Gregory T. Doolan（Washington，DC：Catholic University of America Press，2011）。另见我对于"天主单纯性"的讨论 *The Oxford Handbook of Aquinas*，ed. Brian Davies and Eleonore Stump（Oxford：Oxford University Press，2011）。
④ *ST* I q.43 a.3.

这些配备，人更容易接受来自天主的灵感。"①

稍后他又说："恩赐是人的一种成就，使他善于追随天主的灵感或感召。"②

事实上，对于阿奎那而言，圣灵使人充满对天主的爱和亲近感，因此愉悦是圣灵的主要作用。③阿奎那说："终极的完善从内部完善人，这就是愉悦，它源自被爱者。任何爱天主的人已经享有他爱的对象，正如《约翰福音》第四章第十六节说的那样：'任何住在天主的爱中的，也住在天主中，天主也住在他中'，愉悦从中而来。"④"当保罗说'天主就要来了'，他指出了愉悦的缘由，因为人们由于朋友在侧而感到愉悦。"⑤

根据阿奎那的看法，两个人之间互爱，其第二人称的关联让他们在阿奎那说的同质性（connaturality）中增长。因此，如果保拉和罗哲姆彼此相爱并结合，他们趋向于变得彼此相像。⑥并且他们对事物的判断和知觉也会变得相似。对阿奎那而言，人和天主之间第二人称的关联具有同样的效果。人和天主可能在本质上具有关联。

如果保拉和天主具有第二人称的联系，那么保拉将和天主具有某种同质性。与天主具有这样的关联，保拉的直觉和判断自然会变得和天主越来越接近；她与天主的第二人称的关联也将使她以某种心灵感知的方式与天主相互作用。阿奎那认为由于他坚持德性（包括圣灵的恩赐）的统一性，人与天主之间的心灵感知对人而言是最好的伦理状况。在这种状况下，保拉不需要依赖推理进行任何伦理抉择。受益于她与天主的关联而非理性的能力，她能自然而然倾向于以道德上适宜的方式思考和行动。她与天主的第

---

① *ST* I-II q.68 a.1.

② ST I-II q.68 a.2.

③ *In Rom* 5.1.

④ *In Gal* 5.6；Larcher and Murphy，179—180.

⑤ In Phil 4.1. 英文译本，见 *Commentary on Saint Paul's First Letter to the Thessalonians and the Letter to the Philippians by St. Thomas Aquinas*，trans. F.R. Larcher and Michael Dufy(Albany：Magi Books，1969)，113.

⑥ 对于这个关系，见 *ST* I-II q.27 a.3 and q.28 a.1.

二人称的相互作用将让她的判断受到天主的判断和其意志的影响。

因此，例如在解释智慧是圣灵的恩赐而不是灌输或习得的德性时①，阿奎那将智慧当作一种在意志中作用的恩赐。他说："智慧含有按照天主律法的正确判断。可是，正确的判断有两种：一种是由于理性完善的运用；一种是由于一个人对他应该判断的事，具有某种自然倾向……这种对神圣事物的同感或自然性，却是由那使我们与天主结合的爱形成的……作为恩赐的智慧，其原因（即爱）是在意志中的。"②

伦理学的核心是第二人称的，这个看法最近由于道威尔（Stephen Darwall）而受到哲学家的关注③，尽管在过去第二人称一直与莱维纳斯（Levinas）的名字连在一起。但是，正如这些简要的评论说明的，对第二人称的强调是阿奎那伦理学的核心。然而，不同于莱维纳斯或道威尔，阿奎那认为天主是一个被关系项（relata）；做一个有道德的人就是与天主具有一种适宜的第二人称的关联。圣灵的恩赐是道德的卓越，其性质也是第二人称的。它们来自圣灵住在某人例如罗哲姆中，与罗哲姆具有第二人称的关联，从而让罗哲姆具有感知天主心灵的关联。对于阿奎那而言，当人和天主的第二人称的关联，在人中产生和天主的同质性，就产生了第二人称的道德卓越。

五、感受：感官欲望和理智

理解了阿奎那伦理理论的三层特性，我们能更好地理解感受在阿奎那

---

① 《神学大全》的相关论题涉及作为恩赐的智慧。第一篇文章问是否智慧应该被算入圣灵的礼物，阿奎那给出了肯定的回答。
② *ST* II-II q.45 a.2.
③ Stephen Darwall, *The Second-person Standpoint：Morality，Respect，and Accountability* (Cambridge，MA：Harvard University Press，2006).

伦理学中的作用。这是因为阿奎那对感受的描述具有特定的三层。这里，即将明朗的是这些名目之间相互重叠。

对阿奎那而言，根本的感受是"爱"，它是其他所有感受的基础。主要的感受是愉悦和悲伤，希望和畏，它们是其他感受的来源。①但是，事实上阿奎那具有三列不同的感受或感受相似物的名目。爱和愉悦在所有三列名目中；悲伤、希望和畏则在两列名目中。②

从阿奎那关于感受的三层知识中最低一层出发有助于我的讨论，最低的一层也是感受最基本的一层。③在这里简单回顾阿奎那关于人类认知机制的理论，以及感受与相关认知能力的关系有益我的论述。④

阿奎那部分属于亚里士多德主义中人类具有两种欲望的传统，它们是感官和理智的欲望。每个都表现为欲望的力量。通过心灵从感官获得外来信息，感官产生欲望，这些信息是诸如烤面包散发的香味和鲜血涌出的景象。一个正沉浸于阅读的人可能完全没有留意自己闻到的香味是烤面包散发出来的。如果他在那种情况下感到饥饿，在他发现他闻到的是烤面包的香味之前，他的饥饿和对面包的欲望只是感官欲望的运动，这种欲望构成感受。对面包的欲望是单纯由烤面包的香味产生的，这是"感受"中最基本的一种。

因此，以最基本的意义即感官欲望的运动理解感受，它是感觉欲望对感官的直接或直觉式输入的反应。然而，即使这种最低水平的欲望也能够影

---

① *ST* I-II q.25 a.4.

② 基础的感受"悲伤""畏"和"希望"在类比的意义上也存在于理智中；而且希望也属于灌输的德性。作为圣灵恩赐的希望也可以在所有三列中，恩赐只是其中之一。在这篇论文中，根据感受的三层知识——最基础意义上的感受，感受在理智中的类似物，圣灵的恩赐，我将伦理学的三层分开——习得的德性、灌输的德性，和圣灵的恩赐。对畏的简单描述表明，这三列具有两两关联。然而，为了简明，我在这里只涉及一个方面的关联。

③ 阿奎那关于感受的知识，见 Robert Miner, *Thomas Aquinas on the Passions*(Cambridge：Cambridge University Press，2009)。

④ 认知的基本结构，阿奎那的观点见 *Aquinas*(London：Routledge，2003)第八章。

响理智。如果排除感受的影响，有些事物在理智看来是不好的，但是感受让它们显得好。当感受如此作用，它会损害道德生活。另一方面，感受也能跟随理智和它一起运作；在那些环境下，感受能够激励人热心地从事真正好的事业。在这些情况下，感受增强道德生活。

因此，如果只是考虑最低层次的感受，按其本性它既不是好的，也不是坏的。它的道德性来自它与理智的关联，这也正是通常认为的亚里士多德伦理学的特点。但是，对阿奎那而言，也可以更广泛地理解"感受"。在这种意义上，感受不在感觉欲望中，而在理智欲望中。在进入心灵的信息的基础上，理智产生欲望。阿奎那将这样的欲望理解为意志，它回应理智的传递，包括以理智与感官之间的联系为基础的传递，却不回应只有感觉的传递。当一个人辨识出他闻到的是面包，在这样的情况下，所有的因素被考虑其中，诸如他想吃这个面包，这个欲望属于理智欲望或意志，不属于感官欲望，至少不只属于感官欲望。

感受，就其基本意义而言，是以感官感知到的善为目的的欲望。当善被理智感知，它激励理智的欲望即意志，并使得理智的欲望与最基本的感受具有共同点，尽管理智的欲望和感官缺乏关联。在理智的欲望中，欲望与其说是由知觉推动的身体的感觉，不如说它是由心灵的理解力推动的意欲。①因此，例如，尽管"爱"就其最基本的含义是感官欲望中的某种感受，爱具有不同的意义，它可能来自理智的传递，是理智欲望的一种表达。

作为理智欲望的一种表达，以及爱和理智的相互作用，"爱"也是一种感受，或者更严格地说，"爱"是与感受类似的东西。如此理解，爱和其他感受，诸如愉悦、希望等等，在阿奎那看来都是感受的没有质料的形式部分，也就是说它们没有和身体相关联的部分——感官和感觉欲望。②广义的感受是阿奎那关于感受的三层知识中的第二层。就其广义而言，一个无感觉的天

---

① *ST* I-II q.26 a.1.

② *ST* I q.20 a.1 ad 2.

主也能拥有感受的名目中的一些事物。若只涉及最基本意义的感受,天主没有感受,因为他没有身体因此没有感觉,但是就阿奎那的观点而言,天主的确具有诸如爱或愉悦的感受。①

重要的是要在这种关联中看到,这两个灌输的德性"爱德"和"望德"与两种主要的感受"爱"与"希望"同名。②若是剔除质料的部分,只考虑形式的部分,那么"爱"作为感官欲望的基本感受,"希望"作为众多基本感受中的一个,两者都是天主灌输给人的理智欲望的倾向。作为理智欲望的灌输的德性,爱和希望在道德上不是中性的。它们总是善的。事实上,正如我在上文解释的那样,根据阿奎那的看法,当"爱"是一种灌输的德性时,它对所有真正的道德德性都至关重要。而且,如果没有"爱",没有道德德性是可能的。此外,既然阿奎那接受诸多德性(不是习得的而是灌输的德性)的统一性,只要"爱"被灌输,所有道德上的卓越,所有的德性都会产生。③

但是这仍然不是事情的全部。阿奎那关于感受的知识还有第三层。正如德性在圣灵的恩赐中具有类似的名目,感受在圣灵的恩赐中也有类似的名目。圣灵有十二个果实:爱、愉悦、和平、忍耐、坚忍、良善、慈祥、温和、忠信、谦逊、节制和贞洁。前两个即"爱"和"愉悦"也属于主要的感受及其理智的相关物。阿奎那解释了圣灵的前五个恩赐,它们事实上是人和天主互爱的结果。剩下的七个以某种方式或者与爱邻人即天主爱的人相关,或者与适当的爱自己和自己的身体相关。④

类似于圣灵的恩赐,而非感受的最基本的形式,所有圣灵的果实在本性

---

① *ST* I. q.20 a.1.

② 译者注:作者都以 love 表达作为德性的爱和作为感受的爱,也都以 hope 表示作为德性的希望和作为感受的希望,从广义的意义上说它们都是感受。在此处为了强调爱和希望成为德性,我采用"爱德""望德"的译法。

③ *ST* I-II q.65.

④ *ST* I-II q.70 a.3.

上是第二人称的。阿奎那把它们解释为某个人在爱中与天主关联的情感状况。他这样讨论圣灵的前三个恩赐——爱、愉悦、和平。"天主就是爱。故此《罗马书》第五章第五节说：'天主的爱，借着所赐予我们的圣灵，已倾注在我们心中了。'在爱之后，自然有愉悦，凡爱者皆因与被爱者结合而愉悦。故此愉悦在爱之后。完美的愉悦就是和平……因为我们的欲望都归属于天主而得到平息"。①

对阿奎那而言，圣灵的果实对道德生活的贡献与感受为理性所统治无关，而与超越理性的圣灵的恩赐相关。相反，圣灵的果实涉及情感，即感受在精神上的类似物，这些情感在与天主的第二人称的关联中被改造。这和本文开头提到的乔治亚对阿奎那的看法存在天壤之别，乔治亚认为阿奎那将道德生活建立在理性握有抽打感受的鞭子的基础上。

六、结　论

因此，到这里才是事情的全部。对亚里士多德而言，道德生活或许就是依据理性并约束感受生活，这最多帮助一个主体依据理性生活。但是，若讨论阿奎那的伦理生活，事情就显得完全不同。对于阿奎那而言，有些广义的感受的确是天主灌输到人的理智欲望中的，或者是圣灵的恩赐——它来自人和天主的第二人称关联。这些感受或感受的相关物是所有德性和整个伦理学生活的基础。依照阿奎那的看法，若是没有圣灵的恩赐和果实，不可能存在道德德性，任何道德德性都离不开它们。

阿奎那关于感受的三层结构的论述不同于休谟伦理理论对感受的论述，其不同之处就在于关系。休谟承认人能够感知他人的心灵。他说："人

① *ST* I-II q.70 a.3.

的心灵是他人心灵之镜，这不仅仅因为它们彼此反应对方的情感，而且因为感受、情绪和意见经常返回自身。"①这就是为何休谟这样评价自己，"愉悦的表情在我的心灵中注入一种感性的自满和宁静，就像愤怒或阴郁的表情让我顿时感到一阵寒意"。②

然而，对于休谟而言，感受只是主体的一种内在特质，只是主体作为个体具有的。相反，阿奎那认为圣灵的恩赐和果实不是内在的特质，而是关系性的。恩赐来自任何人与天主的第二人称的关联和互动，就像和天主相互感知对方的心灵那样；果实则来自与第二人称关联的情感。区分阿奎那和休谟的不是在道德生活中阿奎那强调理性，休谟强调感受，而是阿奎那强调的对伦理生活至关重要的情感同人与天主的关系相关。与一个人格神具有第二人称关联产生的果实是灌输的德性"望德"和"爱德"，它们也被理解为圣灵的果实（"希望"和"爱"），对于阿奎那，感受在其类比的意义上③是所有道德的标准。

---

① Hume, *Treatise of Human Nature*, Book 2, Pt. 2, section 5.我要感谢 Annette Baier，正如她自己说的，休谟的哲学强调他所谓的"同情"的重要性。

② Hume, *Treatise of Human Nature*, Book 2, Pt. 1, section 11.我要感激 Annette Baier，我也要感激本杂志 *Faith and Philosophy* 的编辑，他（她）对我的初稿提出了宝贵建议。

③ 译者注：感受在其类比的意义上指的是理性的感受——意志，正如上文提到的，感受不仅仅在感觉欲望中，也在理智欲望中。

图书在版编目(CIP)数据

回归本真的交往方式 ：托马斯·阿奎那论友谊 ／ 赵
琦著. -- 上海 ： 上海人民出版社，2024. -- (上海社
会科学院重要学术成果丛书). -- ISBN 978-7-208
-19014-6

Ⅰ. B503.21; B824.2

中国国家版本馆 CIP 数据核字第 2024986SN6 号

责任编辑　于力平
封面设计　路　静

上海社会科学院重要学术成果丛书·专著
回归本真的交往方式
——托马斯·阿奎那论友谊
赵　琦　著

出　　版　上海人民出版社
　　　　　（201101　上海市闵行区号景路 159 弄 C 座）
发　　行　上海人民出版社发行中心
印　　刷　上海新华印刷有限公司
开　　本　720×1000　1/16
印　　张　17.25
插　　页　2
字　　数　222,000
版　　次　2024 年 9 月第 1 版
印　　次　2024 年 9 月第 1 次印刷
ISBN 978 - 7 - 208 - 19014 - 6/B · 1767
定　　价　85.00 元